IBM 软件学院系列丛书

Lotus Sametime 8 实例教程

陈宇翔　编　著

中国水利水电出版社
www.waterpub.com.cn

内 容 提 要

本书针对 IBM Lotus Sametime 软件产品进行了全面系统的阐述和介绍。全书共 12 章，涵盖了产品的原理、安装、配置、管理、设计、编程、布署等各个方面。全书借助大量生动的实例和精辟的分析向读者展示了利用 Sametime 实现人员即时通信的开发过程和实用技巧。

本书适用于从事 Sametime 应用设计和编程开发的人员，也特别适合 Sametime 的初学者。它可以作为项目设计人员的技术指南，也可以作为相关开发和编程技术人员的参考手册。本书文风严谨、资料翔实，是一本全面介绍 Sametime 的权威书籍。

本书所有实例源代码可以从中国水利水电出版社网站免费下载，网址为：http://www.waterpub.com.cn/softdown/。

图书在版编目（CIP）数据

Lotus Sametime 8 实例教程 / 陈宇翔编著. —北京：中国水利水电出版社，2008

（IBM 软件学院系列丛书）

ISBN 978-7-5084-5931-8

Ⅰ. L… Ⅱ. 陈… Ⅲ. 计算机网络—应用软件，Lotus Sametime 8—教材 Ⅳ. TP393.09

中国版本图书馆 CIP 数据核字（2008）第 153239 号

书　　名	IBM 软件学院系列丛书 Lotus Sametime 8 实例教程
作　　者	陈宇翔　编　著
出版　发行	中国水利水电出版社（北京市三里河路 6 号　100044） 网址：www.waterpub.com.cn E-mail：mchannel@263.net（万水） sales@waterpub.com.cn 电话：（010）63202266（总机）、68367658（营销中心）、82562819（万水）
经　　售	全国各地新华书店和相关出版物销售网点
排　　版	北京万水电子信息有限公司
印　　刷	北京蓝空印刷厂
规　　格	184mm×260mm　16 开本　19 印张　460 千字
版　　次	2008 年 10 月第 1 版　2008 年 10 月第 1 次印刷
印　　数	0001—3000 册
定　　价	38.00 元

前　　言

IBM Lotus Sametime 是一款优秀的即时通信软件，它被广泛地应用于各种企业级实时交流环境中。本书从原理到实践全面系统地阐述了 Sametime 产品的安装、配置、管理、设计、编程等各个方面，同时也介绍了产品的扩展功能和一些高级使用技巧。本书从功能上重点介绍了 Sametime 客户端和服务器端的各种开发方法及编程技巧，同时对出口程序、应用插件、社区网关的开发也有精辟的阐述。

本书涵盖了 Sametime 相关的各种知识，全文共分 12 章。第 1～3 章为基础部分，介绍了 Sametime 的基本概念、工作原理、安装过程、应用部署、使用技巧、配置管理等。第 4 章开始为高级部分，详细介绍 Sametime 的各种开发方式和编程技巧。其中，第 5～7 章介绍了客户端开发过程及技巧，涵盖 Connect 客户端、Links 网页、Java 程序 3 种应用技术；第 8～12 章介绍了服务器端开发方式，包括社区服务、出口程序、会议管理、监控分析、协议网关等内容。

对于初学者和使用者，我们建议从第 1 章入手，通过亲自动手创建环境并体验使用过程，达到对 Sametime 的全面理解。对于编程开发或应用设计人员，可以从第 4 章开始，通过大量的编程实践掌握开发技巧。本书可以作为初学者的入门指导，也可以作为有一定经验者的高级读物，同时也是相关开发人员必不可少的参考书。由于在内容编排上由浅入深、循序渐进，相信不同层次的读者都能够找到自己的起点。

本书注重实践，附有大量例程，帮助读者在实践中加深理解，也为相关设计和开发人员提供了丰富的参考样例。所有例程都在 Sametime 8.0 环境下经过测试，供读者参考。全书语言生动并附有很多插图，易于理解。在专业相关的文字叙述上力求简洁，在内容与过程的安排上则力争翔实，以使读者能够非常容易地自己动手实践。相信能帮助读者白手起家，从入门到精通。

由于时间仓促及作者水平所限，书中不足之处在所难免，恳请广大读者批评指正。

编者

2008 年 8 月

目　　录

第 1 章　概念与原理

随着个人电脑的普及，即时通信软件已经成为人们日常工作中必备的工具。人们习惯于使用 MSN 或 QQ 通过互联网实时聊天，实现音频或视频交流。在国际上知名的即时通信工具还有 Yahoo Messenger、Google Talk、AOL Instant Messenger 等。我们熟悉这些工具软件，一来是因为比较容易获得且免费使用，二来是因为它们的确方便好用，其功能基本满足了大多数用户通过互联网实现小规模个人通信的需求。

然而，在企业中部署即时通信工具则可能有另一番考虑。首先考虑的是安全性。企业内通信应该首先基于内部网络而不是基于互联网，由于企业人员交流的很可能是生产数据，所以通信链路应该有加密保护，防止网络窃听。其次考虑的是集成性。人员的登录能否与员工身份认证集成在一起，在线感知与交流的能力能否与企业应用（如内网门户、考勤系统、客服系统、专家系统）集成在一起，即时通信能否与其他各种通信手段（如邮件、短信、电话）结合在一起等。最后考虑的也许是性能。当成千上万的员工登录到通信服务器上时，系统能否有效地调整负荷，是否能够支持群集技术，支持远程多会场之间的大规模网络会议。所有这些需求实际上要求企业级即时通信软件不仅仅是一个在线交流的工具，而且需要提供丰富的编程接口与集成能力，同时能够提供高性能和稳定服务的保证。

IBM 公司的 Sametime 就是一款知名的企业级即时通信软件，通常部署在大中型企业中以提高员工实时沟通的能力。事实上，IBM 公司自身就使用这个软件来支撑全球 40 万职工之间实时的交流和沟通。

1.1　Sametime 简介

Sametime 8.0 分为 3 个版本：Entry、Standard、Advanced，它们之间的关系是后一个完全包含前一个，如图 1-1 所示。其中 Entry 版本提供了入门级的服务，包括在线感知和即时消息功能。Standard 版本提供了基本完整的即时通信功能，包括文件传输、音频视频交流、网络会议、通信网关、编程接口等，本书也将针对这个版本进行介绍。Advanced 版本提供了更为丰富的功能，包括持久性对话、瞬时共享桌面、地理位置的自动感知等。此外，Sametime 还提供了 Unified Telephony 组件，它能够与任何一个版本共用。通过它可以提供“软电话”功能，即通过与主流的交换机厂商（如 3Com、Lucent、AVAYA、CISCO、Nortel、Siemens）的 PBX 连接，从而达到 PC 与电话之间的通信。

此外，Notes 8 中也含有一个 Sametime 集成组件，它实际上是一个简化版的 Sametime 客户端，除了没有可以独立运行的 Sametime Connect 工具，其功能与 Entry 版本相当。图 1-1 详细列出了各版本之间的功能差别。

Entry 和 Standard 的服务器功能相差甚远，但两者的客户端却基本上是相同的。其中 Sametime Connect 工具完全相同，它们都可以连接对方版本的服务器。Standard 版本的客户端可选组件中多了网络会议（Web Conference）功能。此外，Standard 客户端可以与 Outlook 集成，而 Entry 版无此功能。

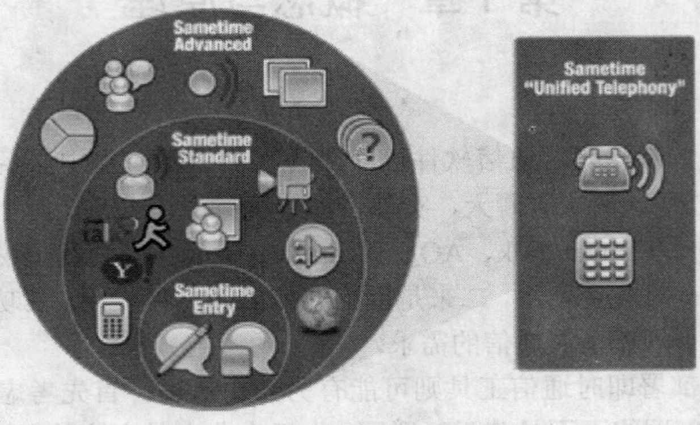

图 1-1　Sametime 8.0 的 3 个版本

各版本功能比较如表 1-1 所示。

表 1-1　各版本功能比较

功能	Notes 8	Entry	Standard	Advanced
在线感知	✓	✓	✓	✓
即时消息聊天	✓	✓	✓	✓
多路聊天（群聊）	✓	✓	✓	✓
联系人排序	✓	✓	✓	✓
显示短名	✓	✓	✓	✓
仅显示在线人员	✓	✓	✓	✓
记录时戳	✓	✓	✓	✓
聊天记录	✓	✓	✓	✓
富文本	✓	✓	✓	✓
表情图标	✓	✓	✓	✓
表情图标模板	✓	✓	✓	✓
显示商务名片	✓	✓	✓	✓
拼写检查	✓	✓	✓	✓
与 Email 集成（Notes/Outlook）	✓	✓	✓	✓
含有 Sametime Connect 客户端	✗	✓	✓	✓
网络会议/即时会议	✗	✗	✓	✓
含 Sametime Toolkits	✗	✗	✓	✓
含 Sametime Gateway	✗	✗	✓	✓
支持无线设备	✗	✗	✓	✓
当我在线状态时，哪些用户可以看见我	✗	✗	✓	✓
当我在勿扰状态时，哪些用户可以看见我	✗	✗	✓	✓

续表

功能	Notes 8	Entry	Standard	Advanced
发送通知	✗	✗	✓	✓
传输文件	✗	✗	✓	✓
第三方电话集成（如 ClickToCall）	✗	✗	✓	✓
音频对话	✗	✗	✓	✓
视频对话	✗	✗	✓	✓
支持多社区	✗	✗	✓	✓
设置地理位置	✗	✗	✓	✓
截屏工具	✗	✗	✓	✓
支持服务端应用插件	✗	✗	✓	✓
广播套件（SkillTap、Freejam 等）	✗	✗	✗	✓
持久性对话	✗	✗	✗	✓
基于服务器的地理位置自动感知	✗	✗	✗	✓
瞬时共享	✗	✗	✗	✓

1.2　基本功能

作为一款即时通信软件，Sametime 具有 3 个最基本的功能，即在线感知、实时交谈、网络会议。

1.2.1　在线感知

在线感知就是实时感知对方是否上线（Online）。Sametime 有强大的在线感知功能，它不仅可以在传统的 Sametime Connect 客户端感知联系人的在线情况，也可以在 Notes 邮件、Web 网页、BBS、Office 文档、手机应用等各种人机界面上提供在线感知的能力。

Sametime 提供了丰富的开发方式与各种系统集成，只要用户登录到自己的系统，比如 OA 办公、BBS 讨论区、业务处理系统，甚至是操作系统，与 Sametime 集成后都可以同时登录到 Sametime 服务器，这时 Sametime 中的其他用户就能实时感知该用户在线了。由此，Sametime 可以提供用户到用户、用户到应用、应用到应用之间的在线感知能力。

1.2.2　实时交谈

Sametime 中实时交谈可以通过文字交流的方式，也可以通过音频视频交流的方式，或者是两种方式的组合。实时交谈可以是一对一的，也可以是一对多的。实时交谈的客户端可以是 Sametime Connect，也可以是网页中的弹出式窗口或者用户开发的应用程序。

由于 Sametime 强大的集成能力，实时交谈的功能几乎可以嵌入到任何应用程序中，用户可以借助丰富的交流手段实现文字、语音、图像的交流，由此实现用户之间的文件传输、数据交换、信息共享。

通过配置和编程，还可以将 Sametime 实时交谈与外部设备集成起来，如 IP 电话、手机短信、Black Berry 等。可以通过后台编程实现智能自动应答，即机器人座席。通过识别接入的 IP 地址，提供当地时间和天气信息，甚至可以将联系人标注在电子地图上，通过与企业服务总线连接，可以实现业务消息和系统事件与 Sametime 消息之间的转换。

1.2.3 网络会议

生活中我们常见的会议大致有 3 种。第一种是协作型会议，通常规模很小，简单活跃，不拘形式。这种会议通常适用于就某个问题展开小组讨论，所有的人都能充分表达观点。第二种是演讲型会议。通常规模稍大，在会场中由一人或多人轮流主持，多数时间是一个人发言，其他人聆听。这种会议有时会配合投影相关的幻灯片或事先下发的教材。第三种是广播型会议。通常规模很大，可能会有多个分会场，绝大多数旁听人员可能见不到主持人。这种会议只适合大范围的信息传达。

Sametime 有能力将以上 3 种会议形式以网络会议的方式实现。一般来说，Sametime 特别适合小型的协作会议。对于中型的演讲会议需要考虑其对带宽的占用，有时可以采用多路复用器将附近的多路传输合并。对于大型的广播会议可以使用 Multicast 技术实现多点广播，有时需要创建 Sametime 会议群集来支持就近接入并均衡负载。

网络会议可以邀请相关的用户通过浏览器登录到 Sametime 服务器上，在一个虚拟的会议环境中实现交流，并实时地共享文档、资料和应用。网络会议是由一组相关功能构成的，如幻灯片、电子白板、应用共享、网上投票等。

在网络会议中，用户可以实现网上演讲。演讲稿通常是 PPT、DOC、TXT、PDF 等格式，用户可以将其作为附件添加到会议中，会由 Sametime 服务器中的 Converter 翻译成幻灯片并推送到每一个与会者的屏幕上。当演讲者滚动幻灯片时，所有与会者的屏幕会相应地一起滚动。会议参与者可以在电子白板中就某一页幻灯片进行讨论，任何人都可以自由涂鸦，而其他人都能看见。

在网络会议中，用户可以将自己的某个应用的屏幕共享给其他与会者，甚至可以将控制权交给对方，对方可以远程遥控操作，用户也可以随时将控制权收回。如果会议中需要就某个问题征求每一个与会者的意见，则可以使用网上投票功能，投票结果会自动统计。对于大型会议，这是一种高效的收集意见的方法。

会议中的所有重要细节都可以被 Sametime 服务器录下来，在需要的时候可以回放，使未参加会议的人员有机会体验会议过程。

1.3 架构与组件

1.3.1 Sametime 的基本架构

基本上，Sametime 分为客户端（Client）和服务器（Server）两部分。其中，可安装的客户端有 Connect Client、Meeting Room Client、Recorded Meeting Client 三种，Sametime 针对客户端编程提供了多种 SDK（Connect Toolkit、Links Toolkit、Java Toolkit），因此，可以自己编写出相应的客户端应用程序。

在运行环境中，Sametime Server 必须安装在 Domino Server 上，如图 1-2 所示。Sametime

的配置数据库以 Notes DB（*.nsf）的方式存放，可以用 Domino Admin Client 来管理这些配置，也可以用浏览器通过 Domino Server 提供的 Web 访问入口来管理 Sametime Server。此外，Sametime Server 可以共享 Domino Server 上的用户，也可以与第三方 LDAP Server 集成。

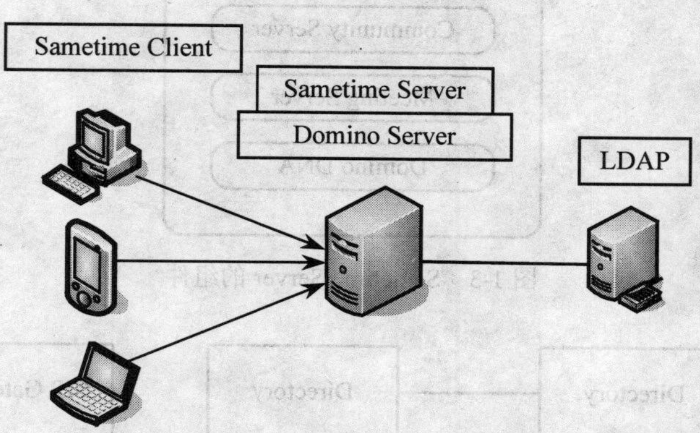

图 1-2　Sametime 的基本架构

用户一旦使用某种客户端登录到 Sametime Server 上之后，就可以使用 Sametime Server 上提供的功能了。然而，其功能的种类和级别可能会因为客户端的不同而部分受限，比如嵌入网页中的客户端（Sametime Applet），其功能比 Connect 客户端稍弱。基本上，绝大部分的功能都由 Sametime 服务器中的 Community Server 和一个 Meeting Server 提供，也可以自己编写一些程序作为 Server Application 外挂在 Sametime 服务器上，以提供特殊的定制功能。

1.3.2　Domino 分区服务器

Domino 服务器在安装后会有安装目录和数据目录两部分，前者存放运行环境所需的可执行文件，后者存放运行实例相关的数据文件，包括配置文件（notes.ini）、数据库（*.nsf）以及 Domino 应用。其中，每一个 Domino 实例就称为一个分区服务器（Partition Server）。

通过安装 Domino 分区服务器，可以在一台计算机上同时运行多个 Domino 服务器实例。它们共享同一个安装目录，却拥有各自的数据目录，互不影响。通常来说，我们会在一台较强大的计算机上安装并运行多个 Domino 分区服务器，所以这种情况多见于 UNIX 环境。

Sametime 服务器必须安装在 Domino 服务器上，这里的 Domino 服务器上可以是单独的服务器，也可以是分区服务器。

1.3.3　Sametime 服务器

Sametime 服务器中含有 3 个组件，如图 1-3 所示。其中，Community Server 提供大部分的基本功能，即社区服务，如登录、即时通信、在线感知等。Meeting Server 提供会议相关的服务，如屏幕共享、IP audio/video，注意对于 IP audio/video 功能必须安装 Sametime Multimedia Services 包。Domino DNA 提供核心的后台服务，如目录访问、用户认证等。

Sametime 的运行环境是由 Sametime 服务器中的组件及其他外围组件构成的，如图 1-4 所示。其中社区服务器（Community Server）用于构建 Sametime 社区并提供相关的服务，会议服务器（Meeting Server）用于举办和记录会议，通信网关（Gateway）则用于连接外界的即时通信环境，如 AOL、Yahoo、Google Talk 等，连接遵循标准的 SIP 协议。

图 1-3 Sametime Server 的组件

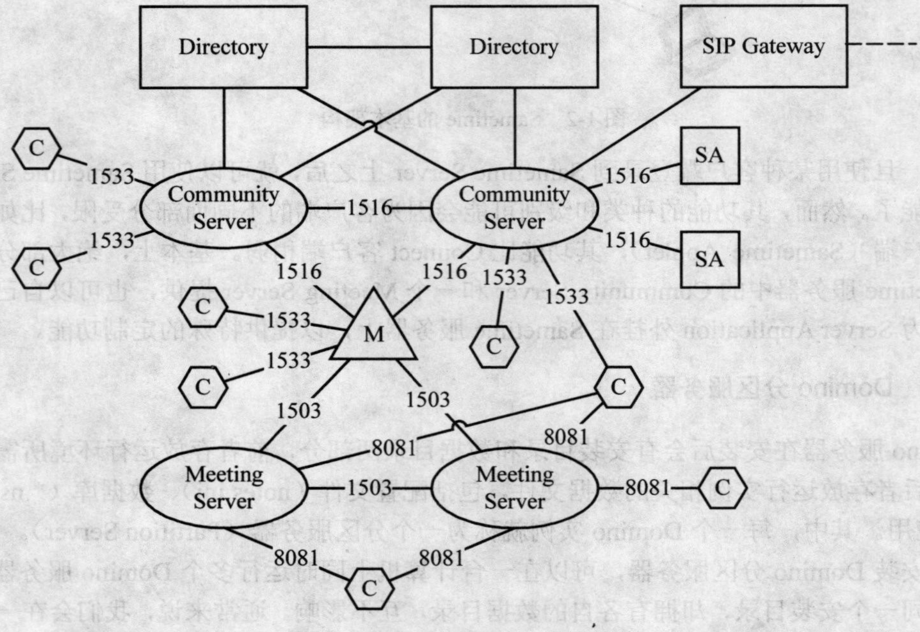

图 1-4 Sametime Server 运行环境

Sametime 中客户端（C）可以直连服务器，也可以通过多路复用器（M）再接入服务器。一个客户端只能连接一个 Community Server 和一个 Meeting Server，但一个多路复用器可以同时连接多个 Community Server 和多个 Meeting Server，可靠性大大增强。

服务器之间可以相互连接，以形成群集进一步增加系统可靠性。如果使用外部的用户目录（如 LDAP 服务），则 Community Server 可以同时连接多个用户目录。而用户目录之间也可以形成群集以保持信息的一致性。

注意：图 1-4 中连接上的数字表示连接时服务器的端口，具体参见表 1-2，也可以在 Sametime 管理界面中修改这些端口。在大型应用环境中，通常建议将 Community Server、Meeting Server 以及 LDAP Server 分开部署，每一种服务可以有多个实例形成群集（Cluster）环境，这样可以最大程度地保证高可靠性和扩展性。

表 1-2　Sametime 服务器常用端口

服务器	端口	说明
Domino Server	80	HTTP 服务
	443	HTTPs 服务
	1352	与 Notes Client 连接
	9092	与 Event Server 连接
	9094	与 Token Server 连接
Community Server	1533	Client-Server 连接
	1516	Server-Server 连接
Meeting Server	8081	Client-Server 连接
	554	Client-Server 连接，广播消息
	1503	Server-Server 连接

1.3.4　Sametime 社区

标准的 Sametime 社区（Community）是由客户端（Client）、多路复用器（Multiplexer）、社区路由器（Community Hub）、服务端应用（Server Application）组成的，如图 1-5 所示，分别用 C、M、C-Hub、SA 表示。所有这些部件组成了 Sametime 社区（Community）的运行环境，它们之间的连接都是 TCP/IP 协议且都为长连接。

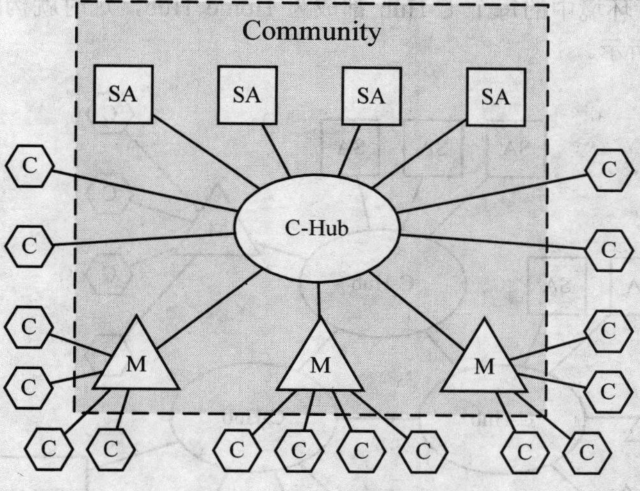

图 1-5　Sametime Community 架构

客户端（C）可以是独立运行的程序（如 Sametime Connect），也可以是嵌入到网页中的代码（如 Sametime Link）。客户端可以直接连接在 C-Hub 上，也可以通过多路复用器（M）再接入 C-Hub。

C-Hub 是整个 Sametime Community 的核心，负责管理其他组件之间通道的连接以及信息的路由和传递。而 Sametime Community 的各种功能则由众多的服务端应用（SA）来提供，如在线感知、用户目录、人员查找、访问控制、日志记录等。本质上，多路复用器也是一种服务端应用，它往往用于将远程的多个客户端集中起来接入 Community 环境。这样可以减少 C-Hub 的直连数量，从而增加客户端总体的连接容量。对于广播类消息，C-Hub 只需要将消息传递给 M 一次，再由 M 分级广播，大大减少了网络开销。

客户端（C）、多路复用器（M）、服务端应用（SA）都需要登录到 C-Hub 后才能工作，它们也称为社区参与者（Community Participant），参与者之间的通信都需要由 C-Hub 转发，大致有以下 3 种通信模式：

（1）一对一。这种方式相对简单，由 C-Hub 直接转发消息，或者经过 M 路由后再转发。

（2）一对多。这时消息中带有目标列表，如果发现其中若干个目标同属一个 M，则由 C-Hub 转发给 M，再由 M 转发。

（3）广播。由 C-Hub 转发给所有的 M，再由每个 M 转发。

在 Sametime Community 中，将从一个客户端（C）到另一个客户端（C）之间跨多路复用器（M）和社区路由器（C-Hub）的虚拟连接称为一个通道（Channel）。用户登录后在所有这些组件中建立的通道称为主通道（Master Channel），如果以后需要使用的通道与主通道有重叠部分，则会复用主通道部分。比如，从 C 到 C-Hub 之间有一条主通道，之后 C 要用到 SA 服务，则会复用之前的主通道。

1.3.5 Sametime 群集

在多个社区路由器（C-Hub）的运行环境中，对于每一个用户，默认会有一个 C-Hub 记住该用户的列表及其他属性，它称为该用户的主路由器（Home Hub），用户通常只能先登录到这个社区中。如果运行环境中的每个 C-Hub 都成为 Home Hub，这时就构成了群集（Sametime Cluster），如图 1-6 所示。

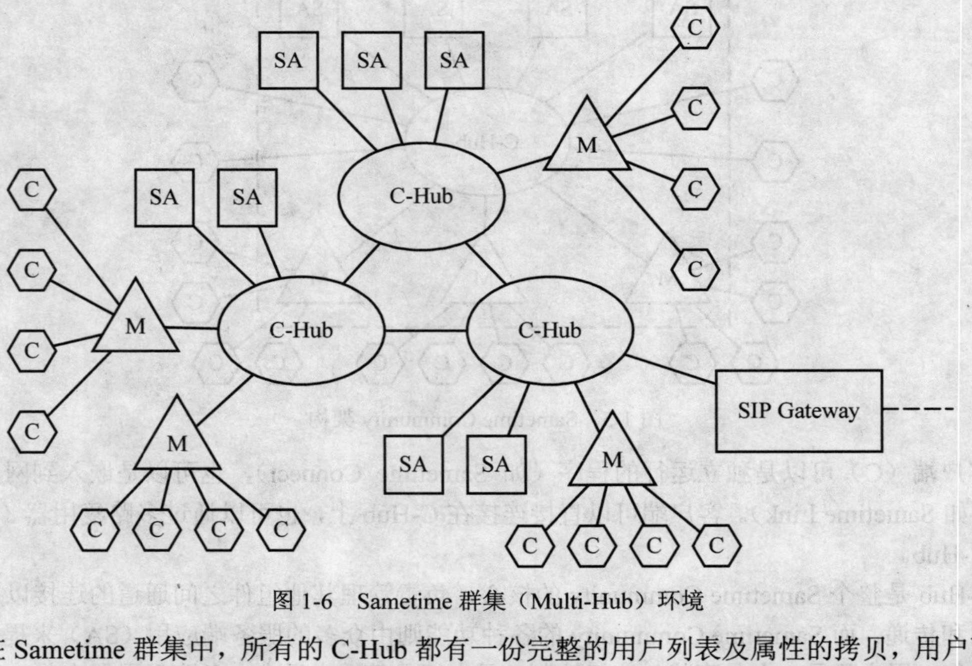

图 1-6 Sametime 群集（Multi-Hub）环境

在 Sametime 群集中，所有的 C-Hub 都有一份完整的用户列表及属性的拷贝，用户可以通过任何一个客户端登录。当某一个 C-Hub 发生故障时，用户可以登录到任何其他的 C-Hub 上，也不会发生资料丢失的现象。

Sametime 群集提供了一个容错的运行环境，但对服务器端的网络要求较高。同时，C-Hub 之间的用户信息同步也需要较大的开销。Sametime 服务器中的 Community Server 和 Meeting Server 分别对外提供社区服务（Community Services）和会议服务（Meeting Services），一旦 Sametime Server 形成群集，就自然形成社区服务群集（Community Services Cluster）和会议服务群集（Meeting Services Cluster）。

1.3.6 Sametime 会议服务器

Sametime 企业会议服务器（Enterprise Meeting Server，EMS）用来管理会议服务群集。当企业中有多台 Sametime Server 提供会议服务时，它们可以通过群集形成统一的会议服务，客户端对会议的安排和调整不再通过单个 Sametime Server 的管理中心完成，而由 EMS 统一管理。事实上，一旦 Sametime Server 加入到群集后，客户端对会议管理中心的访问会自动重定向到 EMS 上。EMS 会根据各个 Sametime Server 的当前负载及可靠性计算出应该由哪个服务器来创建会议，会议适用于全局环境，Sametime Client 可以就近接入。

Sametime Server 与 EMS 之间的连接是 HTTP 或 JMS 协议，而 Sametime Client 与 EMS 之间的连接是 HTTP 协议，如图 1-7 所示。EMS 本身是一个 J2EE 应用，通常部署在 WebSphere Application Server 之上，它的管理界面 URL 为 http(s)://emsserver/iwc/center。

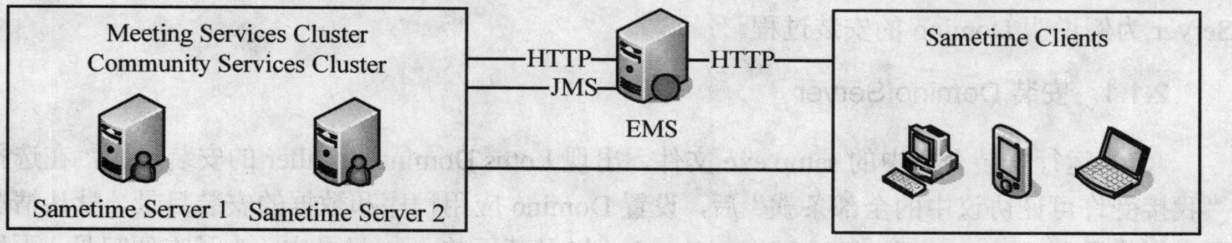

图 1-7　Sametime 会议服务器

1.3.7 Sametime 网关

Sametime 网关（Gateway）用于与外部的即时消息社区之间实现互连和通信，它们包括其他的 Sametime 社区、AOL Instant Messenger、Yahoo Messenger、Google Talk 等。Sametime Gateway 提供了不同社区中服务器之间的协议转换，不同社区之间的人员在线感知和消息传递。此外，它还提供了过滤黑名单域、用户访问控制和事件日志记录等功能。

Sametime 网关在接收到即时消息后，会检查消息的合法性及权限控制，如果通过检查则转发到接收方。在必要的时候，会自动进行协议转换。Sametime 网关中带有一些协议连接器，包括 SIP 连接器（用于 AOL 和 Yahoo）和 XMPP 连接器（用于 Google Talk），因此可以轻而易举地将在线联系人扩展到其他社区。

第 2 章　安装与配置

Sametime 产品分为 Client 和 Server 两部分，其中 Client 部分可以运行在 Windows、Linux、Macintosh 三种操作系统上，而 Server 部分则支持 Windows、Linux、AIX、i5/OS、Solaris 五种操作系统。Sametime Server 必须运行在 Domino Server 之上，所以在安装时必须先安装 Domino Server 再安装 Sametime Server，卸载时则次序相反。此外，Sametime 的用户目录信息可以由 Domino Directory 管理，也可以由独立的 LDAP 服务器管理，所以安装之前必须做好规划。

我们以 Sametime for Windows 为例来展示产品的安装过程。假定整个安装环境中只有一台 Windows 服务器，所有的软件都安装在这台机器上。为了显得紧凑，我们用 Domino Directory 来管理用户，而不再安装其他 LDAP 产品。

2.1　安装和配置 Domino

由于 Sametime Server 必须要安装在 Domino Server 之上，这里就以产品包中的 Domino Server 为例说明 Domino 的安装过程。

2.1.1　安装 Domino Server

（1）运行安装介质中的 setup.exe 文件，出现 Lotus Domino Installer 的安装界面，在选择“我接受许可证协议中的全部条款”后，设置 Domino 应用程序和数据的安装目录，默认情况下它们位于 C:\Program Files\IBM\Lotus\Domino 以及其下的 data 目录中。为了方便起见，不妨接受默认值。

（2）可以在一台机器上安装并运行多个 Domino Server，它们被称为分区服务器（Partitioned Server）。为了简单起见，只安装一个单独的 Domino Server 并在其上创建 Sametime Server，所以我们不选择 Install Domino Partitioned Servers 选项。

（3）选择 Domino Server 的类型。Domino 将其分为 Utility Server、Messaging Server、Enterprise Server、Customize 四个类型。其中，Utility Server 和 Messaging Server 分别面向应用服务和通信服务；Enterprise Server 是功能合集，兼容了这两种服务；Customize 用于功能定制，选择安装部分的功能模块，如图 2-1 所示。为了方便起见，我们选择 Domino Enterprise Server。

（4）进入安装过程，直至结束。

2.1.2　安装 Domino Client

Domino Client 8.0 有两个版本：一个基于原先的 Notes 客户端技术，称为 Basic Configuration，另一个基于 Eclipse 运行环境，用户可以自行开发各种插件。这里介绍的是后一种的安装过程。

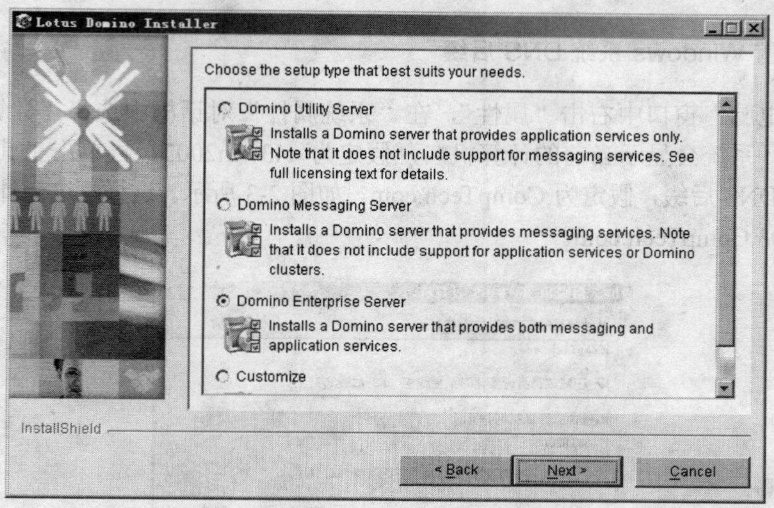

图 2-1　选择 Domino Server 的类型

（1）运行安装介质文件，出现 Install Wizard 界面。在接受许可证协议和用户基本信息后，设置 Domino Client 应用程序和数据的安装目录。默认情况下，它们位于 C:\Program Files\IBM\Lotus\Notes 以及其下的 data 目录中，我们不妨接受默认值。

（2）选择需要安装的功能组件。为了简单起见，只安装 3 种 Domino 客户端（Notes Client、Domino Designer、Domino Administrator）以及“Sametime（集成）”组件，使 Notes Client 拥有一个内置的简化版的 Sametime 客户端。为了避免 Domino 客户端在启动时自动使用操作系统的登录口令，我们不选择“客户端单一用户登录”。由于环境简单，也可以不选择“迁移工具”组件，如图 2-2 所示。

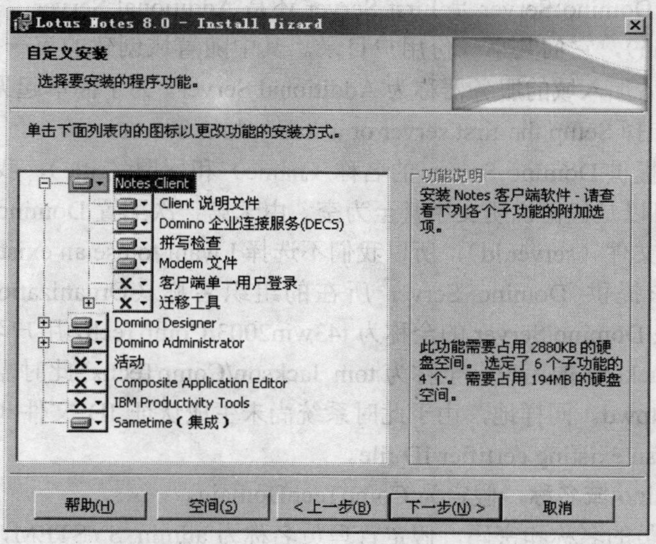

图 2-2　选择安装 Domino 客户端的功能组件

（3）可以接受 Notes 作为默认的 Email 工具，单击“安装”按钮开始安装过程直至结束。

2.1.3 配置 Windows 系统 DNS 后缀

在“我的电脑”窗口中右击“属性”，在“系统属性”对话框中选择“计算机名”，单击“更改”按钮，系统会显示当前的计算机名，假定为 t43win2003。再单击“其他”按钮，设置此计算机的 DNS 后缀，假定为 CompTech.com，如图 2-3 所示。这样，这台计算机的完整名称为 t43win2003.CompTech.com。

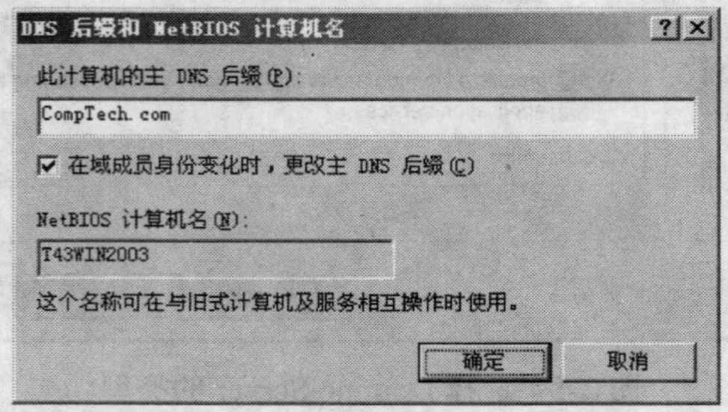

图 2-3 设置 Windows 系统 DNS 后缀

重启生效后，可以用 ping 命令测试一下设置后的效果，这时在命令行窗口中执行 ping t43win2003 和执行 ping t43win2003.CompTech.com 的效果是相同的，都应该显示链路畅通。

2.1.4 配置 Domino Server

单击“开始”→“程序”→Lotus Applications→Lotus Domino Server 命令来启动 Domino Server，也可以在系统服务中启动 Lotus Domino Server (ProgramFilesLotusDominodata)，两者效果是相同的。如果是第一次运行 Domino Server，则系统自动进入配置界面。

（1）选择当前 Domino Server 是 First Server 还是 Additional Server。多个 Domino Server 可以组成域（Domain），它们共享一份用户目录。其中随着域创建的第一个服务器称为 First Server，而独立创建后加入域的服务器称为 Additional Server。为了简单起见，我们的域中只有一个服务器，所以选择 Setup the first server or a stand-alone server。

（2）系统要求提供 Domino Server 的名称（name）和标题（title），我们不妨用机器名来标识名称，而标题可以是任何说明文字甚至为空。由于第一次配置 Domino Server 的时候系统尚未生成服务器 ID 文件（server.id），所以我们不选择 I want to use an existing server ID file。

（3）系统要求提供 Domino Server 所在的组织名称（Organization name），假定为 CompTech。这样，该 Domino Server 的全称为 t43win2003/CompTech，用户名也会以 CompTech 为后缀，比如 tom jackson 的用户名全称为 tom Jackson/CompTech。此时需要设置组织内的认证密码，假定为 certpwd。同样地，由于此时系统尚未生成认证 ID 文件（cert.id），所以我们不选择 I want to use an existing certifier ID file。

（4）设置 Domino 域名称，假定为 CompTechDomain。

（5）设置管理员的名称和密码，假定管理员名称为 admin SYSTEM，密码为 admin。如果以后要用 Domino Admin 管理控制台.（在安装 Domino Client 时选中）远程管理该 Domino Server，则此时需要生成管理员 ID 文件并在远程管理时使用。由于此时尚未生成认证 ID 文件（admin.id），所以不选择 I want to use an existing Administrator ID file。

（6）选择 Domino Server 的 Internet 服务，如图 2-4 所示。其中，HTTP services 提供对外的 Web 浏览器访问，后续配置 Sametime Server 时必须使用该服务。SMTP、POP3 and IMAP services 提供邮件服务，如果不涉及邮件访问则该服务不是必要的。如果用内置的 Domino Directory 来管理用户目录，则 LDAP services 也不是必要的。尽管只有 HTTP services 是必需的，但为了方便起见，不妨全部选中。

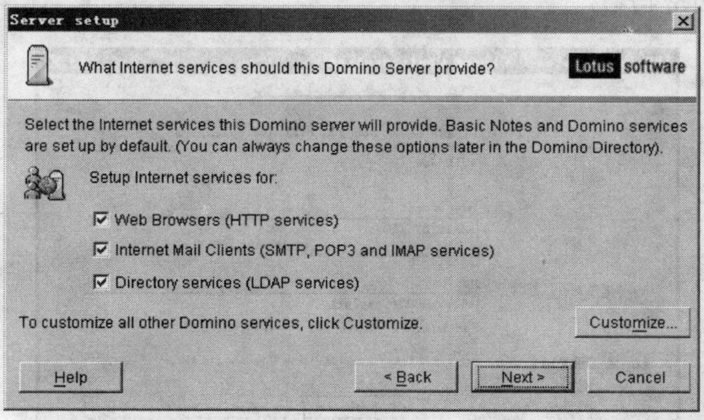

图 2-4　选择 Domino Server 的 Internet 服务

（7）设置网络参数，不妨接受默认设置。在默认情况下，Domino 支持 TCP/IP、NetBIOS over TCP/IP 两种协议，Domino Directory 使用机器名全称，比如 t43win2003.CompTech.com。

（8）安全性设置，不妨接受默认设置。为了提高安全性，可以禁止匿名访问 Notes 数据库。为了提高可管理性，可以增加 LocalDomainAdmins 用户组。

综合上述配置过程，将 Domino Server 的配置参数和参考值列出，如表 2-1 所示。配置完成后会在 Domino 的 Data 目录（C:\Program Files\IBM\Lotus\Domino\data）中自动生成出所有的 ID 文件（server.id、cert.id、admin.id）。

表 2-1　Domino Server 配置参数

配置参数	参考值
Server name	t43win2003
Organization name	CompTech
Organization Certifier password	certpwd
Domino domain name	CompTechDomain
Administrator name	admin SYSTEM
Administrator password	admin
Internet services	Web Browsers (HTTP services) Internet Mail Clients (SMTP、POP3 and IMAP services) Directory services (LDAP services)

2.1.5　配置 Domino Client

在配置 Domino Client 之前，必须首先确保启动 Domino Server，参见 2.1.4 节。单击“开始”→“程序”→“Lotus 应用程序”→Lotus Domino Administrator 8 命令，系统进入 Domino

Client 配置界面。

（1）配置 Domino Client 的运行环境。

1）输入管理员和 Domino 服务器名称。根据前面的设置，管理员为 admin SYSTEM，Domino 服务器全名为 t43win2003/CompTech，如图 2-5 所示。注意，由于管理控制台会连接到服务器上进行配置，因此这时 Domino Server 名称也可以简写为 t43win2003。系统会提示输入 admin SYSTEM 的密码。

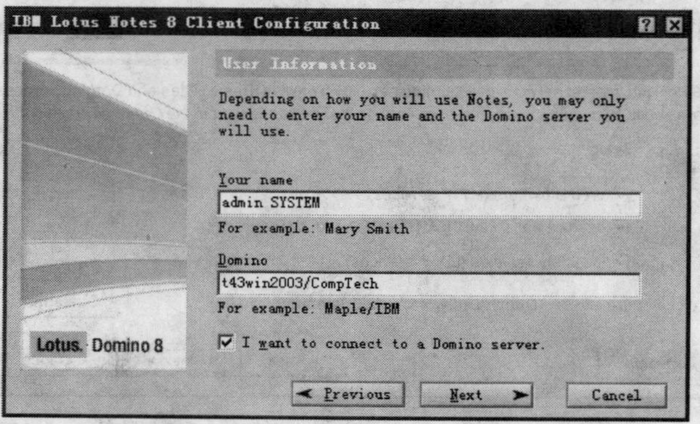

图 2-5 设置 Domino Client 的用户名和服务器

2）设置 Domino Client 中内置的 Instant Messaging 服务参数。由于它在功能上是 Sametime 的子集，这里不再讨论，单击 Next 按钮直接跳过。

3）选择附加服务。为了简单起见，可以全部不选并单击 Next 按钮直接跳过。

（2）注册 3 个 Domino 用户 tom DISNEY、jerry DISNEY 和 snoopy DISNEY，他们的密码分别为 tom、jerry 和 snoopy。

1）在打开的 Lotus Domino Administrator 中选择 Domain 以及其下的 People & Group，在右侧的工具栏中选择 Tools→People→Register，单击 Certifier ID 按钮，选择 Domino 的 data 目录下的 cert.id 文件（C:\Program Files\IBM\Lotus\Domino\data\cert.id），密码为前面设置的 certpwd。

2）在 Basic 选项卡的 First name 和 Last name 中分别输入 tom 和 DISNEY，Password 为 tom。单击 Password Options 按钮，为了简单起见，将密码强度设定为最弱，选中 Set internet password。单击 Advanced 按钮，在 ID Info 选项卡中选择 In file，将用户的 ID 文件保存到指定的目录中。选择右侧绿色的钩表示暂存注册用户的请求，如图 2-6 所示。

3）同样地，注册 jerry DISNEY 和 snoopy DISNEY 用户，密码分别为 jerry 和 snoopy。

4）单击左下角的 Register All 按钮一并提交对 3 个用户的注册。

综合上述的用户注册过程，将相关的配置参数和参考值列出，如表 2-2 所示。配置完成后会在 notes 的 data\ids\people 目录（C:\Program Files\notes\data\ids\people）中生成所有用户的 ID 文件（tDISNEY.id、jDISNEY.id、sDISNEY.id）。

为了方便后面的讲解，在这里添加一个公共组 DISNEY，包含 tom、jerry、snoopy 三个用户。在打开的 Lotus Domino Administrator 的 Groups 管理界面中单击 Add Group 按钮，Group Name 项设置为 DISNEY，Members 项中添加 Domino 域中的 3 个用户，如图 2-7 所示。然后，单击 Save & Close 按钮并确认。

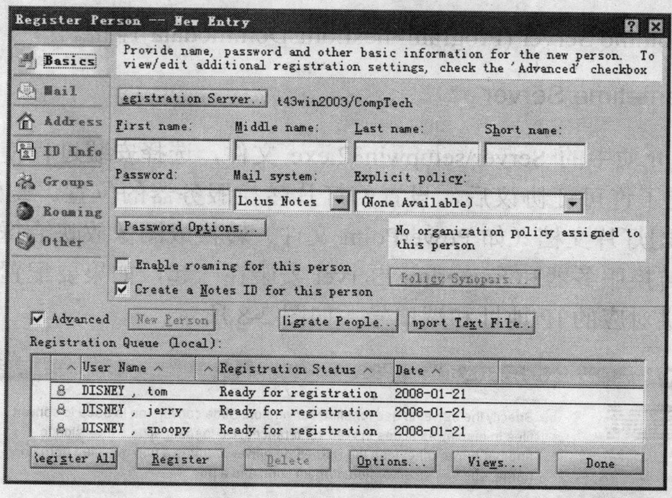

图 2-6　注册 Domino 用户

表 2-2　注册用户配置参数

配置参数	参考值
First name	tom
Last name	DISNEY
Password	tom
Password Quality Scale	0：Password is optional
Set internet password	选中
In file	选中

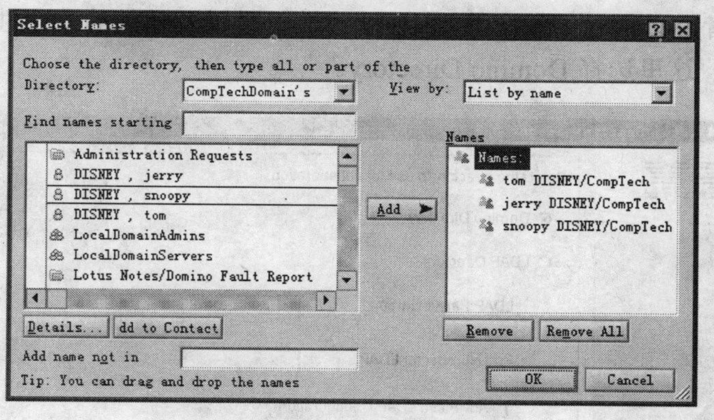

图 2-7　添加公共组 DISNEY

2.2　安装和配置 Sametime

在安装了 Domino Server 之后，可以开始安装和配置 Sametime 了。但在安装之前，必须确保 Domino Server 已经停止。可以在 Sametime 控制台上输入 exit 或 quit 命令，也可以在系统服务中将 Lotus Domino Server (ProgramFilesLotusDominodata)停止。

2.2.1 安装 Sametime Server

（1）运行安装介质中的 Server\setupwin32.exe 文件，选择安装过程使用的语言，不妨选择“英语”。在接受了许可证协议后，设置幻灯片转换服务器的位置。幻灯片转换服务是在 Sametime 会议中将幻灯片文档（如 PowerPoint 文件）转换成图像放映给每一个参与者。通常情况下，将幻灯片转换服务器和 Sametime Server 安装在一起，如果要配置外部的幻灯片转换服务器，则需要提供对应的 IP 地址和端口号，如图 2-8 所示。

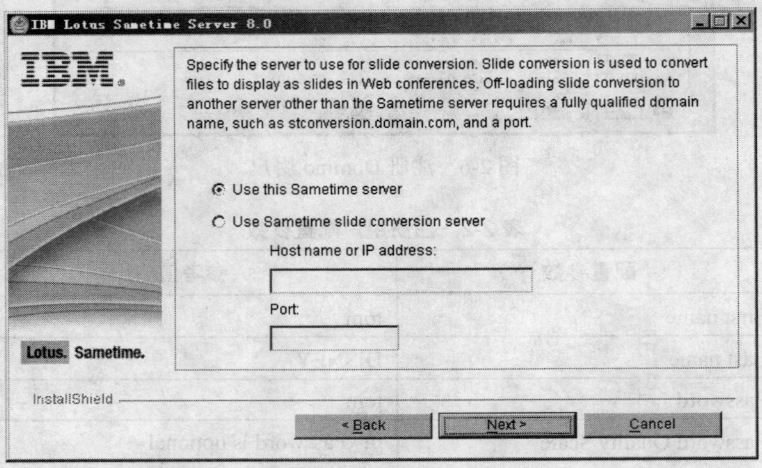

图 2-8 设置 Sametime 幻灯片服务器的位置

（2）设置 Sametime 使用的用户目录。可以使用 Domino Directory，也可以使用外部的 LDAP Directory，对于后者，必须提供相应的 IP 地址、端口号以及相关的安全性设置，如图 2-9 所示。为了简单起见，这里选择 Domino Directory。

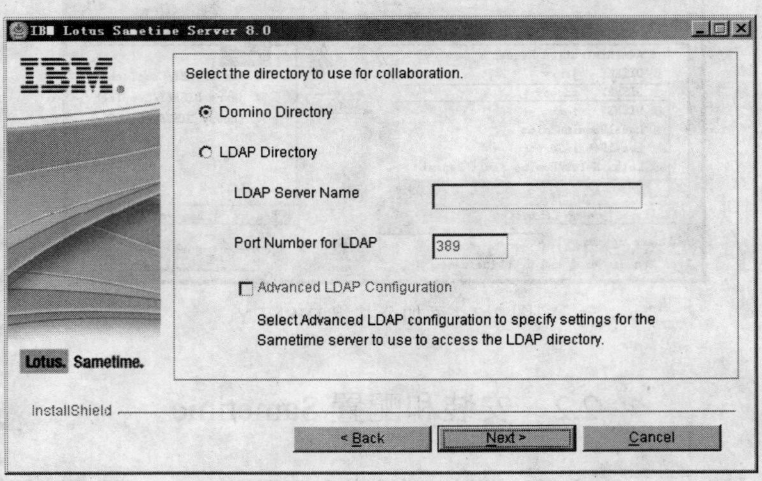

图 2-9 选择 Sametime 用户目录的位置

（3）设置是否使用 HTTP 隧道。默认情况下，Sametime 服务器会使用 1533 和 8081 端口来提供群体服务和会议服务，可以设置 HTTP 隧道将两者的服务端口设置为 80，而原先 Domino HTTP 的服务端口 80 改成 8088，这种设置是为了方便穿透防火墙。为了简单起见，不选择 HTTP 隧道功能。在设置妥当后进入安装过程，直至结束。

2.2.2　安装 Sametime Connect

Sametime 的客户端工具称为 Sametime Connect，它有网络安装和本地安装两个版本。事实上，这两个版本只是安装方式不同，安装结果是完全一样的。其中，网络安装是将安装介质放在服务器上，客户端机器通过浏览器访问安装页面选择下载介质或是在线安装，服务器会自动检测出客户端的操作系统并选择正确的安装包。本地安装则是将安装介质拷贝到本地并启动安装过程。在这里只介绍本地安装过程。

运行安装介质中 sametimeclient\Windows-Linux 目录下的 setup.exe 文件，选择安装程序使用的语言，不妨选择“中文（简体）”。在接受了许可证协议后，设置 Sametime Client 的安装目录，不妨接受默认位置 C:\Program Files\IBM\Lotus\Sametime Connect。进入安装过程后直至结束。

2.3　验证安装

2.3.1　安装目录

默认情况下，Sametime 的各个相关部件安装在不同的目录中，具体如表 2-3 所示。在 Windows 中，它们的配置信息存放在注册表 HKEY_LOCAL_MACHINE\SOFTWARE\Lotus 中。

表 2-3　Sametime 相关部件的默认安装目录

相关部件	默认安装目录
Sametime Connect Client	C:\Program Files\IBM\Sametime Connect
Sametime Server	C:\Program Files\IBM\Lotus\Domino
Domino Server	C:\Program Files\IBM\Lotus\Domino
Domino Client	C:\Program Files\IBM\Lotus\Notes

为了以后表述上的方便，约定 Domino Server 安装路径下的 data 目录简称为<DominoDataPath>，Sametime Server 安装路径下的 data\Domino\html 目录简称为<DominoHtmlPath>。此外，将 Sametime 的 SDK 安装介质下的 st751sdk 目录简称为<SametimeSdkPath>。

2.3.2　试用 Sametime Connect

（1）启动 Lotus Domino Server。由于 Sametime Server 安装在 Lotus Domino Server 之上，所以会一并启动。注意，Domino Server 控制台上出现 Sametime Server: Running，说明 Sametime Server 成功启动。

（2）启动 Sametime Connect 应用程序。在登录界面中输入 Sametime Server 服务器名（t43win2003.CompTech.com）、用户名（tom DISNEY）和密码（tom），然后登录，如图 2-10 所示。第一次登录，系统会提示是否需要记录对话，一般来说可以回答“是”。这样，以后的

Sametime 对话记录可以在指定的目录中找到。

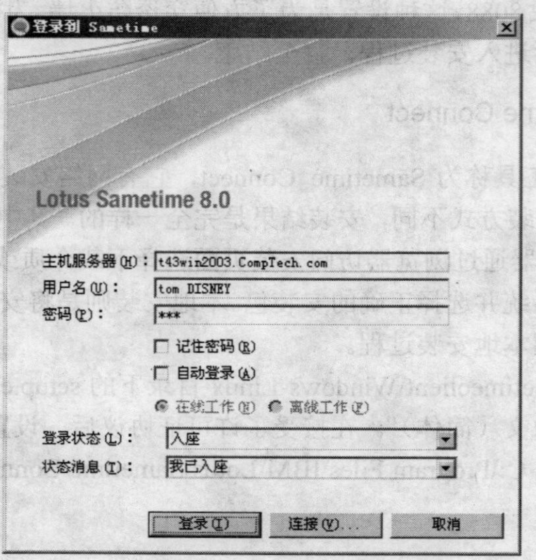

图 2-10 Sametime Connect 登录

（3）登录后，Sametime Connect 窗口会出现一个在线用户（用绿色的方块图标表示），即 tom DISNEY 自己，如图 2-11 所示。

图 2-11 Sametime Connect 界面

至此，Sametime 环境安装完毕。

第 3 章　使用与管理

在前面的章节中介绍了如何安装和配置一个简单的 Sametime 环境，本章开始介绍如何使用和管理这个 Sametime 环境。

3.1　体验使用

让我们来体验一下 Sametime 的基本使用过程。首先，启动 Lotus Domino Server，Sametime Server 也会随之启动。接着，启动 Sametime Connect 并以 tom DISNEY 身份登录。默认情况下，Sametime Connect 中含有一个名为“工作（work）”的组，其中只有一个联系人，即登录者自己。假定我们有另一台机器，在安装了 Sametime 客户端后以 jerry DISNEY 身份登录，通过下面的操作来体验 tom 和 jerry 之间的即时通信。

3.1.1　联系人和组

每个登录者都可以有一份联系人列表（Contact List），其中包含群组（Group）和联系人（Contact）。这份联系人列表存放在 Sametime 服务器上，所以用户在任何客户机登录后可以访问到相同的联系人列表。群组只是一个集合，其中可以有联系人，也可以有其他群组。一个联系人可以同时属于多个群组。群组有公共群组（）和个人群组（）两种。前者需要在 Domino 服务器端设置，可以被所有用户共享。后者可以在 Sametime 客户端设置，只由本用户使用。

在“工作”组中添加 admin SYSTEM 用户。将安装过程中创建的 DISNEY 公共群组添加进来，发现只显示其中的在线人员。

创建一个名为“朋友”的组，在其下添加 snoopy DISNEY，再创建一个名为 Tom & Jerry 的组，在这个组中添加 jerry DISNEY，将 tom DISNEY 也移入这个组（用鼠标拖拽）。

在网络中的另外一台机器上以 jerry DISNEY 登录，这时会发现，Tom 和 Jerry 的状态都变为绿色图标，表示在线状态。最后得到图 3-1。

图 3-1　Sametime 联系人和组

3.1.2 消息通知

Sametime 可以向任何在线的用户发送通知，我们不妨选中 jerry DISNEY，然后右击并选择“发送”→“通知”选项。在通知内容中可以输入任何字符串，发送后会在对方屏幕上的右下角滑入通知消息。如果单击则弹出完整的消息窗口，否则几秒钟后会自动隐去，如图 3-2 所示。

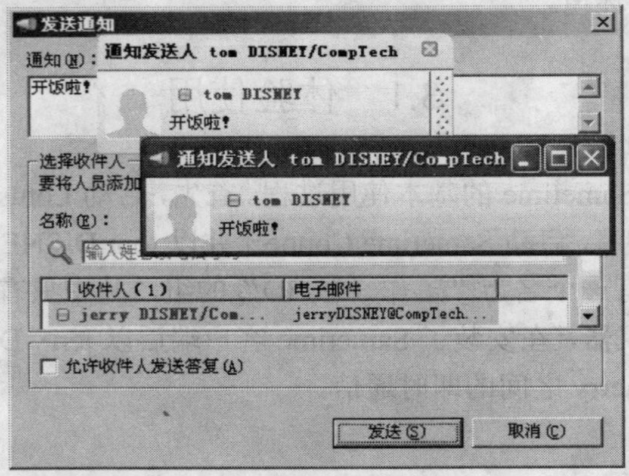

图 3-2 Sametime 消息通知

通知消息也可以群发给多个人，只要在联系人列表中同时选中多人再发送，或者在发送之前在“收件人”栏中添加所有的群发联系人。如果要向一个组中的所有在线联系人群发消息，则可以选择该组然后右击并选择“发送”→“通知”选项，该组中的所有在线联系人会自动添加到“收件人”栏中。

通知消息通常是单向的，如果发送方期待接收方的回复，则可以选择“允许收件人发送答复”复选框。这样，在接收方弹出的通知消息窗口下方会出现“答复”按钮，单击后进入在线交谈。

3.1.3 文件传送

Sametime 允许用户之间传送文件，我们不妨选中 jerry DISNEY，然后右击并选择“发送”→“文件”选项，选择等待传送的文件后进入在线交谈界面，如图 3-3 所示。这时可以添加其他待传文件，也可以单击“发送”按钮将所有待传文件一起传送出去。窗口右下角的锁形图标表示数据是加密传送的。

接收方可以在弹出的在线交谈界面中接受或者拒绝文件传送，如果接受则需要指定文件保存的目录。默认情况下文件保存在 C:\Documents and Settings\user\SametimeTranscripts 目录中。

注意，Sametime 通过客户端之间传送文件可以通过服务器配置成点对点直连的，即不通过服务器交换。这样一来，大批量的文件传送不会增加服务器端的负载。

3.1.4 在线交谈

Sametime 的一个基本功能是实现在线交谈，可以在联系人列表中选中需要交谈的对象，右击并选择“交谈”选项。根据在列表中选择对象的多少，交谈可以是一对一的，也可以一对多的。

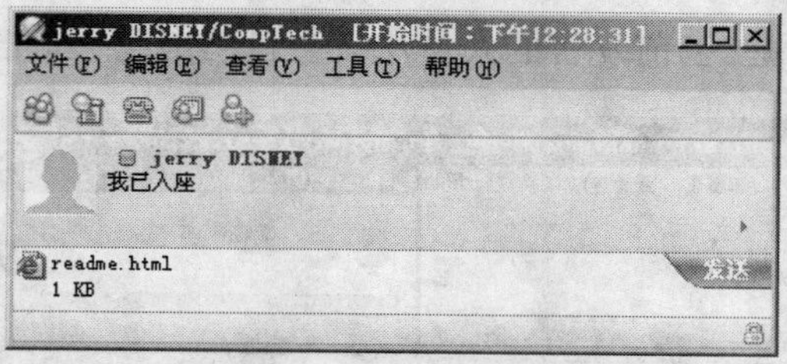

图 3-3　Sametime 文件传送

在一对一的交谈中(如图3-4所示),可以发送表情图标和链接,可以编辑富文本(Rich Text)字符串，可以传送文件，还可以直接粘贴图片到对话窗口中。

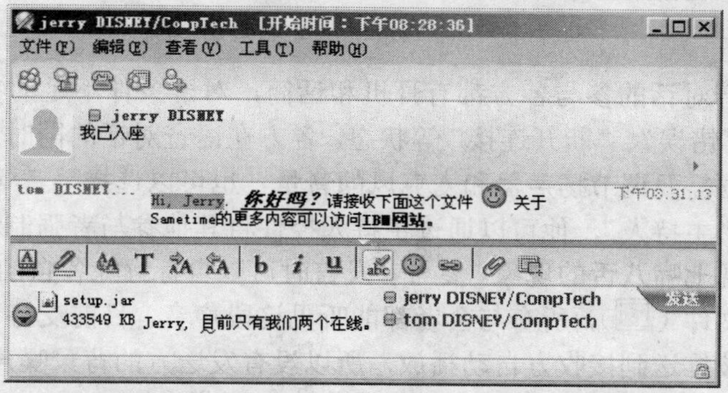

图 3-4　Sametime 一对一在线交谈

在一对多的交谈中（如图 3-5 所示），只能发送表情图标和链接。任何一方发送的内容其他各方都能看见，当前发言的人员左侧会出现一支笔的图标。各方的对话窗口标题是相同的，上面标明了对话发起方和开始时间。

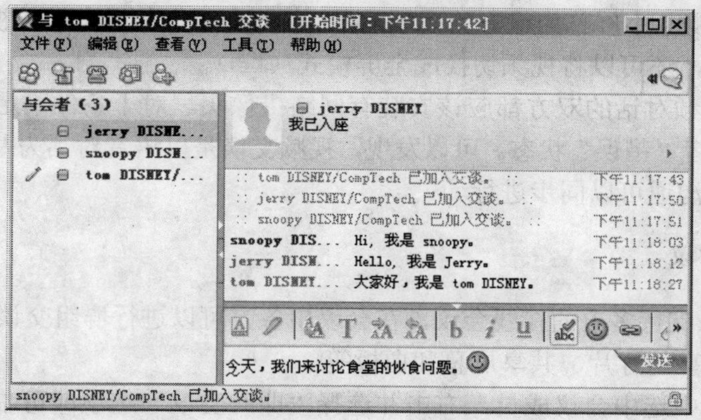

图 3-5　Sametime 一对多在线交谈

3.1.5　语音对话

与在线交谈类似，如果在联系人列表中选中对象后右击并选择“呼叫”选项，则可以与对方实现语音对话。语音对话可以是单路（一对一）的，也可以是多路的。多路对话中，任何人的发言都会被其他人听见。当前发言的人员左侧会自动出现一个语音标志，如图 3-6 所示。

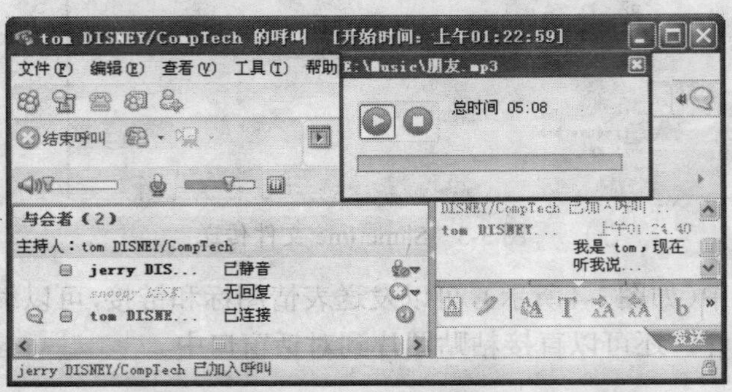

图 3-6 Sametime 语音对话

一般来说，语音对话的参与各方都有耳机和话筒，对于条件不足的参与方语音对话可能会出现“无回复”、“错误”、“断开连接”等状态。各方在语音对话的同时还可以在右侧窗口中聊天。用户可以根据需要调节扬声器和麦克风的音量，也可以选择静音（关闭麦克风）。语音对话的发起方称为“主持人”，他可以通过主持人控件将其他参与者强制设置为静音，这时主持人发言就不会出现七嘴八舌的现象。参与者发言时可以自行解除各自的静音。语音对话中的用户可以播放音频文件（），所有与会者都能听见这段声音，目前支持 WAV 和 MP3 两种格式。由于音频内容被推送到接收方自动播放，所以没有发送方的背景噪声。

3.1.6 视频交谈

视频交谈包含语音对话的所有功能，但目前只能是一对一的。Sametime 将视频交谈和语音对话结合在一起，在对话的界面中单击“视频控制”按钮即可将自己的视频信号传给对方。如果对方也启动视频，则双方能同时看见己方与对方的摄像场景，如图 3-7 所示。其中，大屏幕为对方的视频，小屏幕为己方的视频。可以暂停向对方传送自己的视频，也可以在屏幕中隐藏自己的镜头，还可以将视频切换成全屏模式（）。

一般来说，视频对话的双方都应该安装有网络摄像头。对于条件不足的参与方则可能会出现“无回复”或者“错误”状态。可以发现，视频交谈是以语音对话为基础的。在视频交谈时，语音和文字的沟通可以同步进行。

3.1.7 网络会议

Sametime 可以支持多方的在线会议，在会议中各方可以进行群组交谈、共享 Web 页面、实时问卷调查、共享幻灯片、共享屏幕和白板等。

在联系人列表中选中会议成员，右击并选择“即时会议”选项即可临时召开在线会议。由于是临时会议，只具备在线会议的一部分功能，而且在会议管理中不登记，也无法查找。在这里介绍正式的在线会议，按以下步骤组织会议：

（1）在浏览器中访问 http://t43win2003.comptech.com/stconf.nsf，不妨以 tom DISNEY 身份登录并新建会议。

（2）在“基本”选项卡中任意设定会议名称、开始和持续时间，根据需要选择音频和视频服务选项。也可以设置会议密码，这样参加会议的人员都需要输入密码后才能进入该会议。

图 3-7　Sametime 视频呼叫

（3）在“个人”选项卡中设置会议主持人，默认情况下，会议的发起者自动成为会议的主持人。设置出席会议的人员及权限，会议中主持人的权限最大。

（4）在“幻灯片”选项卡中设置幻灯片，可以任意添加各种文件（如 TXT、PPT、DOC、PDF 等），这些文件可以在会议中以幻灯片方式被参与各方看见。

（5）保存后系统创建网络会议，可以将会议的链接 URL 通知相关的与会人员，也可以进入会议后临时邀请各方。与会人员通过浏览器访问该 URL 即可登录到会议界面中，如图 3-8 所示。

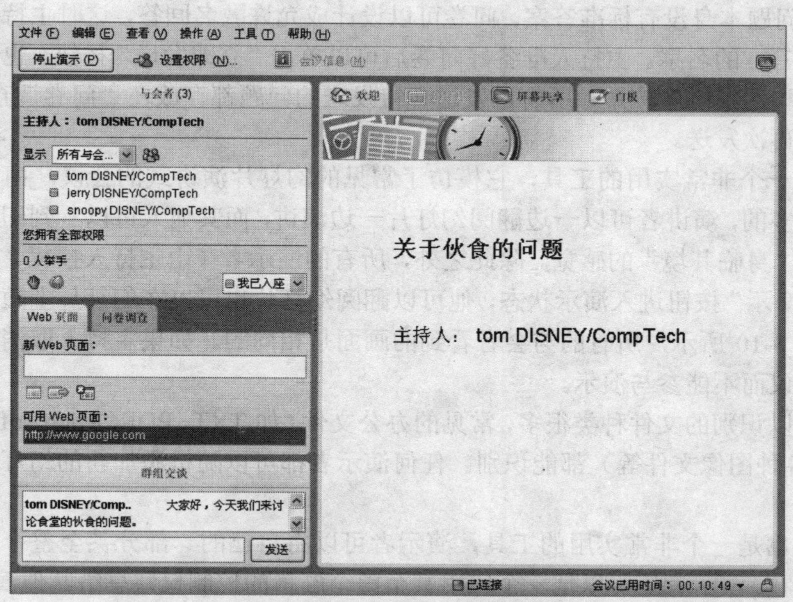

图 3-8　Sametime 在线会议

在会议界面的左上角是所有的与会者，这时主持人可以管理所有其他与会者的权限，一旦被赋予演示者权限，则可以邀请其他人参加会议。主持人也可以将主持权转交给其他任何一个与会者，这时新的主持人拥有主持权限而原来的主持人变为一个普通的参与者。一个在线会议中同时只能有一个主持人。

如果在“新 Web 页面”中输入 URL（如 www.google.com），主持人可以先预览该页面（），然后将其推送给所有的与会者（），这时所有的与会者（包括主持人）的屏幕上都会弹出一个浏览器窗口去访问该 URL。主持人还可以将刚才推送出去的 Web 页面关闭（），这时所有与会者的弹出窗口会自动关闭。所有推送过的页面会自动记录在“可用 Web 页面”中，以备查阅或者再次推送。

会议界面左下角的群组交谈可以将任何一个与会者的发言内容群发到所有与会者的交谈窗口中。如果在消息域中输入交谈内容，单击“发送”按钮后，消息会出现在所有与会者的交谈窗口中。

为了避免会议中随意打断他人的演讲或者会议讨论时嘈杂无序的局面，在线会议还设计了举手标志。任何与会者可以随时举手（），这时其他与会者都可以看到，发言者可以在适当的时候停下来接受询问。举手的与会者可以主动放下手（），表示不再有疑问。主持人也可以强制将所有的举手都放下（）以维持会场秩序。

问卷调查特别适合在会议中需要向每一个与会者问一个相同的问题的情况。在这种情况下，串型问答显然会浪费很多时间，主持人可以先新建问卷调查并设计好问题（），然后将其发送给所有其他的与会者（），这时所有的其他与会者（不包括主持人）的屏幕上都会弹出问卷对话框，与会者回答后主持人能方便地看到统计信息。问卷调查结束后，主持人也可以关闭先前发送的问卷调查（）将所有其他与会者的弹出对话框关闭。

问卷调查的形式如图 3-9 所示。其中，问卷类型可以是单选、多选、简答、判断、是否，可以事先设定标准答案也可以不设标准答案。事实上，很多情况下问卷只是一种有效收集反馈意见的方式，问题本身没有标准答案。问卷可以设计成允许匿名回答，这时主持人的统计信息中不会出现回答方的名字。主持人准备好问卷后可以单击“立即发送”按钮，也可以等到合适的时候单击“稍后发送”按钮，所有已发送和待发送的问题都存放在“问卷调查问题”栏中，以备查阅或者再次发送。

幻灯片是一个非常实用的工具，它模仿了常见的幻灯片演讲式的会议。由于会议中的语音对话是一对多的，演讲者可以一边翻阅幻灯片一边演讲，而其他人可以看到幻灯片同时听到演讲，从而有“身临其境”的感觉。除此之外，所有的演示者（由主持人授权）都可以单击左上角的“开始演示”按钮进入演示状态，他可以翻阅幻灯片也可以在幻灯片上随意涂鸦以便讨论问题，如图 3-10 所示，所有的与会者看到的画面是相同的。如果主持人取消授权，则与会者只能旁观会议而不能参与演示。

幻灯片可以识别的文件种类很多，常见的办公文件（如 TXT、PDF、Microsoft Office、Lotus SmartSuite、各种图像文件等）都能识别。任何演示者都可以随机添加新的幻灯片文件并开始演示。

屏幕共享也是一个非常实用的工具，演示者可以将自己的一部分甚至整个屏幕共享给所有的与会者观看。演示者还可以把一个应用甚至整个屏幕的控制权共享给其他演示者，以便远程遥控进行操作指导。

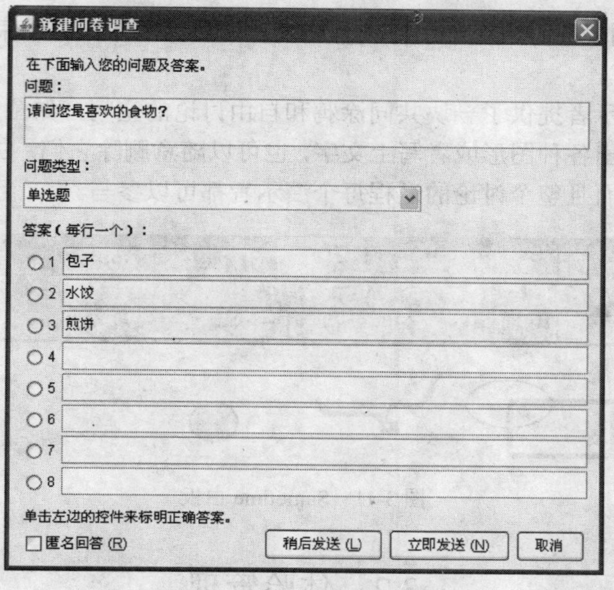

图 3-9　Sametime 问卷调查

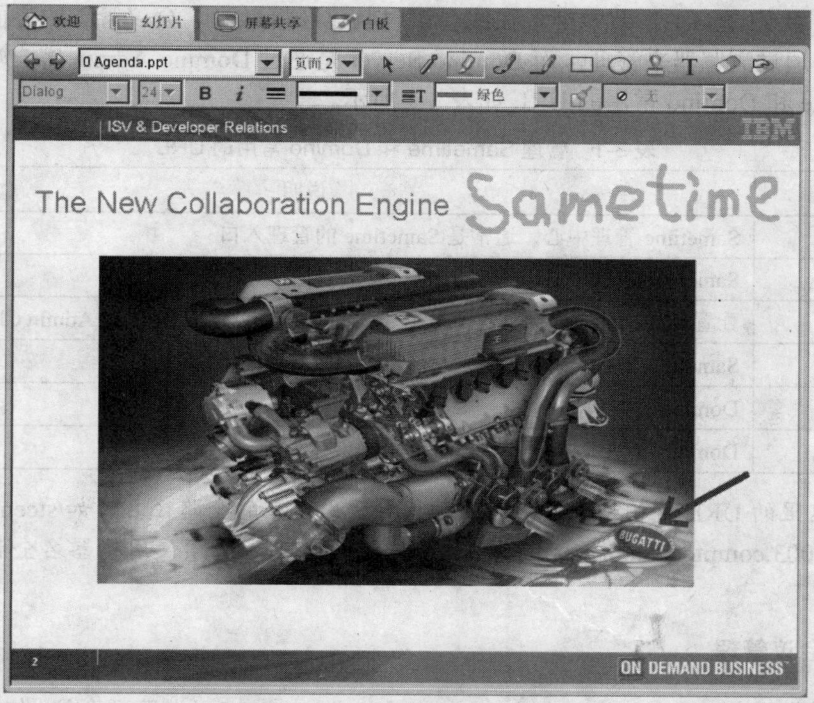

图 3-10　Sametime 幻灯片

假定演示者 A 单击“屏幕共享”按钮，选择一个应用程序（如 Windows 资源管理器），然后单击“允许控制”按钮将操作控制权共享给其他演示者。这时，另一个演示者 B 可以单击“进行控制”按钮从而取得控制权。这时 B 可以遥控 A 共享出来的这个应用程序，其效果与本地操作一样，而整个远程操作过程能够被所有的与会者观看。当 B 主动“停止控制”或者 A 强制“收回控制权”时，这种遥控关系结束。最后，A 单击“结束共享”按钮以结束屏幕共享演示。

白板为所有的演示者提供了一块共同涂鸦和自由讨论的空间，如图 3-11 所示。任何演示者都可以在白板上画出各种图形或者写上文字，也可以随意删除它们，白板上的内容不仅能被所有的与会者观看，而且整个讨论的过程每个演示者都可以参与。

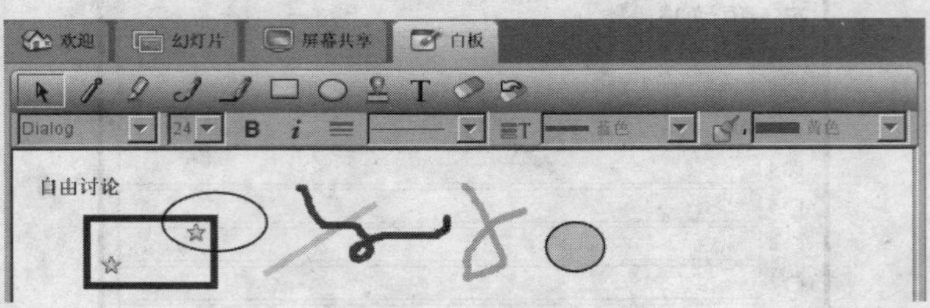

图 3-11　Sametime 白板

3.2　体验管理

事实上，我们在 3.1.7 节中准备在线会议时就已经接触到了会议管理的界面。Sametime Server 通常是通过浏览器来管理，而 Domino Server 是通过 Domino Admin 客户端来管理的。管理 Sametime 和 Domino 常用的 URL 如表 3-1 所示。

表 3-1　管理 Sametime 和 Domino 常用的 URL

URL	说明
/stcenter.nsf	Sametime 管理中心，通常是 Sametime 的管理入口
/stconf.nsf	Sametime 会议中心，管理 Sametime 会议
/stconfig.nsf	配置 Sametime Server。在浏览器中只读，修改必须在 Domino Admin Client 中进行
/stlog.nsf	Sametime 日志
/log.nsf	Domino 日志
/webadmin.nsf	Domino 管理

注意：这里的 URL 是相对位置，访问时需要使用完整的全路径名，如/stcenter.nsf 对应为 http://t43win2003.comptech.com/stcenter.nsf。在默认情况下，必须使用机器名全称而不能使用 localhost。

3.2.1　会议管理

通过浏览器访问 http://t43win2003.comptech.com/stconf.nsf 可以管理会议，如图 3-12 所示。以普通用户（如 tom DISNEY）登录后即可查询“所有会议”，这时可以发现先前所有的会议，对于所有“进行中”的会议可以单击“出席”按钮进入。在会议管理中，可以查询“当天”、“进行中”、“已预定”或者是“完毕”的会议，也可以按日历查询会议。对于每个会议可以查询到会议基本信息，如开始时间、持续时间、主持人、共享的幻灯片附件等。

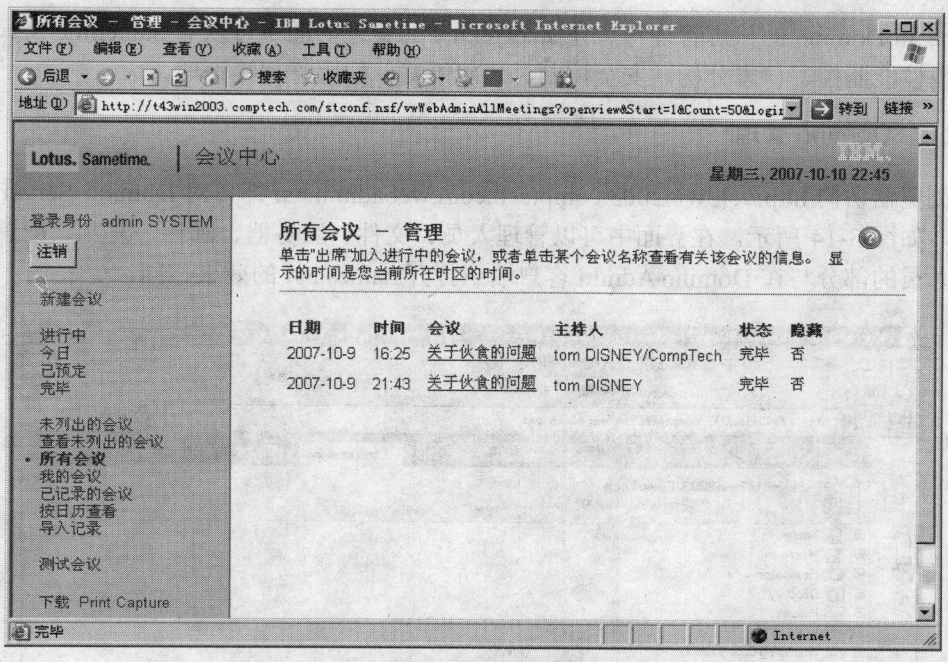

图 3-12　Sametime 会议管理

3.2.2　Sametime Server 管理

首先，启动 Lotus Domino Server，Sametime Server 也会随之启动。然后，通过浏览器访问 http://t43win2003.comptech.com/stcenter.nsf，以管理员身份（admin SYSTEM）登录。默认情况下，在 Server Overview 页面中可以看到除了 Telephony Services (sttelephonyservice.exe) 电话服务之外的服务都已经启动，如图 3-13 所示。在 Message From Administrator 页面中可以向所有的在线用户发送管理员消息。如果在管理界面中修改了任何 Sametime Server 的参数，则需要重新启动后才能生效。

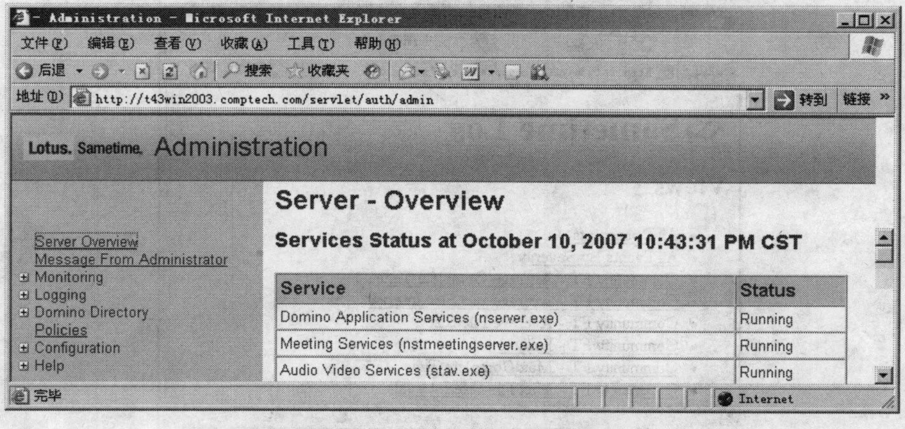

图 3-13　Sametime Server 管理

stcenter.nsf 通常是 Sametime Server 的管理入口，它可以转向会议管理、Domino 管理、

Sametime 和 Domino 的日志管理等。在 stcenter.nsf 的管理界面中可以对 Sametime Server 运行环境实现性能监控、日志分析、安全控制、访问策略、配置管理等管理。

3.2.3 Domino 管理

用浏览器访问 http://t43win2003.comptech.com/webadmin.nsf 即可对 Domino Server 实现远程管理，如图 3-14 所示。在界面中可以管理人员、文件、服务器、邮件、复制、配置等，其中管理人员的部分与在 Domino Admin 客户端中打开 names.nsf 的效果相同。

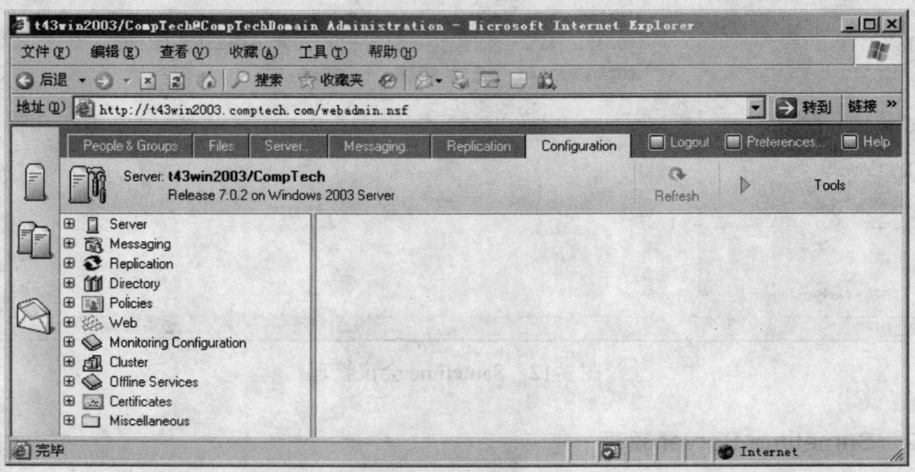

图 3-14 Domino 管理

3.2.4 日志管理

Sametime Server 的日志为 stlog.nsf，而 Domino Server 的日志为 log.nsf。通过浏览器访问它们可以得到 Sametime Server 完整的运行记录，且已经分门别类地归整好了，如图 3-15 所示。

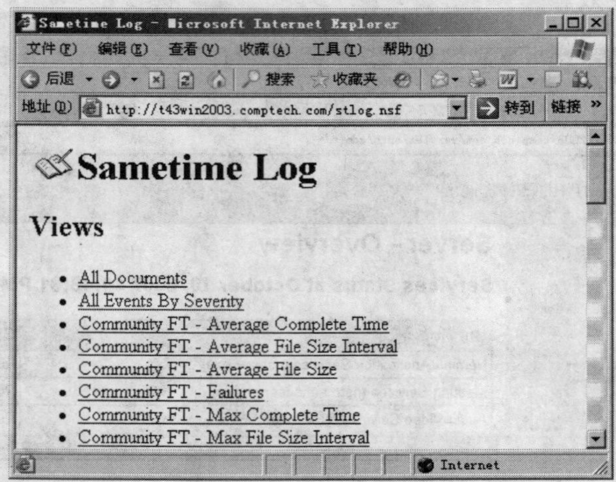

图 3-15 Sametime Server 日志

3.3　常用配置

Sametime Client 的配置通常在菜单的“首选项”中，Sametime Server 的配置通常通过访问管理中心（stcenter.nsf）来实现。

3.3.1　关闭单点登录

如果在安装 Domino Client 的时候选择有单点登录（Single Sign On）模块，则安装后的 Domino Client 会自动使用单点登录功能，即在开机时启动系统服务 Lotus Notes Single Logon。所以，每次打开 Domino Client 时会警告操作系统用户口令与 Domino Server 的用户口令不一致。

要关闭单点登录功能，可以在 Domino Client 的菜单中选择 File→Security→User Security，去掉 Login to Notes using your operating system login 选项。这时，系统服务 Lotus Notes Single Logon 会被停止并禁用。这样，Notes 客户端与操作系统之间的单点登录关系就解除了。

3.3.2　添加联系人照片

在 Sametime Connect 中当鼠标移到联系人时会自动弹出该人员的名片（Business Card），上面标注了该联系人的基本信息和照片。默认情况下，照片是空白的，可以按以下步骤来添加联系人照片：

（1）在人员信息中增加照片域。

1）以管理员身份（admin SYSTEM）登录 Domino Designer 并打开服务器上的 pubnames.ntf 模板文件，找到 Shared Code→Subforms→$PersonExtensibleSchema。编辑这个 Subform 并添加一个富文本（Rich Text）域用于存放照片，在菜单中选择 Create→Field，不妨设置域名为 MyPhoto，类型为 Rich Text，如图 3-16 所示。

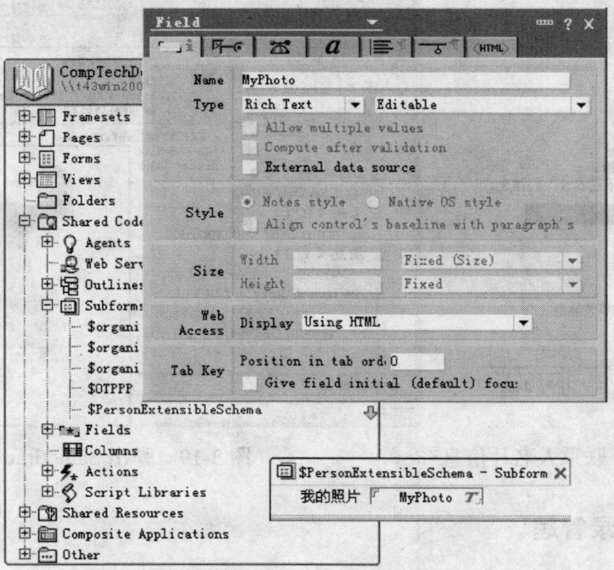

图 3-16　添加照片域

2）打开 pubnames.ntf 模板文件中的 Forms→Person，在人员基本信息的 Other 页面中确认出现前面编辑的 Subform，即 MyPhoto 域，如图 3-17 所示。

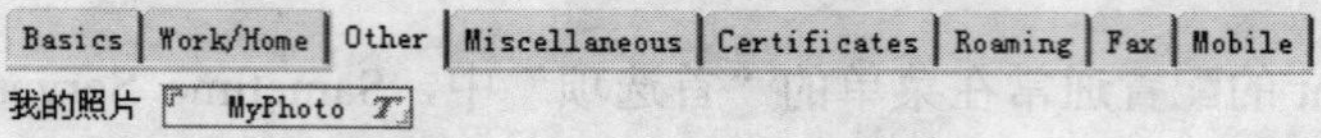

图 3-17 确认照片域

3）在 Notes Client 的 Workspace 中，右击 Domain's Directory（names.nsf）图标，选择 Application→Refresh Design 选项。这样 pubnames.ntf 模板就会刷新 names.nsf 数据库。注意，默认情况下每次 Domino Server 启动时会自动刷新数据库，所以必须先修改模板再刷新数据库，而不是直接编辑 names.nsf 数据库文件。

（2）添加人员的照片信息。

以管理员身份（admin SYSTEM）登录 Domino Admin，对于每个人员添加 Work/Home 中的基本信息以及 Other 中的照片信息。在菜单中选择 Create→Picture，照片文件的格式只能是 BMP、CGM、GIF、JPEG、PCX、TIFF、PIC 之一。

（3）设置 Sametime 联系人名片信息。

用浏览器访问 Sametime 管理中心（http://t43win2003.comptech.com/stcenter.nsf）并以管理员身份（admin SYSTEM）登录，选择 Configuration（配置）→Business Card Setup（名片设置）命令，将 Photo（照片）属性加入到名片信息中（注意 Photo 一定要置顶）并将其与我们添加的 MyPhoto 域对应起来，如图 3-18 所示。最后，单击 Update 按钮更新。

（4）重新启动 Sametime Server 使修改生效。

在 Lotus Domino Server 中用 restart server 命令重启 Sametime Server。

（5）在 Sametime Connect 重新连接上以后选择相应的联系人，右击"刷新人员信息"。这样，当将鼠标移到该联系人时会自动弹出他的名片信息，如图 3-19 所示。

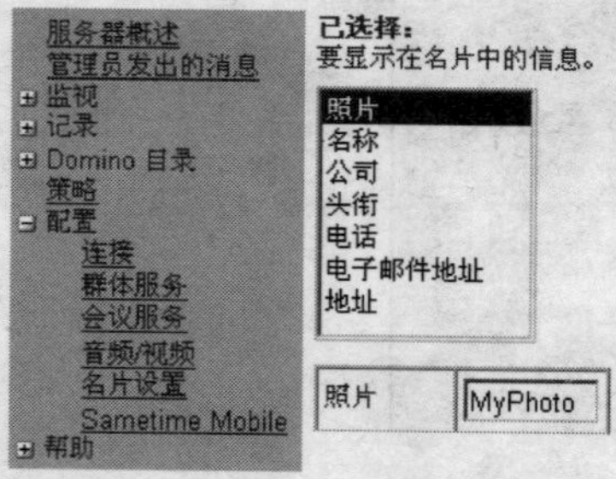

图 3-18 设置 Sametime 联系人名片信息

图 3-19 弹出 Sametime 名片

3.3.3 浏览器登录管理

可以通过 Web 浏览器来管理 Domino 目录（names.nsf）和 Sametime 服务（stcenter.nsf），

在使用的时候通常需要提供完整的机器名（Full qualified host name）而不能是 IP 地址（如 http://t43win2003.comptech.com/stcenter.nsf）。但即便如此，有时候还会发现管理员用户（admin SYSTEM）无法登录，这往往是因为在安装时机器尚未设置完整的域名或者配置时没有设置正确的域名。可以通过以下步骤将其配置完整（如图 3-20 所示）：

（1）用 Domino 的 Admin Client 打开 names.nsf，在左侧的功能目录树中找到 Web→Web Configurations，分别单击右侧视图中的 Domino Server 和 Web SSO Configuration for LtpaToken，弹出相关的配置视图。

（2）在 Domino Server 视图中配置：

1）在 Basics 选项卡中的 Full qualified Internet host name 项中设置 Domino 服务器完整的机器名为 t43win2003.CompTech.com。

2）在 Internet Protocols 的 Domino Web Engine 选项卡中设置 Session authentication 为 Multiple Servers（SSO）或 Single Server。

3）在 Ports 的 Notes Network Ports 选项卡中设置 Net Address 为完整的机器名，必须与前面一致。

（3）如果在 2）中选择 SSO，则需要在 Web SSO Configuration for LtpaToken 视图中配置，在 Basics 选项卡中设置 DNS Domain 为完整的域名（.CompTech.com）。

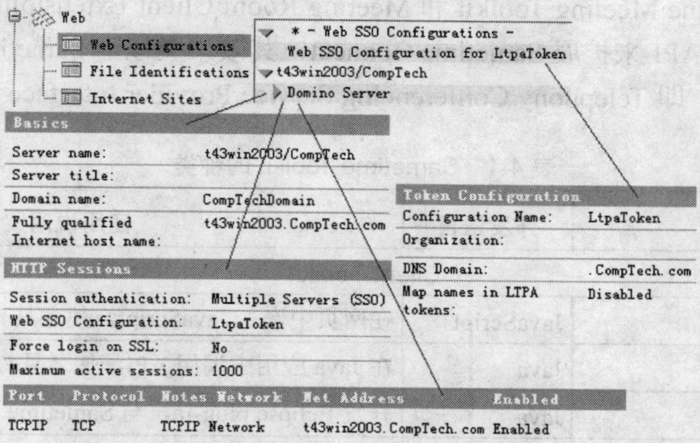

图 3-20　配置 Web 登录管理

第 4 章　应用开发

在前面的章节中已经介绍了 Sametime 的安装、配置及使用，从本章开始要介绍 Sametime 的应用开发。

4.1　Sametime Toolkit

Sametime 的开发模式多样而灵活，基本上可以分为客户端编程（Client Toolkit）、服务器端编程（Server Toolkit）、电话编程（Telephony Toolkit）3 个部分。其中，电话编程既可以与客户端结合，也可以和服务器端结合。如果将 Sametime SDK 开发包解开，会发现其中包含 Client、Server、Telephony 三个目录，它们分别对应于上述的 3 类 Toolkit。

在表 4-1 中详细列出了各种 Sametime Toolkit 的使用说明。其中，Client Toolkit 只包含 Links Toolkit、Java Toolkit、Connect Toolkit 和 HelperToolkit 四种。Server Toolkit 则包含 Gateway Toolkit、Community Server Toolkit、Directory and Database Access Toolkit（DDA）、Monitoring and Statistics Toolkit、Online Meeting Toolkit 和 Meeting Room Client Extensibility 六种。Telephony Toolkit 既包含客户端 API 来扩展 Sametime Connect，其效果类似于 Sametime Connect Toolkit，也包含服务器端 API，即 Telephony Conferencing Service Provider Interface (TCSPI)。

表 4-1　Sametime Toolkit 的种类

种类	开发语言	使用说明
Client Toolkit		
Links Toolkit	JavaScript	在网页中嵌入 JavaScript，使之具有 Sametime 的功能
Java Toolkit	Java	在 Java 应用中调用 API，使之具有 Sametime 的功能
Connect Toolkit	Java	开发 Eclipse plug-in，与 Sametime Connect 客户端集成
Helper Toolkit	C++/C#/Java	对外部提供 Sametime Client 的基本功能调用（限 Windows）
Server Toolkit		
Gateway Toolkit	Java	创建 plug-in 及事件处理程序来扩展与外界群体之间的沟通
Community Server Toolkit	Java	创建 Java 组件来增加或增强服务器端的功能
Directory and DB Access Toolkit	C++/Java	创建 C++或 Java 组件来提供服务器端的目录集成、记录谈话、防病毒等方面的增强功能。注意 C++仅支持 Windows 平台
Monitoring and Statistics Toolkit	HTTP	利用访问 URL 时返回的 XML 数据包来获取监控和统计信息
Online Meeting Toolkit	HTTP	利用访问 URL 时的 HTTP 参数来管理会议
Meeting Room Client Extensibility	JavaScript	扩展 Meeting Room Client（MRC）的功能

续表

种类	开发语言	使用说明
Telephony Toolkit		
Telephony Conferencing Service Provider Interface (TCSPI) Toolkit	Java	为 Sametime Connect、Web Conference、Lotus Notes 提供“点击呼叫”功能

所有这些 Toolkit 中，Client Toolkit 和 Server Toolkit 用得比较普遍，我们会在接下来的章节中逐一说明这些 Toolkit 的使用方法。

由于大多数开发都需要用到 Java 环境，Sametime 规定需要 IBM 或 SUN 的 JRE 1.4.2 或 1.5 以上的版本来支持其 Java 部分的运行环境，我们不妨安装最新的 SUN JDK 1.6。

4.2　编程对象

4.2.1　用户模型

Sametime 的用户模型十分灵活，可以与 Domino、LDAP 或其他用户目录集成使用。Sametime 社区中用户的唯一标识称为 User ID，它实际上有一个字符串，但通常对用户不可见，如 {CN=admin SYSTEM/O=CompTech,} 或 {CN=tom DISNEY/O=CompTech,CN=tommy DISNEY/O=HiTech,}。用户登录到社区使用的是登录名（Login Name）和密码（Password），登录名必须是唯一的，但两个不同的登录名可能会对应到同一个 User ID，即是同一个用户。Sametime 对资源的授权对象是 User ID 而不是 Login Name，所以无论用户以哪一个登录名进入，其权限是相同的。每个登录名都可以有对应的用户名（User Name）。

表 4-2 列出了社区中的 3 个用户，其中第一个用户（UID1）有两个登录名，登录后其显示的用户名也是不同的，但无论以哪一个进入，在社区中实际上是同一个用户。第一个（UID1）和第二个（UID2）用户虽然可以有相同的用户名，但实际上是两个不同用户，尽管 Sametime 社区知道这一点，但普通人是无法辨别的。无论是同一用户有两个用户名，还是不同用户有相同用户名，都会带来使用上的困惑，管理员必须考虑保留这种灵活性的利与弊。

表 4-2　Sametime 社区中的用户

User ID	Login Name	Password	User Name
UID1	tom DISNEY	tom	Tom
UID1	tommy DISNEY	tommy	Tommy
UID2	snoopy DISNEY	snoopy	Tommy
UID3	jerry DISNEY	jerry	Jerry

Sametime 对用户的登录管理也是十分灵活的。同一个用户可以通过不同类型的客户端同时登录到社区中，如使用 Connect 客户端和 MRC（Meeting Room Client）客户端可以同时进入社区。然而，相同类型的客户端则不行，如 tom DISNEY 在一台机器上使用 Connect 客户端登录，在另一台机器上使用 Java Toolkit 客户端登录，则后一次登录会导致前一次退出。为了区分不同的登录连接，Sametime 使用 Login ID 来唯一标识，上例中 User ID 是相同的，但 Login

ID 是不同的。

在 Sametime 提供的 Java 类库中，使用 STUser 类表示用户，STLoginId 类表示登录，它们的 getId()方法分别返回 User ID 和 Login ID。有时也把用户定义称为静态用户模型，把登录管理称为动态用户模型。

4.2.2　目录服务

Sametime 中用户是以目录方式组织的，目录服务可以用内置的 Domino Directory，也可以用外置的 LDAP 服务。用户目录一般提供对用户和组的查询和遍历功能，在 Sametime 中分别对应 LookupService 和 DirectoryService。

注意，有些 LDAP 服务不提供遍历功能，这时就不能使用 DirectoryService。

4.2.3　在线状态

基本上，Sametime 的用户状态可以分为在线（Online）和离线（Offline）两种。标准的在线状态又可分为活动（Active）、离开（Away）、自动离开（Automatic Away）和勿扰（Do Not Distrub）4 种。其中，离开和自动离开的图标是一样的，前者由用户设置，后者由计算机设置，表示长时间未使用机器。

Sametime 中的用户可以随时改变自己的在线状态，每次改变系统会产生 StatusEvent 事件。为了监控到用户在线状态的变化，可以使用 AwarenessService 服务并实现 StatusListener 的 userStatusChanged()方法。通过传入参数，可以获得 STWatchedUser 并查询用户当前的在线状态。

4.2.4　Sametime 属性

用户（STUser）或服务器（STServer）都可以添加、修改、删除自己的属性，属性（STAttribute）本质上是由主键（key）和数值（value）组成的一对数据。其中数值可以是布尔值、整数、长整数、字符串、字节数组等。由于属性是集中式存在 Sametime 服务器内存上的，用户的所有登录会话共享同一个属性值，所以用户最近一次登录后对属性的修改会覆盖它之前的值。属性值一旦发生变化，系统会自动产生 AttributeEvent 事件，通过监听该事件消息可以获得 STExtendedAttribute 对象（继承自 STAttribute）。用户在登录后可以设置属性，但退出后即被清除。若要使属性持久化，则需要在会话中使用 StorageService 将属性保存在服务器上，待下次登录后再读入。

Sametime 有两种特殊的属性：存属性（existential）和重属性（heavy）。

1．*存属性*

存属性只有主键而没有数值，它依靠属性本身是否存在来表达信息。比如，它可以用来表达网络会议中用户是否安装了摄像头。存属性在用户登录后会始终保持，只有当用户的最后一个登录会话结束后才会清除。下面这个例子可以帮助我们理解。

（1）用户 tom 登录后设置了一个存属性，这时属性从无到有，任何用户都可以通过实现 attributeChanged()方法监听到这个属性事件。

（2）用户 tom 在另一台机器上再次登录并设置该属性，这时系统不会发出属性事件，因为这时属性实质上并没有变化。

（3）用户 tom 退出了第一个登录会话，由于第二个会话此时仍持有属性且属性未发生变化，所以系统不会发出属性事件。

（4）用户 tom 退出了第二个登录会话，这时属性被自动清除，所有用户都可以收到 attrRemoved()事件。

通常用 STExtendedAttribute 的 isExistential()方法来判断属性是否为存属性。

2. 重属性

重属性指属性的数值部分是一块大数据。Sametime 会定义普通属性的数据上限，超限则就认为是重属性。如果按普通属性事件的方式来通知所有的用户则会对网络造成较大的压力。Sametime 对于重属性的变化仍然会发出事件通知其他用户，只是事件中不含属性的数值部分。对于非存属性，如果 STExtendedAttribute 的 getActualSize()返回为 0，则该属性为重属性。

```
STExtendedAttribute attr;
if (attr.isExistential() == true)
{ … }   //存属性
else if (attr.getActualSize() == 0)
{ … }   //重属性
```

对于重属性，需要调用 WatchList 对象的 queryAttrContent()方法来获取其数据内容，其结果会出现在 AttributeListener 的 attrContentQuiried()和 queryAttrContentFailed()方法中。如果需要得知属性数据的大小，可以调用 STExtendedAttribute 的 getSize()方法。

4.2.5 Place 空间

Place 是 Sametime 提供的用户虚拟空间，每一个 Place 空间都有自己唯一的标识，进入空间的用户可以相互感知并即时交流。一个 Place 通常可以由多个 Section 组成，每一个 Section 都是虚拟空间中的一个单元。如果把 Place 比作是一个套间，则一个 Section 相当于其中的一个单间。每个 Section 都可以有多个用户。一个用户可以从一个 Section 转移到另一个 Section，但同一时刻只能身处某一个 Section 中，如图 4-1 所示。

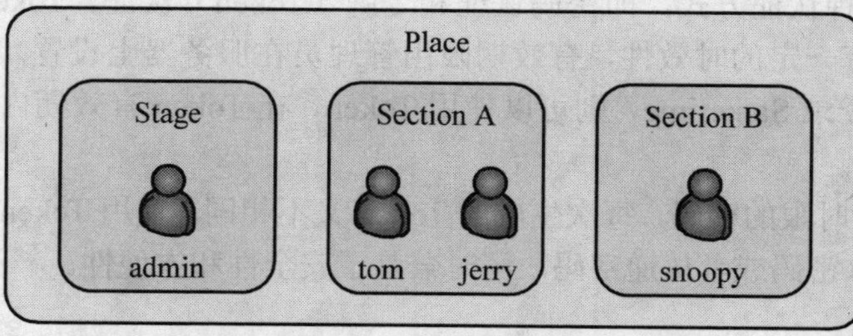

图 4-1　Place、Section、User 之间的关系

通常情况下，用户之间的消息传递只限于 Section 内部。也就是说，用户可以向同一个 Section 中的某些其他用户发送消息，也可以向自己身处的 Section 发送消息。对于后者，Section 中的所有用户都会收到该消息。Place 中有一个 Section（通常是第一个）比较特殊，称为 Stage。处于 Stage 中的用户可以不受 Section 限制，向 Place 中的任何用户、任何 Section，甚至 Place 发送消息。如果向 Place 发送消息，则整个 Place 中所有 Section 中的用户都会收到该消息。比如，图 4-1 中 Section A 中的 tom 和 jerry 可以相互通信，但是他们无法发送消息给 snoopy 或

admin。而 Stage 中的 admin 可以给任何用户发送消息，也可以向某个 Section，甚至整个 Place 广播消息。

4.2.6 Activity 活动

Activity 活动指的是能被 Place 中所有用户共享的服务功能，每个 Activity 都有自己唯一的标识，称为服务类型。实际上，Activity 服务与 Place 空间之间是多对多的关系。在服务端，可以利用 Activity 服务创建各种 Activity 的服务程序。在客户端，可以为自己创建的 Place 选择添加多个 Activity，每个 Activity 又可以同时被多个客户端程序共享，如图 4-2 所示。

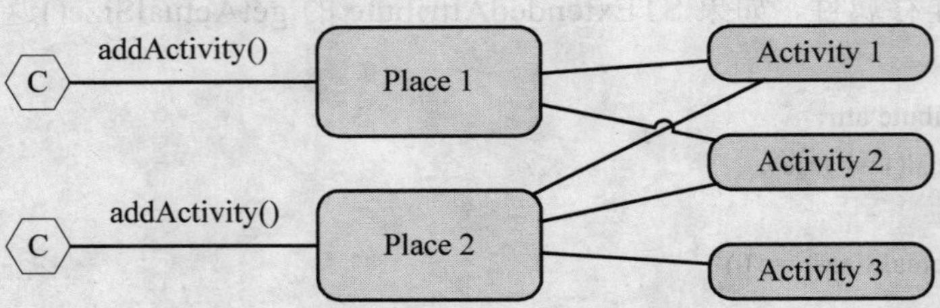

图 4-2 Place 与 Activity 之间的关系

4.2.7 存储机制

Sametime 提供了一种集中式存储的方式，称为 StorageService 服务，它可以将用户数据持久地存储在 Sametime 服务器上，在需要的时候可以由用户自己将其读取出来。由于是集中式存储，特别适合存放跨登录会话的、需要长久保存的数据，如用户的联系人列表。

StorageService 存储的信息是按用户隔开的。也就是说，一个用户设置的数据对于另一个用户是不可见的。

4.2.8 Token 令牌

Sametime 有两种认证方式，即密码认证和令牌（Token）认证。Token 是由服务器产生的一个字符串，它有一定的时效性，有效期限由管理员在服务器上设置。如果认证用户需要在一段时间内反复登录 Sametime，则可以使用 Token，在 Token 有效期内再次登录可以不用输入密码。

Token 相当于带时限的密码，每次生成的 Token 又不相同，使用 Token 的好处在于可以避免以明文的方式输入密码或者传递密码，同时兼具了安全性和方便性。

第 5 章　Connect Toolkit

Sametime Connect 是 Sametime 客户端的一种基本形式，其对应的开发工具包称为 Connect Toolkit。由于 Sametime Connect 的开发和运行环境都建立在 Eclipse 之上，对它的开发本质上就是对 Eclipse 平台及其 Connect 扩展插件的开发。这些插件可以与 Sametime Connect 运行环境融为一体，并为其扩展能力提供了无限可能。本章介绍使用 Sametime Connect Toolkit 开发插件的基本方法与技巧。

Sametime Connect 的内部结构如图 5-1 所示，用户界面组件（User Interface Components）提供用户最直观的使用方式，用户可以按需扩展定制自己的界面。社区服务（Community Services）提供了访问后台基本服务的能力，应用程序可以引用 Sametime Server 提供的目录查询、联系人列表、私人设置、用户策略等。实时协作（RTC API）提供了一些最基本的即时通信功能的编程接口，通过它可以实现用户登录、在线感知、广播通知、即时交谈、文件传输等功能。而所有这些都依赖于通信协议和 Sametime Java API。

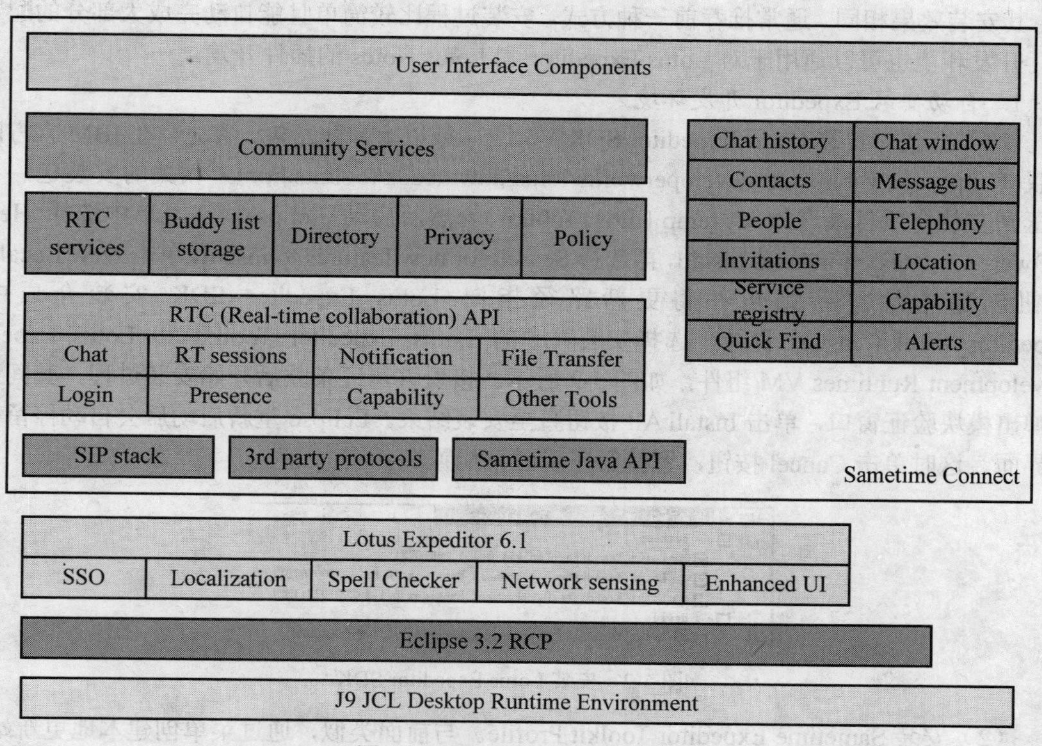

图 5-1　Sametime Connect 组件

Sametime Connect 的开发环境是建立在 Lotus Expeditor 之上的，它底层使用 Eclipse RCP 作为富客户端支持，使用 J9 JCL 作为 Java 虚拟机。其中，Lotus Expeditor 是 IBM 的富客户端技术，是复合型客户端界面的编程框架和基础。

5.1 准备环境

在开发之前首先要准备开发环境，Sametime Connect 的开发环境稍显复杂，下面详述具体的准备步骤。

5.1.1 安装 Eclipse SDK

下载并安装 Eclipse SDK V3.2.2 开发环境。可以在 Eclipse 官方网站下载（http://download.eclipse.org/eclipse/downloads/）相关的安装包，将其解压到硬盘即可（假定安装目录为 C:\eclipse，工作目录为 C:\Sametime_workspace）。

5.1.2 配置插件开发环境

Sametime Connect Toolkit 的开发环境是建立在 Eclipse 之上的，在开发 Sametime Connect 插件的过程中需要 J9 JDT 插件来驱动 J9 JCL Desktop 作为 Java 虚拟机，而 Lotus Expeditor SDK 恰好含有这个插件。所以在安装过程中可以在 Eclipse 上加装 Lotus Expeditor SDK 开发套件，也可以在 Eclipse 上手工安装并配置 J9 JCL 插件。也就是说，只需要在两种安装方式中选择一种，其安装效果相同。通常推荐前一种方式，安装过程比较简单且能自动完成大部分的配置工作，开发环境也可以通用于对 Lotus Expeditor 和 Lotus Notes 的插件开发。

1. 自动安装 Expeditor 开发环境

（1）下载并安装 Lotus Expeditor SDK V6.1.1（或以上）开发包。首先，在 IBM 官方网站下载（http://www.ibm.com/developerworks/lotus/downloads/toolkits.html）相关的安装包，将其解压到安装介质目录（如 C:\temp\LE611Toolkit）。然后启动 Eclipse，在菜单中选择 Help→Software Updates→Find and Install，再选择 Search for new features to install，单击 New Local Site 按钮创建本地更新站点并将更新路径指向 Lotus Expeditor SDK 安装介质中的 Expeditor_Toolkit_install 目录，选择安装其中的 Lotus Expeditor Toolkit 和 Lotus Expeditor Development Runtimes VM 组件，如图 5-2 所示。接受许可证条款后开始安装过程，其间可能会弹出模块验证窗口，单击 Install All 按钮直至安装结束。Eclipse 重新启动后会自动停留在配置界面，这时单击 Cancel 按钮，留待第三步时再配置。

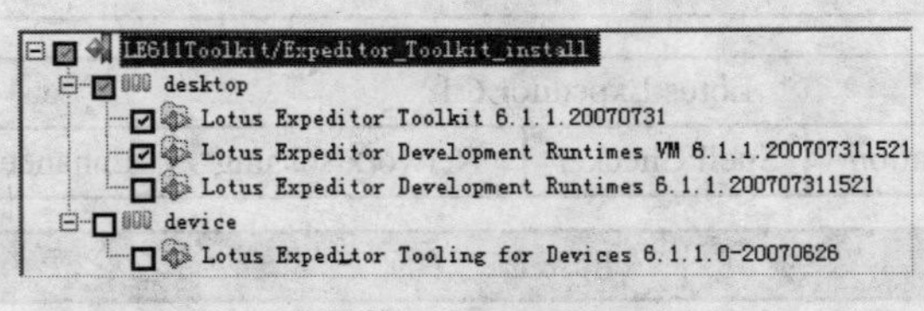

图 5-2 安装 Lotus Expeditor SDK

（2）安装 Sametime Expeditor Toolkit Profile。与前面类似，通过菜单创建本地更新站点，将更新路径指向 Sametime SDK 安装介质中的 client\connect\stXpdToolkitProfile 目录。选择安装 Sametime XPD Toolkit Feature，如图 5-3 所示。同样地，接受许可证并在验证窗口中单击 Install All 按钮直至安装结束。

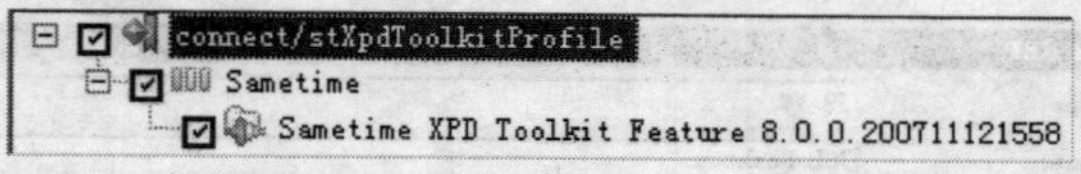

图 5-3　装 Sametime Expeditor Toolkit Profile

（3）配置 Lotus Expeditor Toolkit。经过前两步安装并重启后，Eclipse 会停留在 Lotus Expeditor Toolkit 的配置界面，为 Test Environment 选择 Lotus Sametime 8.0，将 Target Location 指向 Sametime Connect 安装路径下的 eclipse 目录，如图 5-4 所示。

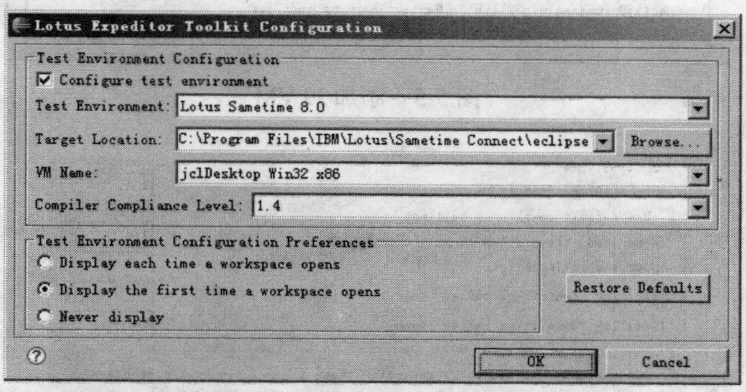

图 5-4　配置 Lotus Expeditor Toolkit

2. 手工安装和配置 J9 开发环境

Sametime Connect 使用内置的 J9 JCL Desktop（具有 J2SE 1.4 的大部分功能）作为其运行的 Java 虚拟机，Sametime SDK 也使用 J9 JCL Desktop 作为开发环境的 Java 虚拟机，后者需要 J9 JDT 插件来与 Eclipse 集成开发环境绑定，然后才能编译、运行、调试。与自动安装 Expeditor 相比，手工安装和配置 Eclipse 开发环境的过程要复杂一些，可以按以下步骤准备：

（1）下载并安装 J9 JDT 开发和运行环境。到 Eclipse 的网站上（http://dev.eclipse.org/viewcvs/index.cgi/org.eclipse.ercp/org.eclipse.jdt.launching.j9/org.eclipse.jdt.launching.j9-plugin.zip?cvsroot=DSDP_Project）下载最新的 J9 plugin。安装时只需将其解压到 Eclipse 的安装目录（C:\eclipse）即可，这时 Eclipse 的 plugins 目录下会产生出 J9 JDT 插件的目录（如 org.eclipse.jdt.launching.j9_6.1.0.200608161305）。注意，由于 J9 JDT 是会不断更新的（目前最新版为 1.6），如果在更新替换前启动过 Eclipse，则更新替换后需要用-clean 选项启动一次来使新的插件生效。

（2）配置运行环境。不妨在桌面上做一个 Eclipse 启动的快捷方式，指定英文界面和工作目录（C:\eclipse\eclipse.exe -nl en_US -data C:\Sametime_workspace）。启动 Eclipse 后，在菜单中选择 Window→Preferences，在 Java→Installed JREs 中添加一个，其类型选择为 J9 JVM，其名称不妨设置为 JCL Desktop，JRE home directory 为 Sametime SDK 安装介质下的 st80sdk\client\connect\j9-runtime\win32 目录，默认的 VM 参数为-jcl:max，如图 5-5 所示。这时，会有 3 个文件自动加入到 JRE 库中。然后，将 JRE home directory 下的 lib\jclmax\ext、lib\jclmax\opt-ext 和 lib\endorsed 目录中的所有文件加入到 JRE 库中。

再回到 Window→Preferences 中的 Java→Installed JREs，选中刚才添加的 J9 JVM 作为默认的 JVM。在 Java→Compiler 中将 JDK Compliance 级别设置为 1.4，如图 5-6 所示。对编译器的改动可能会引起对整个环境的重建（rebuild），这时对 Eclipse 弹出的提示予以确认。

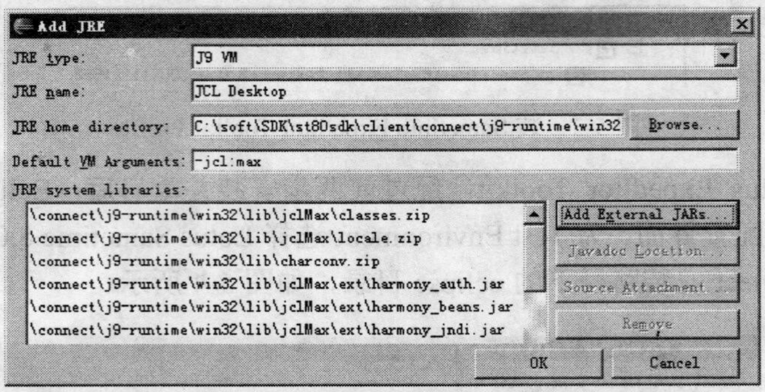

图 5-5 添加 J9 VM

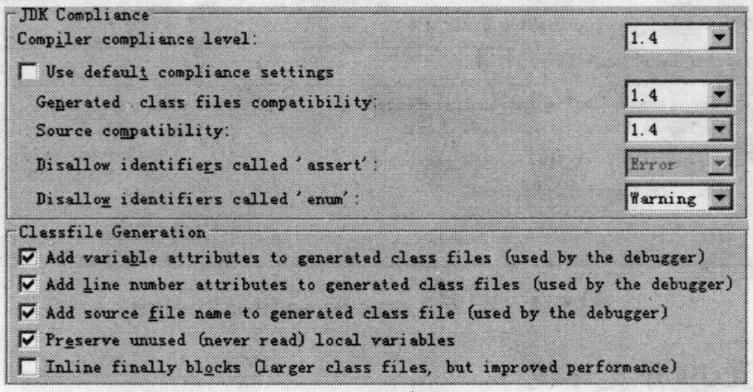

图 5-6 设置 JDK Compliance

（3）配置目标环境。我们要将插件的编译和测试环境配置到 Sametime Connect 上，这样在 Eclipse 中运行和调试该插件就会自动启动 Sametime Connect 并加载该插件。

在 Window→Preferences 中选择 Plug-in Development→Target Platform，将 Location 定位到 Sametime Connect 的安装路径下的 eclipse 目录，如图 5-7 所示。这时，Eclipse 会刷新所有可用的插件（Plug-ins）。

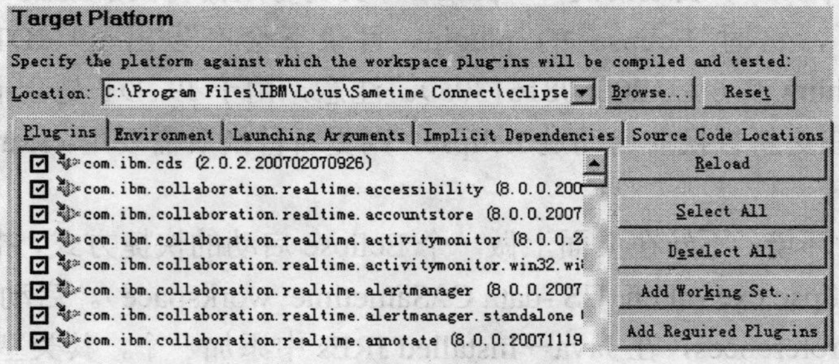

图 5-7 设置 Target Platform

5.1.3 添加开发辅助插件

（1）Connect Toolkit 为开发环境提供了一个 com.ibm.collaboration.realtime.doc.isv 插件，它可以提供编码时的在线辅助功能，如在编写插件的 Java 代码时使用 Ctrl+Space 代码提示功能，或者在编写 plugin.xml 时使用右键创建相关的扩展元素等。

该辅助插件必须部署在目标环境中。可以将该插件从 Sametime SDK 安装介质下的

st80sdk\client\connect\javadoc-plugin 拷贝到 Sametime Connect 安装目录下的 eclipse\plugins（如 C:\Program Files\IBM\Lotus\Sametime Connect\eclipse\plugins）中。

有时为了使 Ctrl+Space 代码提示生效，需要在菜单 Window→Preferences 的导航栏中选择 Java→Editor→Content Assist→Advanced，选中 Other Java Proposals、Template Proposals、Type Proposals，或者在该配置界面中单击 Restore Defaults 按钮，效果也是相同的，如图 5-8 所示。

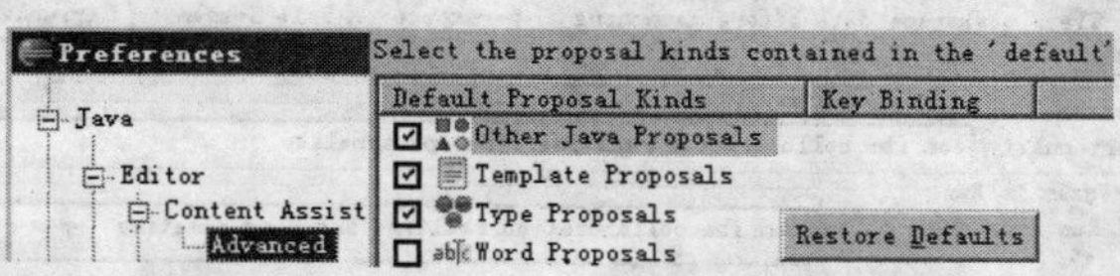

图 5-8 配置 Content Assit

（2）由于目标环境 Sametime Connect 中所含的 Eclipse 基本插件都是不含源代码的，因此可以将源代码的位置指向 Eclipse 开发环境自带的插件目录。这样，在调试插件时可以为跟踪代码带来便利。

可以在菜单 Window→Preferences 的导航栏中选择 Plug-in Devlopment→Target Platform，然后在 Source Code Locations 选项卡中添加 org.eclipse.platform.source 和 org.eclipse.rcp.source 相关的 4 个 src 目录，如图 5-9 所示。

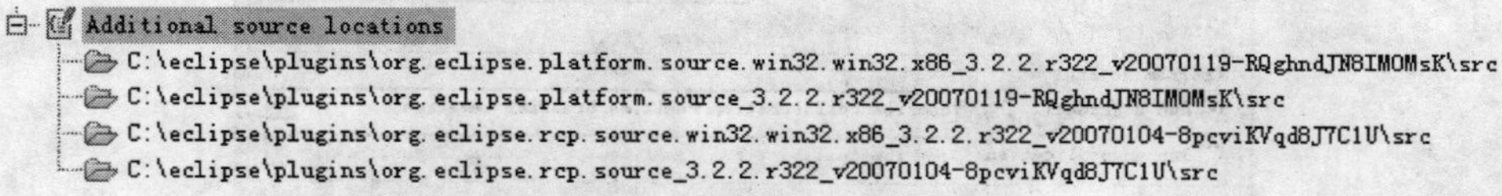

图 5-9 添加源代码位置

5.1.4 创建插件运行环境

在经过前面的安装和配置后，最后需要为插件创建一个运行环境。对于前面 Expeditor 自动配置和 J9 手工配置的开发环境，其创建过程会有所不同，下面分别进行详细介绍。

1. 对于 Expeditor 配置的开发环境

对于 Expeditor 自动配置的开发环境而言，创建的过程只有一步，非常简单。

在 Eclipse 菜单中选择 Run→Run，右击并选择 Client Services，单击 New 按钮，弹出运行环境配置界面，如图 5-10 所示。可以在 Name 域中输入任意字符串为该运行配置起名，如 ST。Location 指运行环境的 workspace 位置，如${workspace_loc}/../runtime-ST，其中${workspace_loc}表示当前 Eclipse 开发环境所在的 workspace 位置。注意，Eclipse 中插件运行环境的 workspace 与独立 Sametime Connect 的运行环境是不一样的，运行环境与开发环境的 workspace 也不能重叠。

2. 对于 J9 手工配置的开发环境

对于 J9 手工配置的开发环境而言，创建的过程则相对比较复杂，可以按以下步骤完成：

（1）在 Eclipse 菜单中选择 Run→Run，右击并选择 Eclipse Application，单击 New 按钮弹出运行环境配置界面。与前面类似，可以在 Name 域中输入任意字符串为该运行配置起名，如 ST。Location 指运行环境的 workspace 位置，如${workspace_loc}/../runtime-ST，其中${workspace_loc}表示当前 Eclipse 开发环境所在的 workspace 位置。对于运行的程序，选择

Run a product 中的 com.ibm.collaboration.realtime.branding.sametime，对于 Runtime JRE 选择前面配置的 JCL Desktop，如图 5-11 所示。

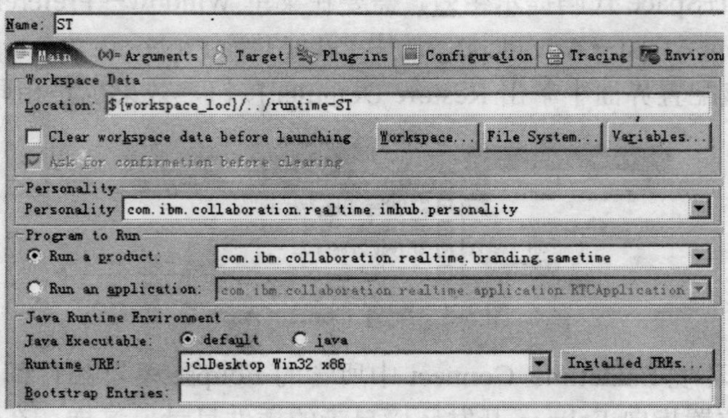

图 5-10 配置 Client Services 运行环境

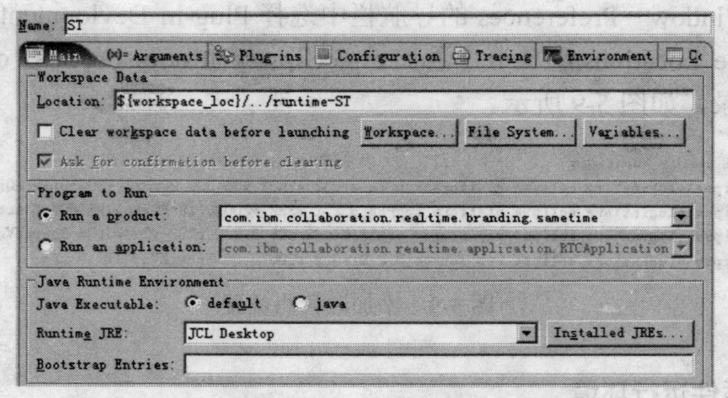

图 5-11 配置 Eclipse Application 运行环境中的 Main

（2）选择 Arguments 选项卡，单击 VM arguments 中的 Variables 按钮，在弹出的变量列表中可以找到前面的 workspace_loc 变量。单击 Edit Variables 按钮创建两个用户变量 rcp_base_plugin 和 rcp_plugins，前者表示 Sametime Connect 环境中的 RCP 插件的确切名称及版本，后者表示该插件的路径，如图 5-12 所示。

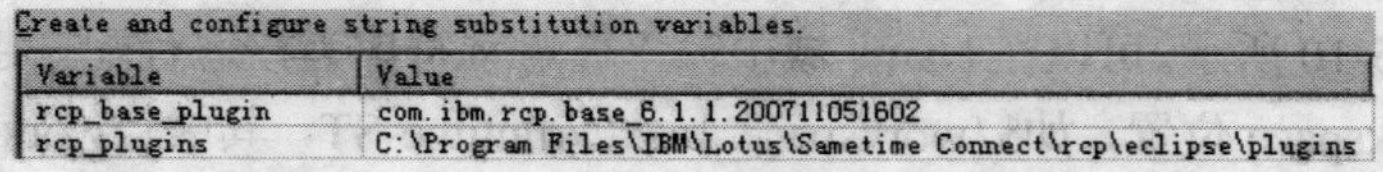

图 5-12 添加用户变量

在成功添加用户变量后，可以在 VM arguments 中添加以下参数，注意其中对用户变量的引用：

```
-Xbootclasspath/a:"${rcp_plugins}/${rcp_base_plugin}/rcpbootcp.jar"
-Djava.util.logging.config.class=com.ibm.rcp.core.internal.logger.boot.LoggerConfig
-Dcom.ibm.rcp.core.logger.boot.config.file="${rcp_plugins}/${rcp_base_plugin}/rcpinstall.properties"
-Djava.security.properties="${rcp_plugins}/${rcp_base_plugin}/rcp.security.properties"
-Dosgi.parentClassloader=ext
```

-Dcom.ibm.pvc.webcontainer.port=0

配置后的效果如图 5-13 所示。

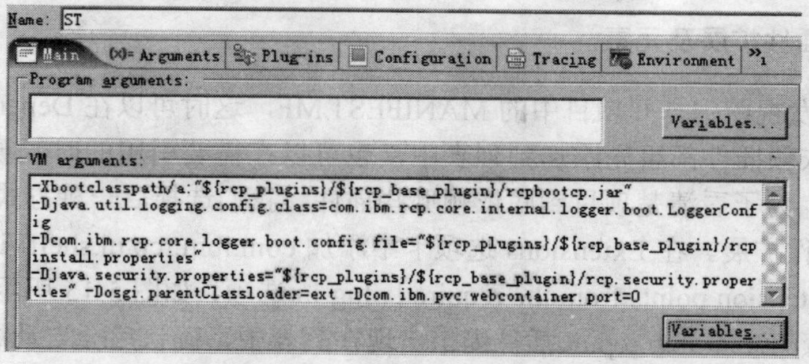

图 5-13　配置 Eclipse Application 运行环境中的 Arguments

（3）选择 Plug-ins 选项卡，确认选择了 Launch with all workspace and enabled external plug-ins。

至此，Sametime Connect 的开发环境准备完毕。

5.2　体验开发

下面开发一个简单的插件（PersonInfo）来体验开发的过程。这个插件会在 Sametime Connect 界面中嵌入一个用户信息的窗口，一旦单击列表中的联系人，插件窗口会自动显示该用户的信息。

5.2.1　创建插件项目

在 Eclipse 菜单中选择 File→New→Project，在项目类型列表中选择 Plug-in Project，项目名称不妨设为 st.PersonInfo。关于插件的属性描述，可以接受默认值也可以自行设置，如 ID 标识、版本、名称、提供商等，如图 5-14 所示。

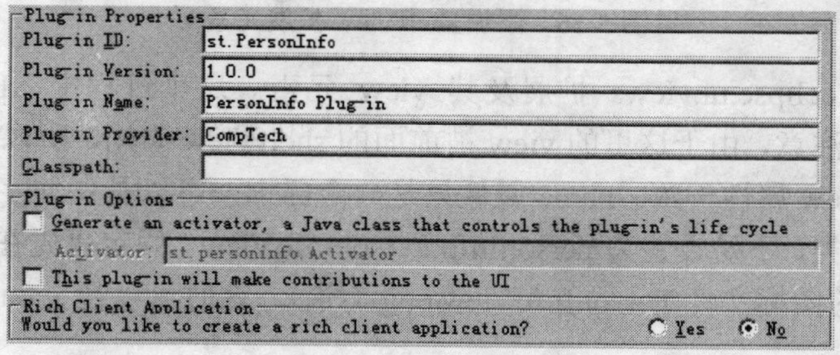

图 5-14　创建插件项目

Eclipse 中每个插件都需要有一个加载时被激活的实体类，称为 Activator，Generate an activator 选项表示可以由 Eclipse 工具生成该 Activator 代码框架。This plug-in will make contributions to the UI 选项表示该插件是否会作用于 Eclipse 环境界面本身，比如添加 Preference 配置插页。如果选中，Activator 会继承 org.eclipse.ui.plugin.AbstractUIPlugin；如果不选中，

Activator 会继承 org.eclipse.core.runtime.Plugin。由于 PersonInfo 插件只涉及 Sametime Connect 界面的改变，所以可以不选择这两个选项。

5.2.2 添加插件扩展及元素

在 Plug-in 开发视图中打开项目中的 MANIFEST.MF，这时可以在 Dependencies 选项卡中将可能引用到的依赖插件都事先添加到列表中，也可以在需要引用的时候再手工添加或者由 Eclipse 自动添加。为了看清楚项目到底依赖哪些插件，我们选择后一种方式。

（1）添加插件扩展。在 Extensions 选项卡中添加 com.ibm.rcp.ui.shelfViews。注意，不要选择 Show only extension points from the required plug-in 选项，如图 5-15 所示。这时 Eclipse 会发现该扩展所依赖的 com.ibm.rcp.ui 插件尚未出现在列表中，确认后会自动添加。

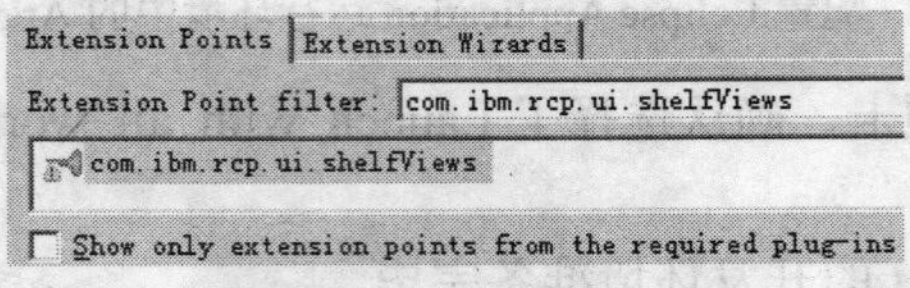

图 5-15 添加 com.ibm.rcp.ui 扩展

（2）创建扩展元素。右击 com.ibm.rcp.ui.shelfViews，选择 New→shelfView 选项。该扩展元素的 id 属性可以是任何字符串，只要确保其在插件配置（plugin.xml）中的唯一性即可。view 属性需要指向某个窗口扩展元素的 id，这里暂且设置为 st.PersonInfo.PersonInfoView。region 表示该插件在 Sametime Connect 中的位置，可以有 TOP、MIDDLE、BOTTOM 三种选择，我们不妨选择 BOTTOM，如图 5-16 所示。

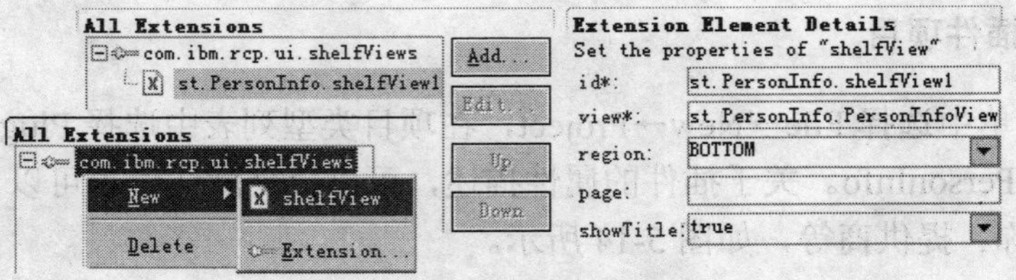

图 5-16 添加 shelfView 扩展元素

（3）添加 org.eclipse.ui.views 扩展及其 view 元素。这个过程中，Eclipse 会自动添加 org.eclipse.ui 插件。注意，由于这里的 view 被前面的 shelfView 引用，所以该元素的 id 属性必须与 shelfView 的 view 属性一致。name 属性只是一个标识，可以是任何字符串。class 属性对应 view 元素的实现类，不妨设置为 personInfo.PersonInfoView。假定事先在项目中创建 images 目录并放入该插件的图标文件 PersonInfoView.png（），这时可以在 icon 属性中将其选中，如图 5-17 所示。

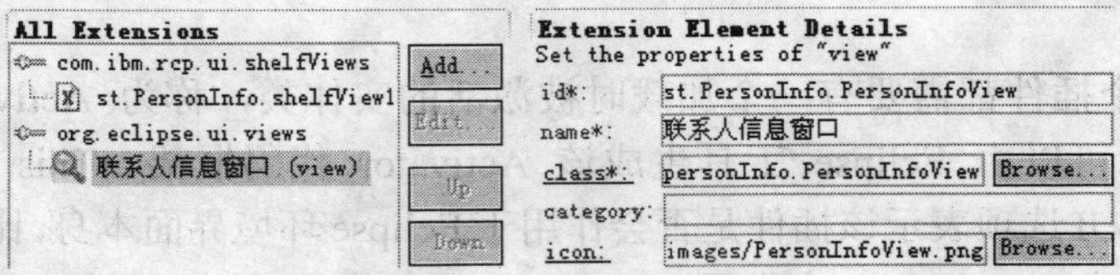

图 5-17 添加 org.eclipse.ui.views 扩展及其 view 元素

（4）添加 com.ibm.collaboration.realtime.messages.MessageHandlerListener 扩展及其 messageHandler 元素。这个过程中，Eclipse 会自动添加 com.ibm.collaboration.realtime.messages 插件。假定该元素的 class 属性为 personInfo.PersonInfoMessageHandlerAdapter。

这时项目中的插件配置文件（plugin.xml）如下：

```
<?xml version="1.0" encoding="UTF-8"?>
<?eclipse version="3.2"?>
<plugin>
   <extension point="com.ibm.rcp.ui.shelfViews">
      <shelfView
            id="st.PersonInfo.shelfView1"
            region="BOTTOM"
            showTitle="true"
            view="st.PersonInfo.PersonInfoView"/>
   </extension>
   <extension point="org.eclipse.ui.views">
      <view
            class="personInfo.PersonInfoView"
            icon="images/PersonInfoView.png"
            id="st.PersonInfo.PersonInfoView"
            name="联系人信息"/>
   </extension>
   <extension point="com.ibm.collaboration.realtime.messages.MessageHandlerListener">
      <messageHandler class="personInfo.PersonInfoMessageHandlerAdapter"/>
   </extension>
</plugin>
```

5.2.3　开发插件代码

在项目的 src 目录下创建 personInfo 包及其下的 PersonInfoActivator、PersonInfoView 和 PersonInfoMessageHandlerAdapter 类。

（1）在 MANIFEST.MF 编程窗口的 Overview 选项卡中指定 Activator 对应的实体类（如 personInfo.PersonInfoActivator），同时选择 Activate this plug-in when one of its classes is loaded，确认插件在加载时被激活。PersonInfoActivator 的代码如下：

```
public class PersonInfoActivator extends Plugin
{
    private static PersonInfoActivator plugin;
    public PersonInfoActivator ()
    {
        plugin = this;
    }
    public static PersonInfoActivator getDefault ()
    {
        return plugin;
```

```
    }
    public void start (BundleContext context) throws Exception
    {
        super.start (context);
    }
    public void stop (BundleContext context) throws Exception
    {
        super.stop (context);
        plugin = null;
    }
}
```

（2）我们创建的 view 元素对应的 PersonInfoView 类代码如下：

```
public class PersonInfoView extends ViewPart
{
    static public PersonInfoView INSTANCE;
    Text                    textControl;
    public PersonInfoView ()
    {
        INSTANCE = this;
    }
    public void createPartControl (Composite parent)
    {
        Composite comp = new Composite(parent, SWT.BORDER);
        comp.setLayout(new FillLayout());
        textControl = new Text (comp, SWT.MULTI | SWT.V_SCROLL | SWT.WRAP);
        comp.layout();
    }
    public void setFocus ()
    {
        textControl.setFocus ();
    }
    void handleConnected ()
    {
        try
        {
            CommunityService communityService = (CommunityService) ServiceHub.getService
            (CommunityService.SERVICE_TYPE);
            Community community = communityService.getDefaultCommunity ();
            if (null != community)
            {
                String localUserId = community.getUserId ();
                if (localUserId != null)
                {
```

```
                PeopleService peopleService = (PeopleService) ServiceHub.getService
                (PeopleService.SERVICE_TYPE);
                Person person = peopleService.getPerson (localUserId, community.getId (), false);
                refreshPersonInfo (person);
            }
        }
    }
    catch (ServiceException e)
    {
        e.printStackTrace ();
    }
}
void handleBuddySelected (Person person)
{
    refreshPersonInfo (person);
}
private void refreshPersonInfo (final Person person)
{
    textControl.getDisplay ().asyncExec (new Runnable ()
    {
        public void run ()
        {
            textControl.setText (person.getDisplayName ());
            textControl.append ("\n      Job Title : Manager");
            textControl.append ("\n      Address : Disney Land");
            textControl.append ("\n      City : Shanghai");
            textControl.append ("\n      State : SH");
            textControl.append ("\n      Zip : 123456");
            textControl.append ("\n      Country : China");
            textControl.append ("\n      Office Phone : 123-456-7890");
        }
    });
}
}
```

其中，createPartControl()和 setFocus()是必须实现的方法，它们分别在初始化窗口和设置当前窗口时被调用。handleConnect()和 hanndleBuddySelected()是自定义的方法，分别在 Sametime Connect 初始登录和联系人列表选中用户时被调用，它们都会使用 refreshPersonInfo()来显示用户信息。为了编程上的简洁，这里将所有的用户信息设置为相同的内容。

（3）messageHandler 扩展元素对应的 PersonInfoMessageHandlerAdapter 类代码如下，它的构造函数引用了 PersonInfoMessageHandler：

```
public class PersonInfoMessageHandlerAdapter extends MessageHandlerAdapter
{
```

```
    public PersonInfoMessageHandlerAdapter (MessageHandler handler)
    {
        super (handler);
    }
    public PersonInfoMessageHandlerAdapter ()
    {
        super (new PersonInfoMessageHandler ());
    }
}
```

PersonInfoMessageHandler 的代码会针对 ImConnectedMessage 和 BuddySelectedMessage 类型的消息分别进行处理，即调用 PersonInfoView 中的 handleConnect()和 hanndleBuddySelected()方法。

```
public class PersonInfoMessageHandler extends DefaultMessageHandler
{
    public PersonInfoMessageHandler () { }
    public void handleMessage (BuddySelectedMessage message)
    {
        try
        {
            PeopleService peopleService = (PeopleService) ServiceHub.getService (PeopleService.
            SERVICE_TYPE);
            Person person = peopleService.getPersonById (message.getPersonId ());
            PersonInfoView.INSTANCE.handleBuddySelected (person);
        }
        catch (ServiceException e)
        {
            e.printStackTrace ();
        }
    }
    public void handleMessage (ImConnectedMessage message)
    {
        PersonInfoView.INSTANCE.handleConnected ();
    }
    public void handleDefaultMessage (Message message) { }
}
```

5.2.4 添加依赖插件

目前在 Eclipse 中会发现大量的类无法解析，这需要我们将所有缺失的依赖插件加入到列表中。在 MANIFEST.MF 编程窗口的 Dependencies 选项卡的 Required Plug-ins 中添加相关的依赖插件，如图 5-18 所示。

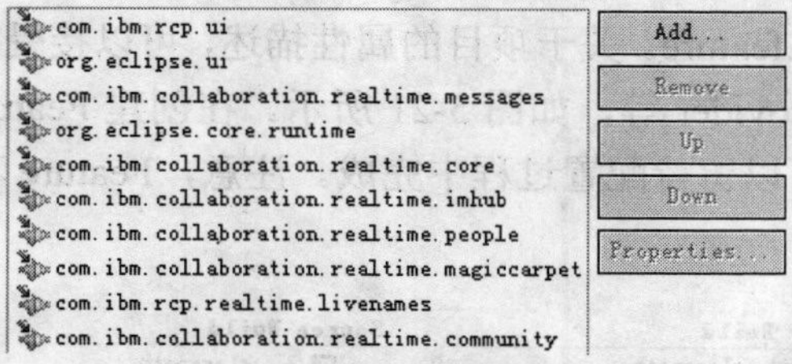

图 5-18 项目的依赖插件列表

5.2.5 测试插件

可以单击工具栏中的“运行”按钮或者在菜单中选择 Run→Run，启动前面创建的插件运行环境（ST）。运行效果如图 5-19 所示，注意插件窗口的图标和标题。一旦单击列表中的联系人，PersonInfo 插件窗口会自动显示该用户的信息。

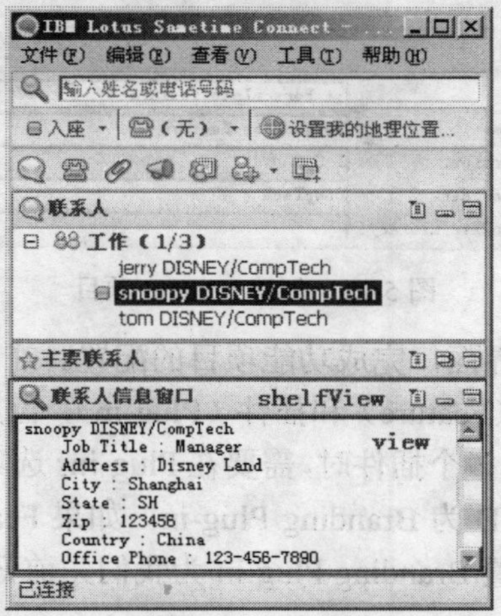

图 5-19 PersonInfo 插件的运行效果

5.3 部署更新

前面已经体验了插件开发的过程及测试运行的效果，这里介绍如何将开发好的插件部署到标准的 Sametime Connect 客户端。

5.3.1 选择打包组件

在刚才的插件项目（st.PersonInfo）的配置界面中选择 Build 选项卡或者双击 build.properties 文件，在 Binary Build 和 Source Build 栏中选择相关的组件，它们会被打包在生成的部署插件中，如图 5-20 所示。

5.3.2 创建功能项目

在 Eclipse 菜单中选择 File→New→Project，在项目类型列表中选择 Feature Project，项目

名称不妨设为 st.PersonInfo.feature。关于项目的属性描述，可以接受默认值，也可以自行设置，如 ID、Name、Version、Provider 等，如图 5-21 所示。在创建 Feature 项目的过程中选择添加插件（st.PersonInfo），也可以留待配置过程中完成。注意，Feature 项目必须与 Plug-in 项目在同一个 workspace 中。

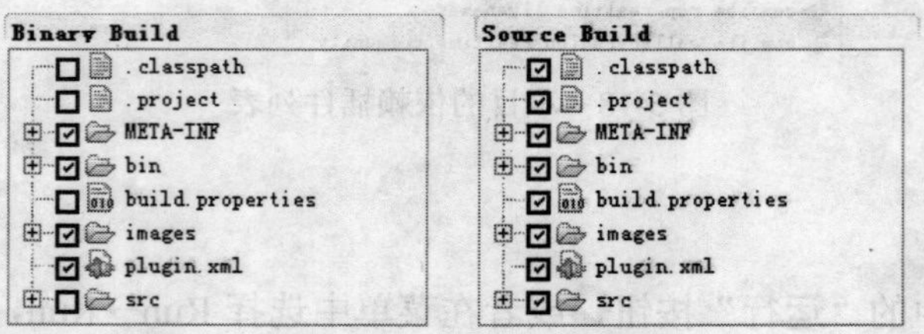

图 5-20 在 Plug-in 项目中选择 Build 组件

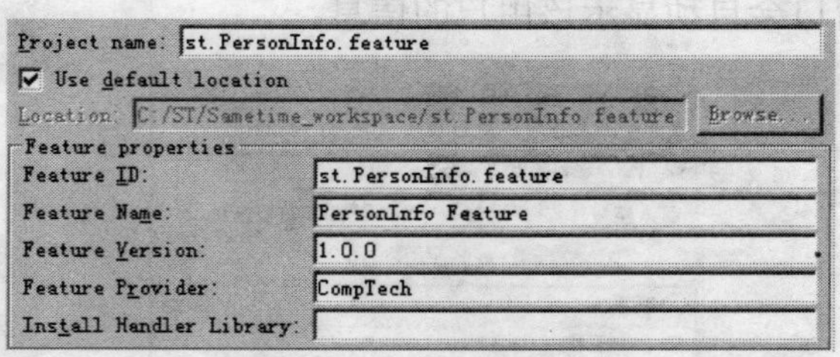

图 5-21 创建 Feature 项目

双击 feature.xml 出现配置界面，完成功能项目的配置。在 Eclipse 中一个功能（Feature）项目可以含有多个其他的功能（Feature）和插件（Plug-in），但只能指定其中一个插件为代表，它称为 Branding Plug-in。当含有多个插件时，需要在 Plug-ins 选项卡中逐个添加，并在 Overview 选项卡中指定其中一个插件的 ID 为 Branding Plug-in。如果 Feature ID 和 Plug-in ID 相同，也可以不指定。在本例中，只需设置 Branding Plug-in 为我们先前开发的插件 ID，即 st.PersonInfo，如图 5-22 所示。

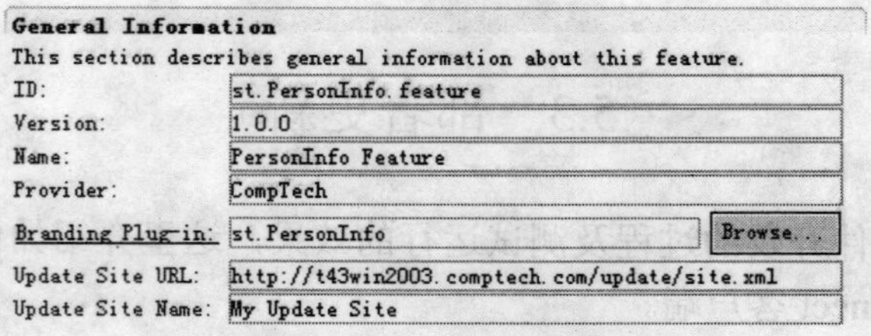

图 5-22 设置 Feature 的基本信息

如果我们设定了更新站点信息，则该 Feature 在部署后会试图自动更新。此外，还可以在 Overview 选项卡中设定该 Feature 的工作环境，如操作系统、视窗类型、语言环境等。在 Information 选项卡中填写详细描述、商标信息、许可证协议等。

5.3.3 创建更新站点项目

在 Eclipse 菜单中选择 File→New→Project，在项目类型列表中选择 Update Site Project。项目名称不妨设为 ST Update Site，位置可以设置在 Domino HTML 目录下，如 C:\Program

Files\IBM\Lotus\Domino\data\domino\html\update，这样可以利用 Domino 的 Web 服务来实现远程更新访问。双击 site.xml 出现配置界面，在 Site Map 选项卡中创建一个类别（Category），并将前面配置的 Feature（st.PersonInfo.feature）添加其中，如图 5-23 所示。然后单击 Build All 按钮构建站点，这时会在项目下生成 features 和 plugins 目录，分别含有相关的功能和插件。

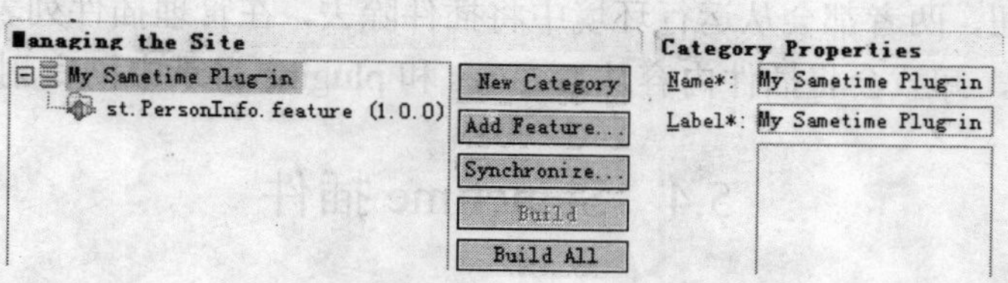

图 5-23　创建 Update Site 项目

5.3.4　客户端自动更新

（1）设置客户端登录后自动检查。在 Sametime Connect 的“文件”→“首选项”中单击“联系人列表”→“启动时自动检查可选插件”。

（2）设置客户端检查的更新站点。在文本编辑器中打开 Sametime Connect 安装路径下 shared\eclipse\plugins\com.ibm.collaboration.realtime.update_XXX 目录中的 preferences.ini 文件，将其中的 adminUpdatePolicyURL 参数指向更新站点。

adminUpdatePolicyURL=http://t43win2003.CompTech.com/update/site.xml

这样，每次 Sametime Connect 登录后服务器会自动检测更新站点是否有新的插件，如果有，Sametime Connect 会自动下载更新并提醒重启生效，如图 5-24 所示。

图 5-24　自动下载插件并更新

5.3.5　客户端手工更新

在 Sametime Connect 菜单中选择“工具”→“插件”→“安装插件”，在安装向导中选择“搜索要安装的新功能部件”→“添加远程位置”，其名称可以是任意字符串，URL 指向更新站点的配置描述文件 site.xml。Sametime Connect 找到更新站点后会列出所有的类别（Category）及其插件，如图 5-25 所示。选中相关的插件进行下载安装，重启后生效。

图 5-25　在 Sametime Connect 中新建更新站点

5.3.6 卸载或禁用插件

在 Sametime Connect 菜单中选择“工具”→“插件”→“管理插件”，在弹出的插件列表中找到需要卸载或禁用的插件（通常在 Sametime Connect\shared\eclipse 下），单击右侧的“卸载”或“禁用”按钮，两者都会从运行环境中将插件除去，在管理插件列表中也无法再找到该插件。所不同的是，卸载会将插件内容从 features 和 plugins 目录中彻底删除。

5.4 Sametime 插件

在体验了插件的开发和部署过程后，下面开始全面细致地介绍 Sametime Connect 提供的扩展点及开发技巧。

基本上，大多数插件集中在联系人窗口和对话窗口中，如图 5-26 和图 5-27 所示。每一个插件都会从 Sametime Connect 的扩展点派生出相关的功能及代码。它们通常表现为窗口中的一项自定义菜单条、工具条、嵌入式应用、弹出式窗口等。

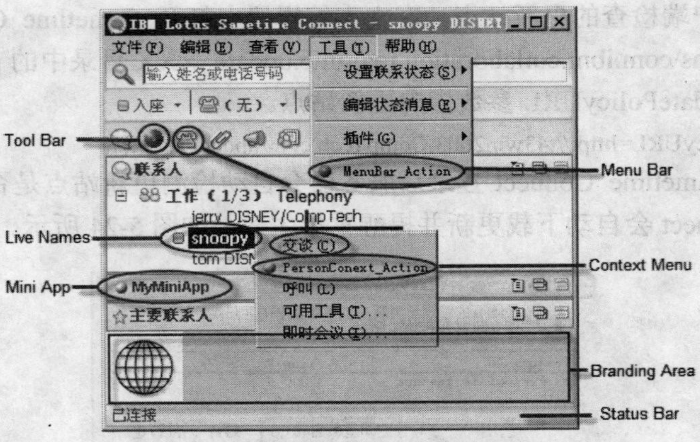

图 5-26 联系人窗口相关的插件

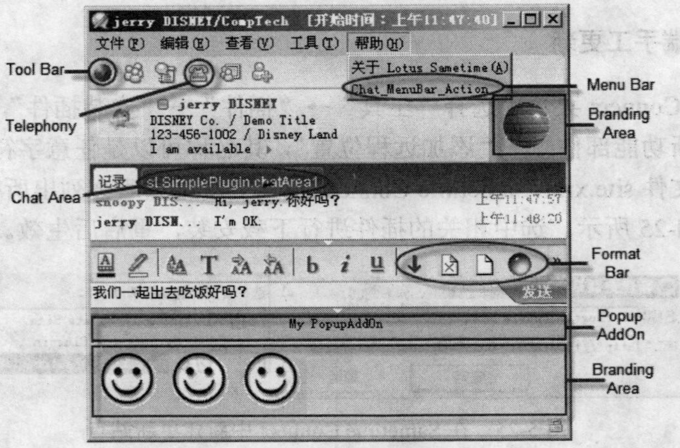

图 5-27 对话窗口相关的插件

5.4.1　创建插件开发环境

（1）再创建一个插件项目（st.SimplePlugin），用于容纳下面的一组插件例程。由于例子中有添加 Preference 配置的选项卡，所以可以选中 This plug-in will make contributions to the UI 选项，同时不妨选择 Generate an activator 用 Eclipse 工具来生成 Activator 代码框架。

（2）可以将常见的依赖插件一下子添加到 Dependencies 选项卡中，如下（这样就不必等到依赖性检查报警或者 Java 类无法解析时再逐个添加）：

org.eclipse.ui
org.eclipse.core.runtime
com.ibm.collaboration.realtime.core
com.ibm.collaboration.realtime.imhub
com.ibm.collaboration.realtime.messages
com.ibm.collaboration.realtime.magiccarpet
com.ibm.collaboration.realtime.directory
com.ibm.collaboration.realtime.community
com.ibm.collaboration.realtime.people
com.ibm.rcp.realtime.livenames
com.ibm.collaboration.realtime.chatwindow
com.ibm.collaboration.realtime.ui

5.4.2　联系人窗口插件

联系人窗口中的插件可以出现在窗口菜单、系统托盘菜单、上下文菜单（右键菜单）以及窗口工具条中。

1．MenuBar 插件

MenuBar 插件就是在 Sametime Connect 菜单中添加菜单项并关联相应的动作。比如，可以在菜单中添加一项 MenuBar_Action，单击后弹出消息对话框，如图 5-28 所示。

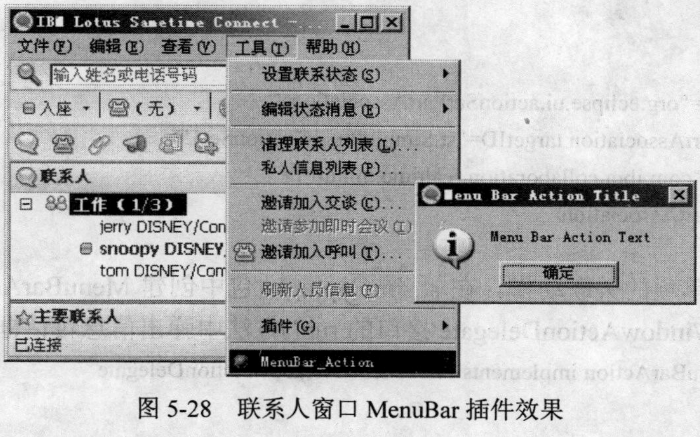

图 5-28　联系人窗口 MenuBar 插件效果

（1）添加插件扩展及元素，如图 5-29 所示。

1）在 Plug-in 开发视图中双击 MANIFEST.MF 打开插件配置窗口，在 Extensions 选项卡中添加 org.eclipse.ui.actionSets，右击后选择 New→actionSet 添加一个 actionSet，确保其 id 属性

是唯一的（如 st.SimplePlugin.actionSet1），将 label 属性改为习惯易懂的标识（如 MenuBar_ActionSet）。

2）在 actionSet 下面添加 action。可以保留系统分配的 id（如 st.SimplePlugin.action1），label 属性就是菜单项的内容，不妨将其改成 MenuBar_Action。menubarPath 属性表示菜单项的位置，将其设置为 tools/toolsEnd 表示在“工具”列的最后一项。icon 属性表示菜单项的图标，将其指向事先准备好的图标文件（images/MenuBarIcon.gif）。class 属性对应关联动作的 Java 代码，将其设置为 st.simpleplugin.MenuBarAction，我们会在后面创建这个类。

3）类似地添加 org.eclipse.ui.actionSetPartAssociations 扩展并在其下添加一个 actionSetPartAssociation，它的 targetID 属性指向 actionSet 的 id（st.SimplePlugin.actionSet1）。再在其下添加 part，其 id 必须为 com.ibm.collaboration.realtime.imhub。

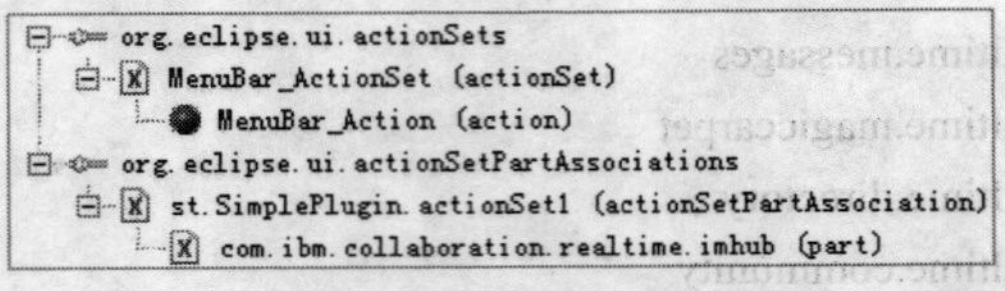

图 5-29　联系人窗口 MenuBar 插件扩展

如果单击 plugin.xml 选项卡，可以看到添加的扩展及元素描述如下：

```
<extension point="org.eclipse.ui.actionSets">
    <actionSet
            id="st.SimplePlugin.actionSet1"
            label="MenuBar_ActionSet">
        <action
                class="st.simpleplugin.MenuBarAction"
                id="st.SimplePlugin.action1"
                label="MenuBar_Action"
                menubarPath="tools/toolsEnd"
                style="push"/>
    </actionSet>
</extension>
<extension point="org.eclipse.ui.actionSetPartAssociations">
    <actionSetPartAssociation targetID="st.SimplePlugin.actionSet1">
        <part id="com.ibm.collaboration.realtime.imhub"/>
    </actionSetPartAssociation>
</extension>
```

（2）实现菜单项的关联动作。在 st.simpleplugin 包中创建 MenuBarAction 类，如下（在实现 IWorkbenchWindowActionDelegate 接口的 run()方法中弹出信息对话框）：

```
public class MenuBarAction implements IWorkbenchWindowActionDelegate
{
    public void run (IAction action)
    {
        MessageDialog.openInformation (null, "Menu Bar Action Title", "Menu Bar Action Text");
    }
```

```
    public void selectionChanged (IAction action, ISelection selection) { }
    public void dispose () { }
    public void init (IWorkbenchWindow window) { }
}
```

（3）在菜单中选择 Run→Run，在前面配置的运行环境（ST）的 Plug-ins 选项卡中选择加载的插件项目（st.SimplePlugin），运行后即可看到插件效果。

注意，在使用 menubarPath 属性添加菜单项的时候，其路径需要遵循约定。如 help/about 表示“编辑”栏中的“关于”菜单项。基本上，联系人窗口菜单分为 file、edit、view、tools、help 五个栏目，它们是菜单项的根节点。对于每个菜单栏都有 XXXStart 和 XXXEnd，分别表示其在菜单栏的顶部和底部位置，其他位置的名称则与原有菜单项相关，如图 5-30 所示。另外，additions 通常可以被任何其他的字符串代替，如 tools/additions 和 tools/xyz 的位置是相同的。

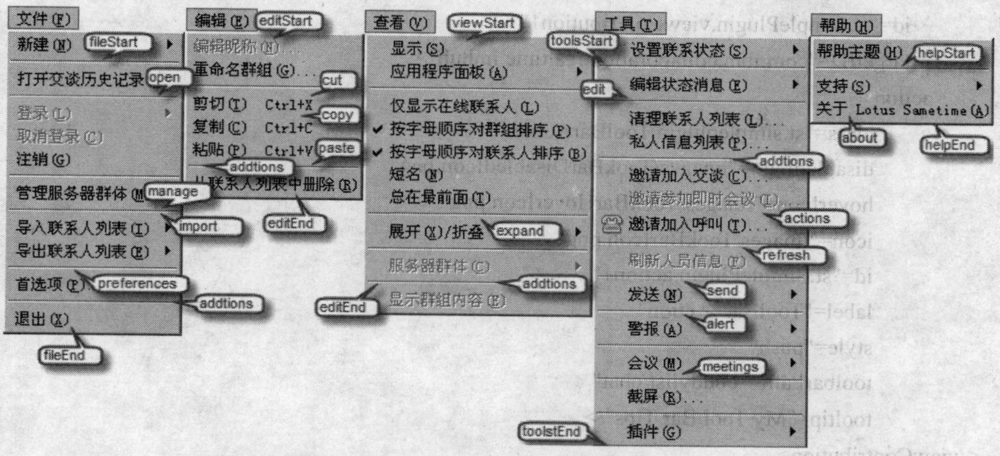

图 5-30 联系人窗口 MenuBar 的插入点

2. ToolBar 插件

ToolBar 插件就是在工具条中插入按钮并关联相应的动作。比如，可以在 Sametime Connect 的工具条中添加一个按钮图标，单击后弹出消息对话框，如图 5-31 所示。

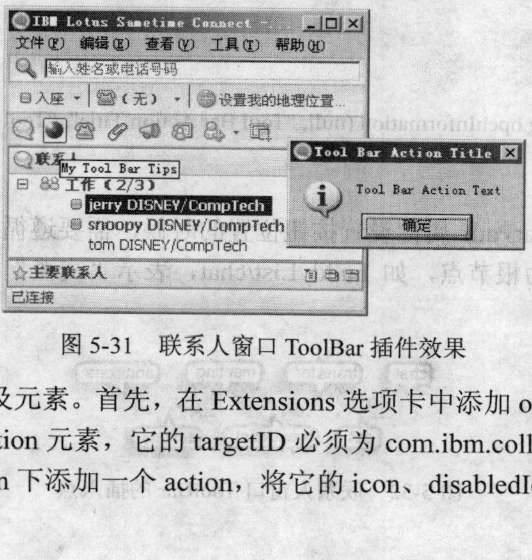

图 5-31 联系人窗口 ToolBar 插件效果

（1）添加插件扩展及元素。首先，在 Extensions 选项卡中添加 org.eclipse.ui.viewActions，在其下添加 viewContribution 元素，它的 targetID 必须为 com.ibm.collaboration.realtime.imhub。然后，在 viewContribution 下添加一个 action，将它的 icon、disabledIcon、hoverIcon 属性指向

事先准备好的图标文件，它们分别在功能开放、功能禁用、鼠标移过时被调用，通常只需要指定 icon 即可。toolbarPath 属性表示图标在工具条中的位置，不妨将其设置为 buddyList/chat。tooltip 属性表示当鼠标移过按钮时弹出的提示信息，不妨设置为 My Tool Bar Tips。class 属性对应关联动作的 Java 代码，可以单击 class 的下划线链接立即创建对应的 Java 类，也可以先填写类名（st.simpleplugin.ToolBarAction），然后再创建这个类。

值得一提的是，action 元素有一个 enablesFor 属性可以填入一个数值，表示在联系人列表窗口中同时选中多少个对象（用户或组）按钮才会从禁用状态（Disabled）变成可用状态（Enabled），同时可以观察到图标的变化。该属性默认值为空，表示按钮永远可用。

配置结束后切换到 plugin.xml 选项卡，可以看到添加的扩展及元素描述如下：

```
<extension point="org.eclipse.ui.viewActions">
  <viewContribution
        id="st.SimplePlugin.viewContribution1"
        targetID="com.ibm.collaboration.realtime.imhub">
     <action
           class="st.simpleplugin.ToolBarAction"
           disabledIcon="images/TookBarDisabledIcon.png"
           hoverIcon="images/TookBarHoverIcon.png"
           icon="images/TookBarIcon.png"
           id="st.SimplePlugin.action1"
           label="ToolBar_Action"
           style="push"
           toolbarPath="buddylist/chat"
           tooltip="My Tool Bar Tips"/>
  </viewContribution>
</extension>
```

（2）实现按钮的关联动作。创建 BuddyListAction 类，代码如下（它继承 BuddyListAction 类并覆盖 run()方法，在其中弹出信息对话框）：

```
public class ToolBarAction extends BuddyListAction
{
    public void run ()
    {
        MessageDialog.openInformation (null, "Tool Bar Action Title", "Tool Bar Action Text");
    }
}
```

注意，在使用 toolbarPath 属性设置按钮位置的时候，需要遵循约定。联系人窗口的工具条按钮都以 buddyList 为根节点，如 buddyList/chat，表示“交谈”按钮后面的位置，如图 5-32 所示。

图 5-32　联系人窗口 ToolBar 的插入点

3. SystemTrayMenu 插件

在系统托盘区单击应用程序缩小后的图标而弹出的菜单称为 SystemTrayMenu，可以通过插件在其中添加菜单项。比如在 Sametime Connect 的 SystemTrayMenu 中添加一项 SystemTray_Action，单击后弹出消息对话框，如图 5-33 所示。

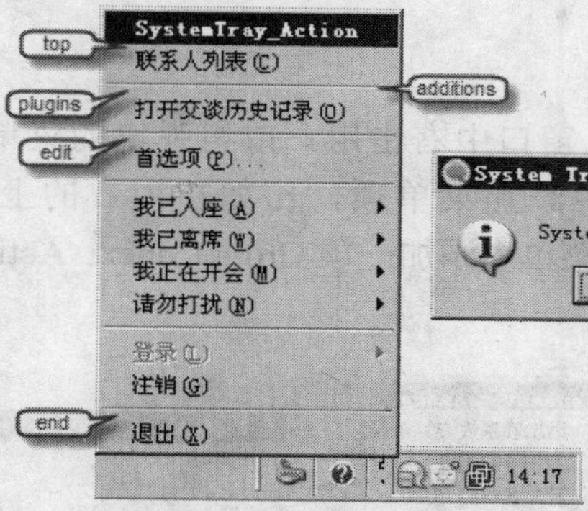

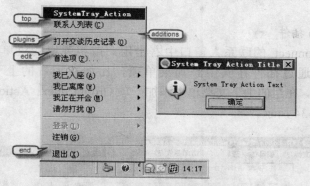

图 5-33　SystemTrayMenu 插件效果

（1）添加插件扩展及元素。首先，在 Extensions 选项卡中添加 org.eclipse.ui.actionSets，在其下添加 actionSet 元素，其 id 属性必须以 com.ibm.collaboration.realtime 开头并附加一个字符串以保证唯一性。然后，在 actionSet 下添加一个 action 元素，其 label 属性就是菜单项的内容，不妨设置为 SystemTray_Action。menubarPath 属性表示菜单项的位置，如图 5-33 所示，必须以 sametime 为根节点，将其设置为 sametime/top 表示在菜单顶端。class 属性对应关联动作的 Java 代码，将其设置为 st.simpleplugin.SystemTrayAction。

配置结束后切换到 plugin.xml 选项卡，可以看到添加的扩展及元素描述如下：

```
<extension point="org.eclipse.ui.actionSets">
  <actionSet
       id="com.ibm.collaboration.realtime.SystemTray"
       label="SystemTray_ActionSet">
    <action
          class="st.simpleplugin.SystemTrayAction"
          icon="images/SystemTrayIcon.gif"
          id="st.SimplePlugin.action2"
          label="SystemTray_Action"
          menubarPath="sametime/top"
          style="push"/>
  </actionSet>
</extension>
```

（2）实现菜单项的关联动作。在 st.simpleplugin 包中创建 SystemTrayAction 类，如下（在实现 IWorkbenchWindowActionDelegate 接口的 run()方法中弹出信息对话框）：

```
public class SystemTrayAction implements IWorkbenchWindowActionDelegate
{
    public void run (IAction action)
    {
```

```
        MessageDialog.openInformation (null, "System Tray Action Title", "System Tray Action Text");
    }
    public void dispose () { }
    public void init (IWorkbenchWindow window) { }
    public void selectionChanged (IAction action, ISelection selection) { }
}
```

4. ContextMenu 插件

在 Sametime Connect 的联系人窗口中右击用户或组弹出的菜单称为上下文菜单，即 ContextMenu。可以通过插件在其中添加菜单项，比如在用户的上下文菜单中添加一项 PersonConext_Action，在组的上下文菜单中添加一项 GroupConext_Action，单击后弹出相同的消息对话框，如图 5-34 所示。

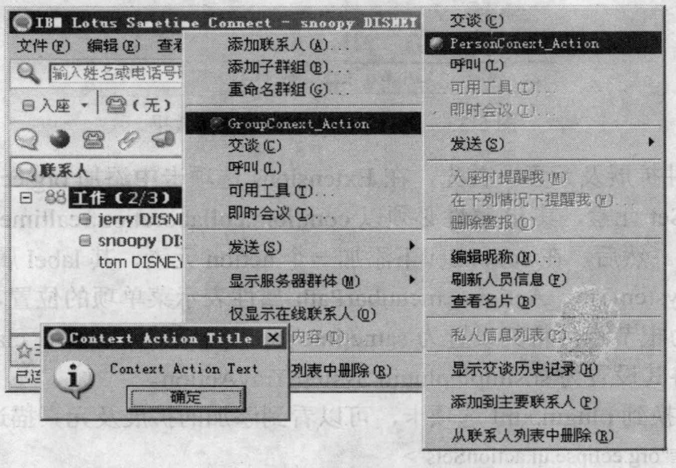

图 5-34 ContextMenu 插件效果

（1）添加插件扩展及元素。首先，在 Extensions 选项卡中添加 org.eclipse.ui.popupMenus，在其下添加两个 objectContribution 元素，分别用于对用户和组的扩展，它们的 objectClass 属性分别指向 com.ibm.collaboration.realtime.livenames 中的 PersonSelection 和 GroupSelection 类。然后，在两个 objectContribution 元素下分别添加 action 元素，它们的 label 属性就是菜单项的内容，分别设为 PersonConext_Action 和 GroupConext_Action。menubarPath 属性表示菜单项的位置，将其设置为 im_chat。class 属性对应关联动作的 Java 代码，将其设置为 st.simpleplugin.ContextAction。icon 属性表示菜单项的图标，将其指向事先准备好的文件。注意，由于插件中所有元素的 id 属性是唯一标识，它们之间不能出现重复。

配置结束后切换到 plugin.xml 选项卡，可以看到添加的扩展及元素描述如下：

```
<extension point="org.eclipse.ui.popupMenus">
  <objectContribution
        adaptable="false"
        id="st.SimplePlugin.objectContribution1"
        objectClass="com.ibm.collaboration.realtime.livenames.PersonSelection">
     <action
           class="st.simpleplugin.ContextAction"
```

```
                icon="images/PersonContextIcon.gif"
                id="st.SimplePlugin.action1"
                label="PersonConext_Action"
                menubarPath="im_chat"/>
    </objectContribution>
    <objectContribution
            adaptable="false"
            id="st.SimplePlugin.objectContribution2"
            objectClass="com.ibm.collaboration.realtime.livenames.GroupSelection">
        <action
                class="st.simpleplugin.ContextAction"
                icon="images/GroupContextIcon.gif"
                id="st.SimplePlugin.action2"
                label="GroupConext_Action"
                menubarPath="im_chat"/>
    </objectContribution>
</extension>
```

（2）实现菜单项的关联动作。在 st.simpleplugin 包中创建 ContextAction 类，如下（在实现 IObjectActionDelegate 接口的 run()方法中弹出信息对话框）：

```
public class ContextAction implements IObjectActionDelegate
{
    public void run (IAction action)
    {
        MessageDialog.openInformation (null, "Context Action Title", "Context Action Text");
    }
    public void setActivePart (IAction action, IWorkbenchPart part) { }
    public void selectionChanged (IAction action, ISelection section) { }
}
```

事实上，上下文菜单项对应的关联动作通常与选中的对象有关，处理的过程也不会是弹出一个消息对话框这么简单。下面给出一个 ContextAction 的实例，在联系人窗口中选择对象（用户或组）的时候会调用 selectionChanged()方法，它用来记住界面上的选择并存入 IStructuredSelection 对象中。在单击菜单项时会调用 run()方法，它将刚才选择的内容打印出来。

```
public class ContextAction implements IObjectActionDelegate
{
    IStructuredSelection ss;

    public void selectionChanged (IAction action, ISelection selection)
    {
        if (selection instanceof IStructuredSelection)
            ss = (IStructuredSelection) selection;
        else
            ss = null;
```

```
}
protected LiveName [] getSelectedLivenames ()
{
    if (ss == null)
        return new LiveName [0];
    List items = ss.toList ();
    List livenames = new ArrayList ();
    for (Iterator it = items.iterator (); it.hasNext ();)
    {
        Object item = it.next ();
        if (item instanceof LiveNameSelection)
        {
            LiveNameSelection livenameSelection = (LiveNameSelection) item;
            LiveName livename = livenameSelection.getLiveName ();
            livenames.add (livename);
        }
    }
    return (LiveName []) livenames.toArray (new LiveName [livenames.size ()]);
}
protected Group [] getSelectedGroups ()
{
    if (ss == null)
        return new Group [0];
    List items = ss.toList ();
    List groups = new ArrayList ();
    for (Iterator it = items.iterator (); it.hasNext ();)
    {
        Object item = it.next ();
        if (item instanceof GroupSelection)
        {
            GroupSelection groupSelection = (GroupSelection) item;
            Group group = groupSelection.getGroup ();
            groups.add (group);
        }
    }
    return (Group []) groups.toArray (new Group [groups.size ()]);
}
public void run (IAction action)
{
    if (action.getText ().equals ("PersonConext_Action"))
    {
        LiveName [] livenames = getSelectedLivenames ();
        for (int i = 0; i < livenames.length; i ++)
```

```
                {
                    LiveName livename = livenames[i];
                    System.out.println (livename);
                }
            }
            else if (action.getText ().equals ("GroupConext_Action"))
            {
                Group [] groups = getSelectedGroups ();
                for (int i = 0; i < groups.length; i ++)
                {
                    Group group = groups[i];
                    Person [] persons = group.getPersons ();
                    for (int j = 0; j < persons.length; j ++)
                    {
                        Person person = persons[j];
                        System.out.println (person);
                    }
                }
            }
            else
                System.out.println ("Error: Unknown action.");
        }
        public void setActivePart (IAction action, IWorkbenchPart part) { }
    }
```

Sametime Connect 的上下文菜单与窗口中选择的对象有关，这里只讨论选择用户或组（可以多选）的 ContextMenu。如果选择的对象中同时含有用户和组，则弹出的上下文菜单会有所不同。

另外，在使用 menubarPath 属性设置菜单项位置时，需要遵循用户和组上下文菜单的约定，如图 5-35 所示。

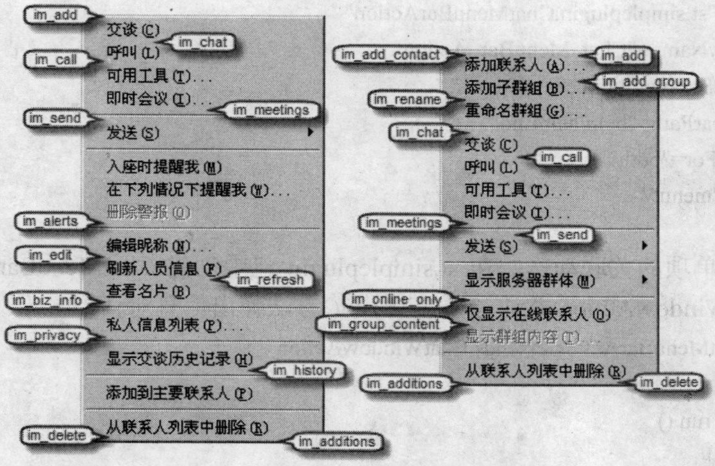

图 5-35　ContextMenu 的插入点

5.4.3 对话窗口插件

对话窗口中的插件可以出现在窗口菜单、窗口工具条、格式工具条中，也可以表现为 ChatArea 或 PopupAddOn 区域的分页。

1. MenuBar 插件

对话窗口的 MenuBar 插件就是在对话窗口中添加菜单项并关联相应的动作。比如，可以在菜单中添加一项 Chat_MenuBar_Action，单击后弹出消息对话框，如图 5-36 所示。

图 5-36 对话窗口 MenuBar 插件效果

（1）添加插件扩展及元素。在 Extensions 选项卡中添加 com.ibm.collaboration.realtime.chatwindow.chatAction，在其下添加 chatAction 元素，它的 id 属性必须唯一。type 表示该元素的类型，必须设置为 menu。displayName 就是菜单项的内容，不妨设置为 Chat_MenuBar_Action。menubarPath 表示菜单项的位置，可以将其设置为 help/helpEnd，表示“帮助”菜单栏中的最后一项。showsFor 表示该菜单项是出现在双方对话窗口（single）、多方对话窗口（multi）还是两者都出现（both），通常选择 both。class 对应相关动作的 Java 类，将其设置为 st.simpleplugin.ChatMenuBarAction。

配置结束后切换到 plugin.xml 选项卡，可以看到添加的扩展及元素描述如下：

```
<extension point="com.ibm.collaboration.realtime.chatwindow.chatAction">
  <chatAction
        class="st.simpleplugin.ChatMenuBarAction"
        displayName="Chat_MenuBar_Action"
        id="st.SimplePlugin.chatAction1"
        menubarPath="help/helpEnd"
        showsFor="both"
        type="menu"/>
</extension>
```

（2）实现菜单项的关联动作。在 st.simpleplugin 包中创建 ChatMenuBarAction 类，如下（它继承了 ChatWindowAction 并通过覆盖其 run()方法弹出信息对话框）：

```
public class ChatMenuBarAction extends ChatWindowAction
{
    public void run ()
    {
        MessageDialog.openInformation (null, "Chat Menu Bar Action Title", "Chat Menu Bar Action Text");
```

```
    }
}
```

在使用 menubarPath 属性添加菜单项的时候，其路径需要遵循约定，如图 5-37 所示。基本上，对话窗口菜单分为 file、edit、view、tools、help 五个栏目，它们是菜单项的根节点。对于每个菜单栏都有 XXXStart 和 XXXEnd，分别表示其在菜单栏的顶部和底部位置，其他位置的名称则与原有菜单项相关。

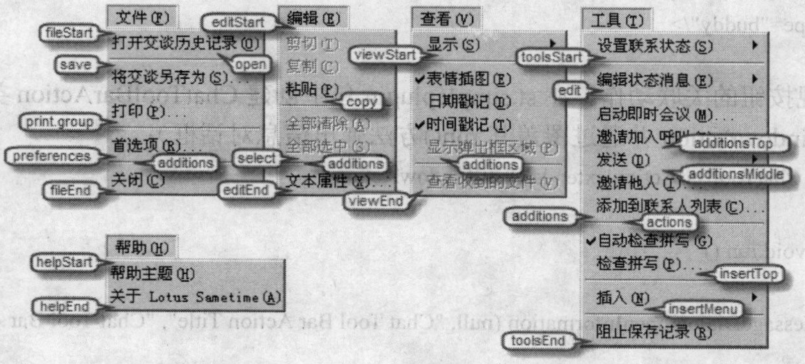

图 5-37　对话窗口 MenuBar 的插入点

2. ToolBar 插件

与联系人窗口类似，对话窗口也有工具条。ToolBar 插件就是在工具条中插入按钮并关联相应的动作。比如，可以在工具条中添加一个按钮图标，单击后弹出消息对话框，如图 5-38 所示。

图 5-38　对话窗口 ToolBar 插件效果

（1）添加插件扩展及元素。在 Extensions 选项卡中添加 com.ibm.collaboration.realtime.chatwindow.chatAction，在这里单独添加一个扩展点，也可以与上例复用一个扩展点，其效果相同。在扩展点下添加 chatAction 元素，它的 id 属性必须唯一。type 表示该元素的类型，必须设置为 buddy。path 表示按钮的位置，可以将其设置为 buddy/start，表示工具条中的第一项。指定相关的图标文件（image、disabledImage、hoverImage）以及鼠标移过按钮时弹出的提示信息（tooltipText）。class 属性对应关联动作的 Java 代码，将其设置为 st.simpleplugin.ChatToolBarAction。

配置结束后切换到 plugin.xml 选项卡，可以看到添加的扩展及元素描述如下：

```
<extension point="com.ibm.collaboration.realtime.chatwindow.chatAction">
  <chatAction
        class="st.simpleplugin.ChatToolBarAction"
```

```
        disabledImage="images/ToolBarDisabledIcon.png"
        hoverImage="images/ToolBarHoverIcon.png"
        id="st.SimplePlugin.chatAction2"
        image="images/ToolBarIcon.png"
        path="buddy/start"
        showsFor="both"
        tooltipText="My ChatToolBar Tip"
        type="buddy"/>
</extension>
```

（2）实现按钮的关联动作。在 st.simpleplugin 包中创建 ChatToolBarAction 类，如下（它继承了 ChatWindowAction 并通过覆盖其 run()方法弹出信息对话框）：

```
public class ChatToolBarAction extends ChatWindowAction
{
    public void run ()
    {
        MessageDialog.openInformation (null, "Chat Tool Bar Action Title", "Chat Tool Bar Action Text");
    }
}
```

这里有几点值得注意：

1）按钮可以是图标形式，也可以是文字形式。如果设置了 image（为了需要也可以设置 disabledImage 和 hoverImage），则为图标形式，否则为文字形式，文字内容由 displayName 指定。如果 image 和 displayName 都为空，则 Eclipse 会自动产生一个红色的方块■作为图标。

2）如果同时设置了 path（如 buddy/start）和 menubarPath（如 help/helpEnd），则按钮出现在 ToolBar 工具条的同时也会出现在 MenuBar 菜单中，其菜单项内容由 displayName 指定。若 displayName 为空，则由 tooltipText 指定。

3）在使用 path 属性设置 ToolBar 插件位置的时候，需要遵循约定。对话窗口的工具条按钮都以 buddy 为根节点，如 buddy/call，表示“呼叫”按钮后面的位置，如图 5-39 所示。

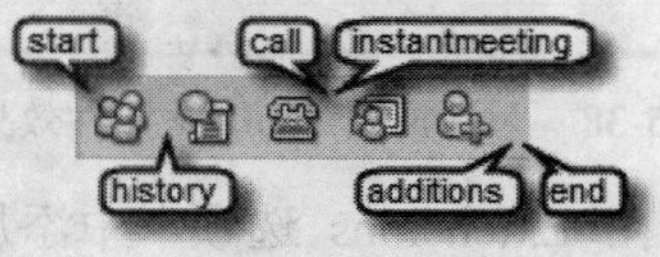

图 5-39 对话窗口 ToolBar 的插入点

3. FormatBar 插件

FormatBar 插件就是在对话窗口的文字格式工具条上添加按钮并关联相应的动作。比如，可以在工具条中添加一个按钮图标，单击后弹出消息对话框，如图 5-40 所示。

（1）添加插件扩展及元素。在 Extensions 选项卡中添加 com.ibm.collaboration.realtime.chatwindow.chatAction，在这里单独添加一个扩展点，也可以与上例复用一个扩展点，其效果相同。在扩展点下添加 chatAction 元素，它的 id 属性必须唯一。type 表示该元素的类型，必须设置为 format。path 表示按钮的位置，可以将其设置为 format/end，表示工具条中的最后一项。指定相关的图标文件（image、disabledImage、hoverImage）以及鼠标移过按钮时弹出的提示信息

（tooltipText）。class 属性对应关联动作的 Java 代码，将其设置为 st.simpleplugin.FormatBarAction。

图 5-40　FormatBar 插件效果

配置结束后切换到 plugin.xml 选项卡，可以看到添加的扩展及元素描述如下：

```
<extension
      point="com.ibm.collaboration.realtime.chatwindow.chatAction">
   <chatAction
         class="st.simpleplugin.FormatBarAction"
         id="st.SimplePlugin.chatAction3"
         image="images/FormatBarIcon.png"
         path="format/end"
         showsFor="both"
         tooltipText="My Format Bar Tip"
         type="format"/>
</extension>
```

（2）实现按钮的关联动作。在 st.simpleplugin 包中创建 FormatBarAction 类，如下（它继承了 ChatWindowAction 并通过覆盖其 run()方法弹出信息对话框）：

```
public class FormatBarAction extends ChatWindowAction
{
    public void run ()
    {
        MessageDialog.openInformation (null, "Format Bar Action Title", "Format Bar Action Text");
    }
}
```

这里有几点值得注意：

1）按钮可以是图标形式，也可以是文字形式。如果设置了 image，则为图标形式，否则为文字形式，文字内容由 displayName 指定。如果 image 和 displayName 都为空，则 Eclipse 会自动产生一个红色的方块■作为图标。

2）如果同时设置了 path（如 format/end）和 menubarPath（如 help/helpEnd），则按钮出现在 FormatBar 工具条的同时也会出现在 MenuBar 菜单中，其菜单项内容由 displayName 指定。若 displayName 为空，则由 tooltipText 指定。

3）在使用 path 属性设置 ToolBar 插件位置的时候，需要遵循约定。对话窗口的工具条按钮都以 format 为根节点，如 format/end，表示工具条最后面的位置，如图 5-41 所示。

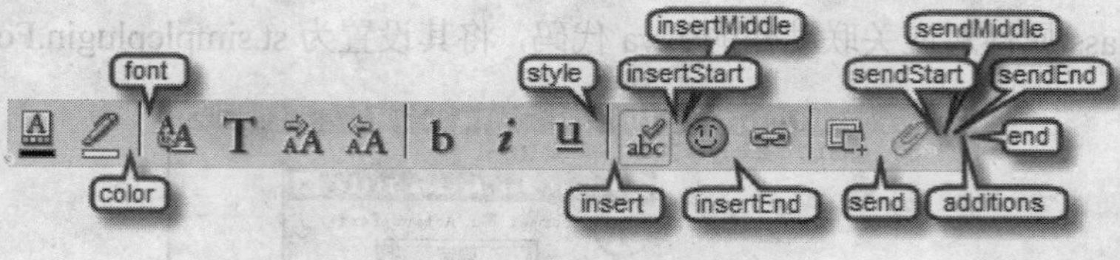

图 5-41 FormatBar 的插入点

4. ChatArea 插件

在 Sametime Connect 中，显示双方对话内容的区域称为 ChatArea，它可以分页扩展添加各种应用界面。比如，可以在 ChatArea 中添加一页，嵌入浏览器并显示 Windows 桌面图片，如图 5-42 所示。一旦使用 ChatArea 插件添加分页，则原先的对话内容会被归纳到“记录”分页中，该分页无法删除。

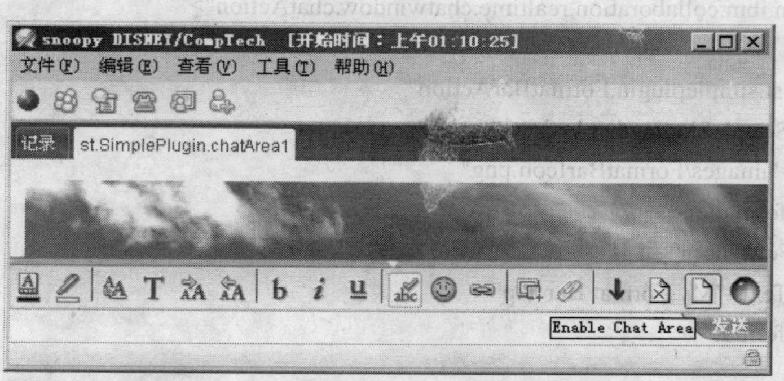

图 5-42 ChatArea 扩展效果

（1）添加插件扩展及元素。在 Extensions 选项卡中添加 com.ibm.collaboration.realtime.chatwindow.chatArea，在其下添加一个 chatArea 元素，确保其 id 属性是唯一的。class 属性对应关联动作的 Java 代码，将其设置为 st.simpleplugin.ChatArea。

配置结束后切换到 plugin.xml 选项卡，可以看到添加的扩展及元素描述如下：

```
<extension point="com.ibm.collaboration.realtime.chatwindow.chatArea">
  <chatArea
        class="st.simpleplugin.ChatArea"
        id="st.SimplePlugin.chatArea1"
        label="st.SimplePlugin.chatArea1"/>
</extension>
```

（2）创建 ChatArea 扩展。在 st.simpleplugin 包中创建 ChatArea 类，它在 createPartControl() 方法中创建一个浏览器并加载 Windows 图片。当然，在这里也可以使用浏览器访问一个网站（如 http://www.ibm.com）或者嵌入一个应用界面。

```
public class ChatArea extends ViewPart implements ChatWindowExtension
{
  public void createPartControl (Composite parent)
  {
    Browser browser = new Browser (parent, SWT.NONE);
    browser.setUrl ("file:///C:/WINDOWS/Web/Wallpaper/Bliss.jpg");
```

```
    }
    public void setFocus () { }
    public ChatWindowHandler getChatWindowHandler () { return null; }
    public void setChatWindowHandler (ChatWindowHandler arg0) { }
}
```

（3）添加启用或禁用分页代码。可以在菜单或工具条中添加两个插件扩展，分别用于启用或禁用分页。在 run()方法中调用 enableChatArea()或 disableChatArea()来打开或关闭扩展分页，其参数是 chatArea 插件的 id。详细步骤可参见前面的例子，这里不再赘述。

```
// 启用 ChatArea 插件
getChatWindowHandler ().enableChatArea ("st.SimplePlugin.chatArea1");
// 禁用 ChatArea 插件
getChatWindowHandler ().disableChatArea ("st.SimplePlugin.chatArea1");
```

5. PopupAddOn 插件

在 Sametime Connect 对话窗口的底部可以弹出一块区域称为 PopupAddOn，可以利用插件为其添加分页并加载各种应用界面，其原理与 ChatArea 插件类似。比如，可以添加两个分页，在它的界面中显示“My PopupAddOn”字样，如图 5-43 所示。

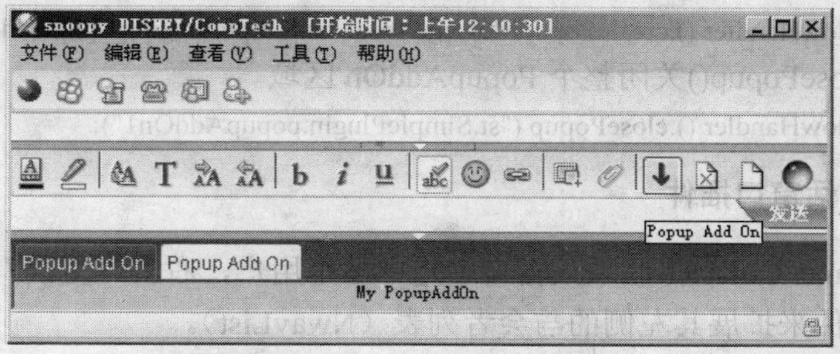

图 5-43　PopupAddOn 插件效果

（1）添加插件扩展及元素。在 Extensions 选项卡中添加 com.ibm.collaboration.realtime.chatwindow.popupAddOn，在其下添加一个 popupAddOn 元素，确保其 id 属性是唯一的。class 属性对应关联动作的 Java 代码，将其设置为 st.simpleplugin.MyPopupAddOn。

配置结束后切换到 plugin.xml 选项卡，可以看到添加的扩展及元素描述如下：

```
<extension point="com.ibm.collaboration.realtime.chatwindow.popupAddOn">
  <popupAddOn
        class="st.simpleplugin.MyPopupAddOn"
        id="st.SimplePlugin.popupAddOn1"/>
</extension>
```

（2）创建 PopupAddOn 对象。在 st.simpleplugin 包中创建 MyPopupAddOn 类。它实现了 PopupAddOn 接口，在 createControl()方法中创建分页的内容，getInitialSize()和 getName()分别返回分页的初始高度和名称。

```
public class MyPopupAddOn implements PopupAddOn
{
    public Composite createControl (ChatWindowHandler handler, Composite parent)
```

```
    {
        Composite comp = new Composite (parent, SWT.BORDER);
        comp.setLayout (new FillLayout ());
        Label label = new Label (comp, SWT.CENTER);
        label.setText ("My PopupAddOn");
        comp.layout ();
        return comp;
    }
    public int getInitialSize () { return 50; }
    public String getName () { return "Popup Add On"; }
}
```

（3）添加辅助代码操作 PopupAddOn 对象。可以在菜单或工具条中添加一个插件扩展，用于创建或隐藏 PopupMessageArea 分页。其中，createPopupMessageArea()的参数是 popupAddOn 插件的 id。详细步骤可参见前面的例子，这里不再赘述。

```
if (getChatWindowHandler ().isPopupVisible ())
    getChatWindowHandler ().hidePopupMessageArea ();
else
    getChatWindowHandler ().createPopupMessageArea ("st.SimplePlugin.popupAddOn1", 50);
```

也可以使用 closePopup()关闭整个 PopupAddOn 区域。

```
    getChatWindowHandler ().closePopup ("st.SimplePlugin.popupAddOn1");
```

5.4.4　多方对话窗口插件

如果在 Sametime Connect 联系人窗口中选中多个用户，右击“交谈”则会出现多方对话窗口，可以通过插件来扩展其左侧的与会者列表（NwayList）。

1. extraColumn 插件

extraColumn 插件用来在列表中添加扩展列，它们可以显示为图标，也可以显示为文字，如图 5-44 所示。比如，为多方对话窗口添加两个扩展列，第一列是打开对话窗口的功能按钮，第二列显示用户状态值（如 0:offline，1:online，2:away，3:DND，4:not using，5:in meeting 等）。

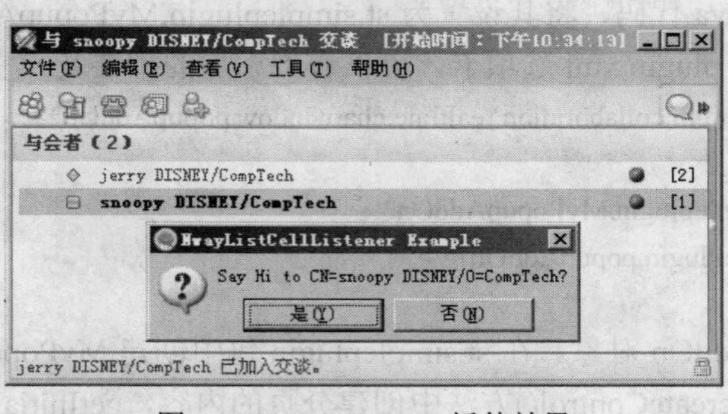

图 5-44　extraColumn 插件效果

（1）添加插件扩展及元素。在 Extensions 选项卡中添加 com.ibm.collaboration.realtime.chatwindow.nwayListExtension，在其下添加两个 nwayListExtension 元素，确保其 id 属性是唯一的，enabled 属性必须为 true 才会生效。

在 nwayListExtension 元素下面创建 extraColumns 和 labelProvider 元素，其中 extraColumns 下添加一个列（column），设置其序号（columnIndex）为 0，初始宽度（initialWidth）为 30。labelProvider 对应的 Java 程序用来显示 extraColumns 扩展列中的内容（如图标和文字）。

由于单击第一个功能列图标会关联相应的动作，所以需要在第一个 nwayListExtension 元素下面创建一个 cellListener，其 class 属性对应关联动作的 Java 代码。

配置结束后切换到 plugin.xml 选项卡，可以看到添加的扩展及元素描述如下：

```
<extension point="com.ibm.collaboration.realtime.chatwindow.nwayListExtension">
  <nwayListExtension
        enabled="true"
        id="st.SimplePlugin.nwayListExtension1">
     <labelProvider class="st.simpleplugin.NwayListImageLabelProvider"/>
     <extraColumns>
        <column
              columnIndex="0"
              initialWidth="30"/>
     </extraColumns>
     <cellListeners>
        <cellListener
              class="st.simpleplugin.NwayListCellListener"
              columnIndex="0"/>
     </cellListeners>
  </nwayListExtension>
  <nwayListExtension
        enabled="true"
        id="st.SimplePlugin.nwayListExtension2">
     <labelProvider class="st.simpleplugin.NwayListStatusLabelProvider"/>
     <extraColumns>
        <column
              columnIndex="0"
              initialWidth="30"/>
     </extraColumns>
  </nwayListExtension>
</extension>
```

（2）创建相关的 Java 对象。对于第一个扩展列的 NwayListImageLabelProvider，它在加载时会自动调用 getColumn- Image()和 getColumnText()，由于这是一个图标形式的扩展列，我们使前者返回 Image 对象而后者返回 null。扩展列在卸载时会自动调用 dispose()，可以释放 Image 对象。

```
public class NwayListImageLabelProvider extends NwayTableLabelProvider
{
    public static Image imageNwayListColumn = null;
    public Image getColumnImage (Object element, int columnIndex)
```

```
{
    if (imageNwayListColumn == null)
        imageNwayListColumn = AbstractUIPlugin.imageDescriptorFromPlugin ("st.SimplePlugin",
        "images/ColumnIcon.gif").createImage ();
    if (columnIndex == 0)
        return imageNwayListColumn;
    else
        return null;
}
public String getColumnText (Object element, int columnIndex) { return null; }
public void dispose () { imageNwayListColumn.dispose(); }
}
```

类似地，对于第二个扩展列的 NwayListStatusLabelProvider，使之 getColumnImage()返回 null，而 getColumnText()返回用户的状态值。

```
public class NwayListStatusLabelProvider extends NwayTableLabelProvider
{
    public Image getColumnImage (Object element, int columnIndex) { return null; }
    public String getColumnText (Object element, int columnIndex)
    {
        if (element instanceof ChatWindowPartner)
        {
            Person person = ((ChatWindowPartner) element).getPerson ();
            if (person != null)
                return "[" + person.getStatus () + "]";
        }
        return null;
    }
    public void dispose () { }
}
```

为了应付第一个扩展列按钮的相关动作，创建 NwayListCellListener 类，每次单击按钮会调用它的 handleEvent()方法。在该方法中弹出一个对话框询问是否与指定用户单独交谈，如果返回“是”则创建会话窗口。

```
public class NwayListCellListener extends NwayTableCellSelectionListener
{
public void handleEvent (Event event)
{
    ChatWindowPartner cwp = getChatWindowHandler ().getLocalPartner ();
    Person person = cwp.getPerson ();
    if (person != null)
    {
        boolean response = MessageDialog.openQuestion (null, "NwayListCellListener", "Say Hi to [" +
        person.getContactId () + "] ?");
```

```
        if (response)
            try
            {
                PeopleService peopleService = (PeopleService) ServiceHub.getService
                (PeopleService.SERVICE_TYPE);
                peopleService.createConversation (person);
            }
            catch (ServiceException e)
            {
                e.printStackTrace ();
            }
        }
    }
}
```

2. toolView 插件

使用 toolView 插件可以在与会者列表上端插入视图。比如，可以在 toolView 的位置上插入一个简单的视图，其中只含一张图片，如图 5-45 所示。

图 5-45　toolView 插件效果

（1）添加插件扩展及元素。在 Extensions 选项卡中的 com.ibm.collaboration.realtime.chatwindow.nwayListExtension 下添加一个 nwayListExtension 元素，再在其下添加一个 toolView。然后，添加 org.eclipse.ui.views 及其下的 view。注意，view 元素的 id 属性必须与 toolView 元素的 view 属性一致。它的 name 属性内容会出现在 toolView 的标题栏中。class 属性对应 view 显示的 Java 代码，将其设置为 st.simpleplugin.NwayListToolView。

配置结束后切换到 plugin.xml 选项卡，可以看到添加的扩展及元素描述如下：

```
<extension point="com.ibm.collaboration.realtime.chatwindow.nwayListExtension">
  ...
  <nwayListExtension
        enabled="true"
        id="st.SimplePlugin.nwayListExtension3">
     <toolView
           id="st.SimplePlugin.toolView1"
           view="st.SimplePlugin.toolView1"/>
  </nwayListExtension>
```

```
</extension>
<extension point="org.eclipse.ui.views">
  <view
        class="st.simpleplugin.NwayListToolView"
        icon="images/ToolViewIcon.gif"
        id="st.SimplePlugin.toolView1"
        name="st.SimplePlugin.view1"/>
</extension>
```

（2）创建 NwayListToolView 对象。在 st.simpleplugin 包中创建 NwayListToolView 类，它加载了一个图像文件：

```
public class NwayListToolView extends ViewPart
{
    public void createPartControl (Composite parent)
    {
        Label label = new Label (parent, SWT.SHADOW_IN);
        Image image = AbstractUIPlugin.imageDescriptorFromPlugin ("st.SimplePlugin",
        "images/ToolViewImage.gif").createImage ();
        label.setImage (image);
    }
    public void setFocus () { }
}
```

5.4.5　首选项配置页插件

如果在 Sametime Connect 的菜单中选择“文件”→“首选项”会弹出首选项的配置界面。其中，左边是首选项的分类（category），右侧是对应的配置页。当配置项的内容改变后，配置界面会自动保存。使用首选项配置页插件就能够在首选项界面中插入配置页。比如，可以插入一个名为 Sample Preferences 的配置页，其中含有若干配置项，如图 5-46 所示。

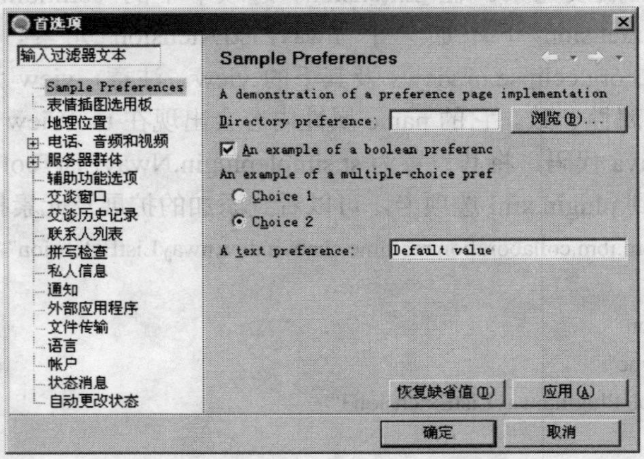

图 5-46　首选项配置页插件效果

（1）利用模板添加插件扩展及元素。在 Extensions 选项卡中单击 Add 按钮，出现插件的添加界面。在 Extension Wizards 中选择 Extension Templates→Preference Page，设置配置页、包、类的名称（假定保持默认值），如图 5-47 所示。

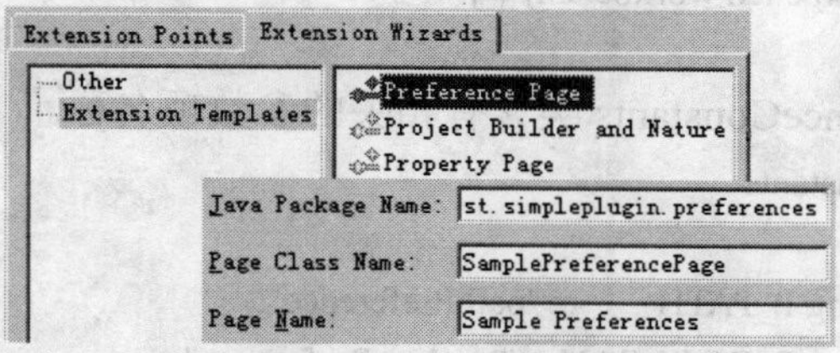

图 5-47 利用模板生成首选项插件

这时，Eclipse 会自动添加 preferencePages 和 preferences 插件，切换到 plugin.xml 选项卡，可以看到添加的扩展及元素描述如下：

```
<extension point="org.eclipse.ui.preferencePages">
   <page
         class="st.simpleplugin.preferences.SamplePreferencePage"
         id="st.simpleplugin.preferences.SamplePreferencePage"
         name="Sample Preferences"/>
</extension>
<extension point="org.eclipse.core.runtime.preferences">
   <initializer class="st.simpleplugin.preferences.PreferenceInitializer"/>
</extension>
```

（2）创建相关的 Java 对象。插件的 page 元素对应的 Java 类（SamplePreferencePage）用来生成和展示配置页，可以在界面上添加各种输入域、选择项等。

```
public class SamplePreferencePage extends FieldEditorPreferencePage implements IWorkbenchPreferencePage
{
    public SamplePreferencePage ()
    {
            super (GRID);
            setPreferenceStore (Activator.getDefault ().getPreferenceStore ());
            setDescription ("A demonstration of a preference page implementation");
    }
    public void createFieldEditors ()
    {
            addField (new DirectoryFieldEditor (PreferenceConstants.P_PATH, "&Directory preference:",
            getFieldEditorParent ()));
            addField (new BooleanFieldEditor (PreferenceConstants.P_BOOLEAN, "&An example of a boolean
            preference", getFieldEditorParent ()));
            addField (new RadioGroupFieldEditor (PreferenceConstants.P_CHOICE,
            "An example of a multiple-choice preference", 1, new String [] []
            { { "&Choice 1", "choice1" },
              { "C&hoice 2", "choice2" } }, getFieldEditorParent ()));
            addField (new StringFieldEditor (PreferenceConstants.P_STRING, "A &text preference:",
```

```
        getFieldEditorParent ()));
    }
    public void init (IWorkbench workbench) { }
}
```

其中，引用的 PreferenceConstants 类含有相关的参数项名称。

```
public class PreferenceConstants
{
    public static final String P_PATH      = "pathPreference";
    public static final String P_BOOLEAN = "booleanPreference";
    public static final String P_CHOICE   = "choicePreference";
    public static final String P_STRING   = "stringPreference";
}
```

插件的 initializer 元素对应的 Java 类（PreferenceInitializer）用来设置这些参数项的默认初始值。

```
public class PreferenceInitializer extends AbstractPreferenceInitializer
{
    public void initializeDefaultPreferences ()
    {
        IPreferenceStore store = Activator.getDefault ().getPreferenceStore ();
        store.setDefault (PreferenceConstants.P_BOOLEAN, true);
        store.setDefault (PreferenceConstants.P_CHOICE, "choice2");
        store.setDefault (PreferenceConstants.P_STRING, "Default value");
    }
}
```

实际上，每一个参数项都是一组名与值的对应关系。参数项数值可以是 Boolean、Integer、String 等类型，初始化时可以设定默认值，在配置时用实际输入值覆盖。可以用以下代码引用配置参数：

```
Preferences preferences = Activator.getDefault().getPluginPreferences();
System.out.println (preferences.getBoolean (PreferenceConstants.P_BOOLEAN));
System.out.println (preferences.getString (PreferenceConstants.P_CHOICE));
System.out.println (preferences.getString (PreferenceConstants.P_STRING));
```

此外，如果 page 的 category 属性设置为另外某个 page 的 id，则会挂在它下面，从而形成嵌套插页。比如，把 Sample Preferences 插件的 category 属性设置为 com.ibm.collaboration.realtime.privacy.PrivacyPreferencePage，则该插页会出现在“私人信息（Privacy）”下面。

5.4.6　应用窗口扩展

在 Sametime Connect 的联系人窗口下方可以扩展出用户应用视图，可以使用 shelfView 或 miniApp 插件来实现。事实上，miniApp 已经面临退役（deprecated），通常推荐使用 shelfView，而且它可以在联系人窗口的上（TOP）、中（MIDDLE）、下（BOTTOM）位置插入应用视图。由于在前面的章节已经体验了 shelfView 插件的开发过程，在这里介绍 miniApp 插件。比如，可以插入一个名为 MyMiniApp 的插件，其内容为 This is my MiniApp 字符串，如图 5-48 所示。

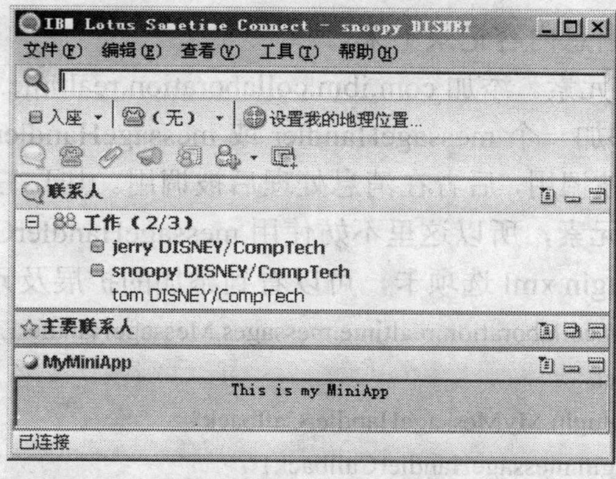

图 5-48　MiniApp 插件效果

（1）利用模板添加插件扩展及元素。在 Extensions 选项卡中添加 com.ibm.collaboration.realtime.imhub.miniApps，在其下添加一个 miniApp 元素。确保其 id 属性是唯一的，可以设置它的显示名称（displayName）和图标（icon）。

配置结束后切换到 plugin.xml 选项卡，可以看到添加的扩展及元素描述如下：

```
<extension point="com.ibm.collaboration.realtime.imhub.miniApps">
   <miniApp
          class="st.simpleplugin.MiniApp"
          displayName="MyMiniApp"
          icon="images/MiniAppIcon.gif"
          id="st.SimplePlugin.miniApp"/>
</extension>
```

（2）创建相关的 MiniApp 对象。它继承了 AbstractMiniApp 类并在 createControl()方法中显示窗口中的文字。

```
public class MiniApp extends AbstractMiniApp
{
     public Control createControl (Composite parent)
     {
          Composite comp = new Composite (parent, SWT.BORDER);
          comp.setLayout (new FillLayout ());
          Label label = new Label (comp, SWT.CENTER);
          label.setText ("This is my MiniApp");
          comp.layout ();
          return comp;
     }
     public void init () throws Exception { }
}
```

5.4.7　事件消息扩展

Sametime Connect 还提供了对事件消息的扩展，通过对 MessageHandlerListener 插件的编程，可以在消息发送前和接收后插入对消息的处理。比如，对发送方或接收方进行限制，对消息内容进行检查，或者将消息内容记录下来。

（1）添加插件扩展及元素。添加 com.ibm.collaboration.realtime.messages.MessageHandler-Listener 扩展点，在其下添加一个 messageHandler 或 messageHandlerCallback 元素。它们的差别在于前者在消息处理前被调用，后者在消息处理后被调用。由于在前面体验开发的过程中已经介绍过 messageHandler 元素，所以这里不妨使用 messageHandlerCallback 元素。

配置结束后切换到 plugin.xml 选项卡，可以看到添加的扩展及元素描述如下：

```
<extension point="com.ibm.collaboration.realtime.messages.MessageHandlerListener">
  <messageHandlerCallback
        class="st.simpleplugin.MyMessageHandlerCallback"
        id="st.SimplePlugin.messageHandlerCallback1"/>
</extension>
```

（2）创建相关的 Java 对象。对应于 messageHandler 或 messageHandlerCallback 的扩展元素，我们分别创建继承自 MessageHandlerAdapter 或 MessageHandlerCallback 的类。事实上，对于后者可以直接继承它的 MessageHandlerPreCallback 或 MessageHandlerPostCallback 子类。无论哪一个，其默认构造函数必须返回一个基于 DefaultMessageHandler 的实例（MyDefaultMessageHandler）。

```
public class MyMessageHandlerCallback extends MessageHandlerCallback
{
    public MyMessageHandlerCallback ()
    {
        super (new MyDefaultMessageHandler ());
    }
    public MyMessageHandlerCallback (MessageHandler handler)
    {
        super (handler);
    }
}
```

MyDefaultMessageHandler 是消息的处理类，可以覆盖 DefaultMessageHandler 的各种 handleMessage()方法，对应不同的事件处理方法。比如，在下面的代码中将发送和接收的消息数据打印出来。

```
public class MyDefaultMessageHandler extends DefaultMessageHandler
{
    public void handleDefaultMessage (Message message) { }
    public void handleMessage (ImTextReceivedMessage message)
    {
        System.out.println (message.getText ());
    }
    public void handleMessage (ImTextSendMessage message)
    {
        System.out.println (message.getText ());
    }
}
```

5.4.8　横幅插件

Sametime Connect 的登录窗口、联系人窗口、对话窗口都可以插入横幅（Branding），通常可以是公司或产品的商标或广告。可以在横幅上关联一些功能，比如显示时间、天气、新闻等，或者单击后自动弹出窗口或网页。

1. 登录窗口横幅

Sametime Connect 登录窗口上方可以插入一个横幅，称为登录窗口横幅（Login Branding）。比如，可以插入用户指定的横幅图片，如图 5-49 所示。

图 5-49　登录窗口横幅效果

（1）在 Extensions 选项卡中添加 com.ibm.collaboration.realtime.ui.stbranding 并为其指定一个 id（如 Branding）。在其下添加一个 stbranding 元素，指定其 targetView 参数必须是 com.ibm.collaboration.realtime.login。在 stbranding 下再添加一个 image 元素，指定对应的横幅图片。

配置结束后切换到 plugin.xml 选项卡，可以看到添加的扩展及元素描述如下：

```
<extension id="Branding"
      point="com.ibm.collaboration.realtime.ui.stbranding">
   <stbranding
         id="st.SimplePlugin.LoginBranding"
         name="st.SimplePlugin.LoginBranding"
         targetView="com.ibm.collaboration.realtime.login"
         valign="top">
      <image file="images/BrandingLogin.png"/>
   </stbranding>
</extension>
```

（2）生成一个配置文件（如 branding.ini）放在 st.SimplePlugin 项目下。该文件中含有对横幅的配置 com.ibm.collaboration.realtime.ui/stbranding=<ProjectName>.<PluginID>，ProjectName 表示项目名称，PluginID 表示 stbranding 扩展点的 id，比如：

com.ibm.collaboration.realtime.ui/stbranding=st.SimplePlugin.Branding

（3）在运行环境配置（ST）的 Arguments 选项卡（如图 5-50 所示）中的 Program arguments 追加字符串-plugincustomization <ConfigFilePath>，其中 ConfigFilePath 表示配置文件的路径，比如：

```
-plugincustomization ${workspace_loc}/st.SimplePlugin/branding.ini
```

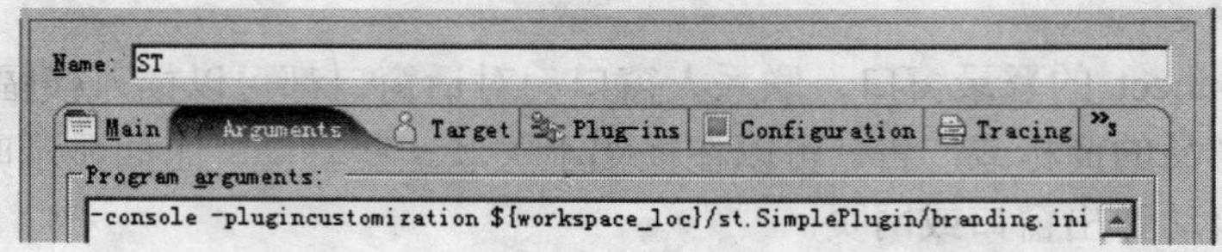

图 5-50 引用 Branding 配置文件

2. 联系人窗口横幅

Sametime Connect 联系人窗口上方和下方都可以插入一个横幅，称为联系人窗口横幅（Hub Branding）。由于上方的位置会与工具条重叠，通常只使用下方的横幅，如图 5-51 所示。

图 5-51 联系人窗口横幅效果

在 com.ibm.collaboration.realtime.ui.stbranding 扩展点下创建一个 stbranding 元素，它的 targetView 必须是 com.ibm.collaboration.realtime.imhub，其 valign 位置为 top 和 bottom，通常使用 bottom。横幅可以只是一个图片，也可以是一个窗口区域，由应用程序加载图片或文字来定义区域的外观。对应地，在 stbranding 下面创建 image 或 control 元素，它们分别指定图片文件和扩展程序。

配置结束后切换到 plugin.xml 选项卡，可以看到添加的扩展及元素描述如下：

```
<extension id="Branding" point="com.ibm.collaboration.realtime.ui.stbranding">
  <stbranding
        id="st.SimplePlugin.HubBranding"
        name="st.SimplePlugin.HubBranding"
        targetView="com.ibm.collaboration.realtime.imhub"
        valign="bottom">
     <image file="images/BrandingHub.png"/>
     （或者<control class="st.simpleplugin.HubBrandingArea"/>）
  </stbranding>
</extension>
```

如果使用 control 元素指定横幅对应的程序，则例程如下：

```
public class HubBrandingArea extends STBrandingArea
{
    public Control createControl (Composite parent)
```

```
    {
        Composite comp = new Composite (parent, SWT.NONE);
        comp.setBackground (parent.getBackground ());
        GridLayout gl = new GridLayout ();
        gl.marginHeight = 0;
        gl.marginWidth = 0;
        comp.setLayout (gl);
        Label label = new Label (comp, SWT.NONE);
        label.setLayoutData (new GridData (GridData.HORIZONTAL_ALIGN_CENTER | GridData.
        VERTICAL_ALIGN_CENTER));
        Image image = AbstractUIPlugin.imageDescriptorFromPlugin ("st.SimplePlugin", "images/Branding-
        Hub.png").createImage ();
        label.setImage (image);
        label.setToolTipText ("Display picture");
        label.setCursor (label.getDisplay ().getSystemCursor (SWT.CURSOR_HAND));
        label.addMouseListener (new MouseAdapter ()
        {
            public void mouseUp (MouseEvent e)
            {
                Program.launch ("file:///C:/WINDOWS/Web/Wallpaper/Wind.jpg");
            }
        });
        return comp;
    }
}
```

在程序中加载图片，单击后会自动弹出窗口并打开 Windows 图片。

3. 对话窗口横幅

对话窗口的上部和下部都可以插入横幅（Chat Branding），如图 5-52 所示。事实上，横幅占用了一块窗口区域，其内容可以是文字也可以是插图。

图 5-52　对话窗口横幅效果

下面来创建两个 Chat Branding。其中一个在配置中直接指定图片，另一个在程序中加载图片并关联相应的动作。

（1）在 com.ibm.collaboration.realtime.ui.stbranding 扩展点下创建两个 stbranding 元素，它们的 targetView 都是 com.ibm.collaboration.realtime.chatwindow，其 valign 位置为 top 和 bottom。分别在两个 stbranding 下面创建 image 和 control 元素。第一个横幅指定图片 BrandingChat1.png，第二个横幅对应程序 ChatBrandingArea。

配置结束后切换到 plugin.xml 选项卡，可以看到添加的扩展及元素描述如下：

```
<extension id="Branding"
    point="com.ibm.collaboration.realtime.ui.stbranding">
  <stbranding
      id="st.SimplePlugin.ChatBranding1"
      name="st.SimplePlugin.ChatBranding1"
      targetView="com.ibm.collaboration.realtime.chatwindow"
      valign="top">
    <image file="images/BrandingChat1.png"/>
  </stbranding>
  <stbranding
      id="st.SimplePlugin.ChatBranding2"
      name="st.SimplePlugin.ChatBranding2"
      targetView="com.ibm.collaboration.realtime.chatwindow"
      valign="bottom">
    <control class="st.simpleplugin.ChatBrandingArea"/>
  </stbranding>
</extension>
```

（2）创建第二个横幅对应的程序 ChatBrandingArea。它继承了 STBrandingArea 类，在初始化时加载 BrandingChat2.png 图片，一旦单击会弹出窗口并打开 Windows 图片。

```
public class ChatBrandingArea extends com.ibm.collaboration.realtime.ui.STBrandingArea
{
    public Control createControl (Composite parent)
    {
        Composite comp = new Composite (parent, SWT.NONE);
        comp.setBackground (parent.getBackground ());
        comp.setLayout (new GridLayout ());
        Label label = new Label (comp, SWT.NONE);
        label.setLayoutData (new GridData (GridData.HORIZONTAL_ALIGN_CENTER | GridData.
        VERTICAL_ALIGN_CENTER));
        Image image = AbstractUIPlugin.imageDescriptorFromPlugin ("st.SimplePlugin", "images/Branding-
        Chat2.png").createImage ();
        label.setImage (image);
        label.setToolTipText ("Show picture");
        label.setCursor (label.getDisplay ().getSystemCursor (SWT.CURSOR_HAND));
        label.addMouseListener (new MouseAdapter ()
        {
            public void mouseUp (MouseEvent e)
```

```
            {
                Program.launch ("file:///C:/WINDOWS/Web/Wallpaper/Azul.jpg");
            }
        });
        return comp;
    }
}
```

4. 多方对话窗口横幅

双方对话窗口横幅也会对多方对话窗口横幅起作用，如图 5-53 所示。由于开发方式与对话窗口相同，这里不再赘述。

图 5-53　多方对话窗口横幅效果

第 6 章　Links Toolkit

Sametime Links Toolkit 通过使用 HTML/JavaScript API 技术使网页表现出 Sametime 的功能，该 Toolkit 是轻量级的，却拥有 Sametime 的大部分功能，我们可以方便地将其嵌入到任何 Web 应用中。本质上，Sametime Links Toolkit 是在网页上嵌入一个名叫 STLinksApp 的 Applet，而该 Applet 提供了 Sametime 的一些基本功能。每一个运行 STLinksApp Applet 的网页都相当于一个 Sametime 客户端，尽管单个 Applet 的运行空间很小（约 150KB），但如果同时打开很多个这样的网页，则也会产生一定的内存开销。

如果打开 Sametime Server 安装路径下的 stlinks 子目录（如<DominoHtmlPath>\sametime\stlinks），就会发现 stlinks.cab、stlinks.css、stlinks.jar、stlinks.js 四个文件，它们就是 Sametime Links Toolkit 的基本内容。

6.1　简单例程

首先来看一个简单的例子，它的运行效果如图 6-1 所示。

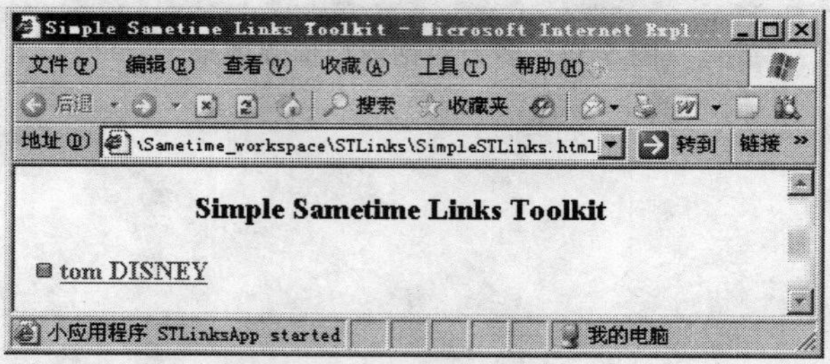

图 6-1　简单的 Sametime Links 例程例 ametime Linksroolkit

该例程的代码如下：

```
<!DOCTYPE HTML PUBLIC "-//W3C//DTD HTML 4.01//EN" "http://www.w3.org/TR/html4/strict.dtd">
<link rel="stylesheet" type="text/css"
    href="http://t43win2003.CompTech.com/sametime/stlinks/stlinks.css">
<script src="http://t43win2003.CompTech.com/sametime/stlinks/stlinks.js"></script>
<script> setSTLinksURL("http://t43win2003.CompTech.com/sametime/stlinks"); </script>
<script> writeSTLinksApplet("admin SYSTEM", "admin", false); </script>
<html>
    <head>
        <meta http-equiv="Content-Type" content="text/html; charset=UTF-8">
        <title>Simple Sametime Links Toolkit</title>
    </head>
    <body>
        <H3 align="center"> Simple Sametime Link Toolkit </H3>
```

```
        <script>writeSametimeLink("tom DISNEY")</script>
    </body>
</html>
```

（1）指定 HTML 界面使用的风格样式 CSS 以及代码中引用的 javascript 文件，再用 setSTLinksURL 调用来指定代码路径（codebase），代码路径是为了使浏览器下载服务器端 stlinks 子目录下的那 4 个文件。

```
<link rel=stylesheet href="codebase/stlinks.css" type="text/css">
<script src="codebase/stlinks.js"></script>
<script> setSTLinksURL("codebase"); </script>
```

理论上，setSTLinksURL(codebase,lang,pages)可以有 3 个参数，分别指定路径、语言、网页。setSTLinksURL("http://server/sametime/stlinks","en","http://server/sametime/stlinks")，但实际使用时，往往只指定第一个参数，语言默认为英文。

（2）用 writeSTLinksApplet(loginName,key,isByToken,organization)调用登录到 Sametime 服务器上，该 API 只需要执行一次。loginName 表示用户名（如 admin SYSTEM 或 tom DISNEY），如果 isByToken 为 true，则 key 表示 token 码，如果 isByToken 为 false，则 key 表示用户口令。organization 表示用户所在的组织，如 O=CompTech。

（3）在任何需要的地方添加 Sametime Links API，如 writeSametimeLink(id, txt, bResolve, options)。完整的 writeSametimeLink 调用有 4 个参数，但使用时往往会有默认。其中，id 表示用户标识。txt 表示在界面上的文字。bResolve 表示是否解析该用户，如果为 true，则 id 可以是用户简称，如"jerry"，如果为 false，则 id 必须是用户全称，如"jerry DISNEY"。options 表示界面中表现的选项，具体参见功能函数中的说明。

6.2　基本用法

看了前面的简单例程，我们对 Sametime Links Toolkit 编程有了一些基本的认识，下面开始介绍一些常用功能和基本用法。

6.2.1　在线感知

我们常用 writeSametimeLink 函数在 HTML 页面上添加一个图标及一串文字，来感知用户的在线状态。如果该用户在线，则图标显示为，如果离开，则显示为。根据用户当前的在线状态（共 9 种），图标会随时调整并显示出不同的样子。文字部分可以是任意的一段注释，通常会使用被观察的用户名。如果单击图标或文字，页面会自动打开对话窗口，在该窗口中可以与对方进行即时通信。

多数情况下，使用 writeSTLinksApplet 函数（一次）来登录到 Sametime Server 中，然后用 writeSametimeLink 函数（可以多次）来感知其他用户的在线状态。事实上，前者使网页嵌入一个 Applet，后者使网页嵌入一段 JavaScript 来使用这个 Applet。然而，有时也会根据需要有一些变化，这里介绍两种常见的使用技巧：

（1）加载并打开网页的时候尚不能确定使用该网页的人员身份，需要在后面的网页交互过程中再登录到 Sametime Server 中。在这种情况下，在开始部分使用 writeSTLinksApplet 函数登录可能并不适合，所以可以在调用该函数时不提供用户名和密码，此时该函数只加载 Applet，而登录过程留待后面的 STLinksLogin 函数来实现。

（2）用户需要的并不是将在线感知的图标和文字直接嵌入到网页中，而是需要进一步加工。或者在加载网页的时候并不知道需要观察哪个用户，在线感知的代码部分需要动态地添加到页面中。这时可以用 prepareSametimeLink 函数生成与 writeSametimeLink 函数相同的 Javascript 代码，返回的代码可以供用户做进一步加工。事实上，只需要简单地调用 document.write()将 prepareSametimeLink 返回的 Javascript 代码加入 HTML 页面，其效果与 writeSametimeLink 相同。

6.2.2 用户状态

用户状态共 9 种，每一种状态都有各自的状态值和文字说明，可以使用 STLinksMyStatus 和 STLinksMyStatusMessage 函数来获得当前登录用户的状态值和文字信息，也可以用 STLinksSetMyStatus 函数来设置这些信息。

注意，任何用户都只能更改自己的状态值和文字说明，无法更改别人的信息。信息的更改会即时地反映到其他人的在线感知页面中。举一个例子，tom 在其登录的网页中将当前状态改为 meeting，文字说明改为“正在开会”。此时，如果 jerry 登录的网页中有一项对 tom 的在线感知，则图标立即变成，文字提示变成“正在开会”。

6.2.3 使用 Token

用户使用 writeSTLinksApplet 或 STLinksLogin 函数登录的时候，可以使用密码认证，也可以使用令牌（Token）认证。前者需要在 JavaScript 代码中直接提供用户密码，可能会造成安全隐患。后者则相对安全。可以通过 Sametime Java Toolkit 编程来获得每个用户的 Token 字符串，然后在相关的函数调用中直接使用，比如：

```
STLinksLogin('CN=jerry DISNEY/O=CompTech', '(5B2BE31E7CC0CA5BD96D2DE75BDEF554)', true)
```

6.2.4 Place 空间

Place 空间指的是 Sametime 提供的虚拟空间，在同一个空间中的用户可以相互看见，可以相互沟通。每个 Place 空间有一个唯一的标识（PlaceId），如果用页面的 URL 作为 PlaceId，则 Place 空间中的人员为打开并停留在该页面的用户；如果用某个主题作为 PlaceId，则 Place 空间中的人员为在页面上选择该主题的用户。

可以简单地调用 openPlaceChat 和 openPlaceWin 函数来进入 Place 空间并打开对话和人员窗口，在窗口中可以看见 Place 空间中的在线人员并与之实时沟通。也可以用 STLinksLeavePlace 和 STLinksEnterPlace 函数出入指定的 Place 空间，用 writePlaceCounter 来统计 Place 空间中的在线人数。

6.2.5 事件函数

Sametime 的操作都是异步的。换句话说，就是在 Javascript 中调用的某些功能函数（如加载 Applet、用户登录、进入 Place 空间等）会立即返回，而其执行过程是在后台完成的。即 Javascript 可以立刻运行下一行语句，而不必等待该函数执行完毕。所以，Sametime 设计了事件函数作为某些功能函数完成后的回调入口。默认情况下，这些事件函数都是空函数，但如果在 JavaScript 中定义了同名的函数，则回调时会进入用户代码。

比如，可以调用 STLinksLeavePlace 和 STLinksEnterPlace 函数出入指定的 Place 空间，等到功能完成后系统会自动调用 STLinksUserLeftPlace 和 STLinksUserEnteredPlace 函数，如果在这两个事件函数中统计进出 Place 空间的人数则会比较精确。

6.3　远程部署

6.3.1　远程部署 Sametime 界面

通常情况下，Sametime Links Toolkit 的弹出式界面（对话框、窗口等）实际上都是 HTML 页面，默认情况下，它们存放在 Sametime Server 的 stlinks 路径下的对应语言的目录中，如 <DominoHtmlPath>\sametime\stlinks\en。

有时候，需要改变这些界面，比如需要创建自己的即时通信窗口、增加新的功能、修改模板的风格或者放上公司的图标等。通常会将其拷贝到一个新的路径中（包括 HTML、CSS、JS 文件，但不包括 hostInfo.js 文件），然后按需要修改，在使用时用 setSTLinksURL (codeBase, language,docBase)函数，其中 codeBase 参数指定 Applet 代码所在的位置，docBase 和 language 参数指定了界面所在的位置，如图 6-2 所示。

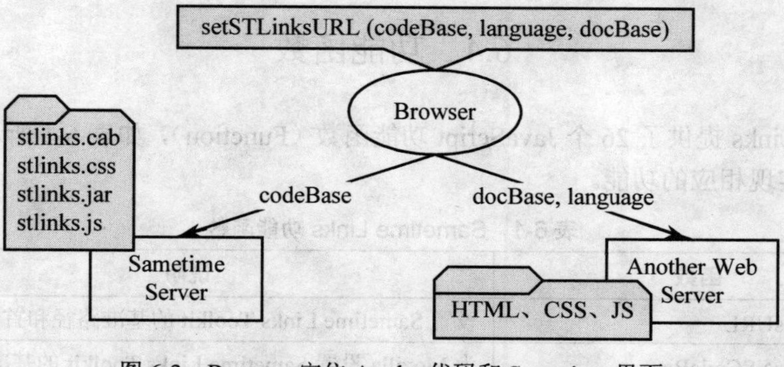

图 6-2　Browser 定位 Applet 代码和 Sametime 界面

6.3.2　远程部署 Domino 应用

通常情况下，Sametime Server 与 Domino Server 处于同一台机器上，Domino Application 如果需要使用 Sameitme 的功能，也会使用本机上的 Sametime Server。然而，在某些情况下，Sametime Server 和 Domino Server 部署在不同的机器上，这时则需要对默认参数进行调整。

默认情况下，Domino Application 通过使用 Domino Server 上的 SametimePopulateHostFields 代理来定位 Sametime Server，该代理会读取 Domino Server 上的 hostAddress.xml 文件，访问该文件的 URL 位于 http://<DominoServer>/sametime/hostAddress.xml，文件中的 hostAddress 参数标识了 Sametime Server 的位置，如图 6-3 所示。

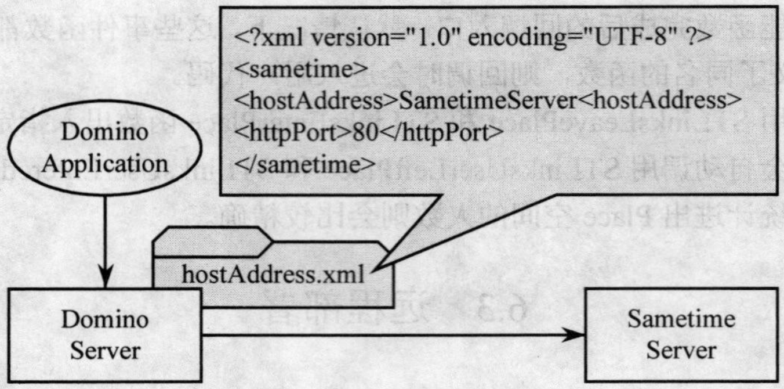

图 6-3 Domino Server 定位 Sametime Server

下面来看一个具体的例子，假定 Sametime Server 机器名为 t43win2003.CompTech.com，Domino Server 上的<DominoHtmlPath>\sametime\hostAddress.xml 文件如下：

```
<?xml version="1.0" encoding="UTF-8" ?>
<sametime>
<hostAddress>t43win2003.CompTech.com</hostAddress>
<httpPort>80</httpPort>
</sametime>
```

Domino Server 上的应用就可以通过文件 hostAddress.xml 中的 hostAddress 参数找到 Sametime Server。

6.4 功能函数

Sametime Links 提供了 26 个 JavaScript 功能函数（Function），如表 6-1 所示，可以调用这些功能函数来实现相应的功能。

表 6-1 Sametime Links 功能函数

函数	说明
setSTLinksURL	设置 Sametime Links Toolkit 的基准路径和首选语言
setSTLinksNSCodeBase	为 Mozilla 设置 Sametime Links Toolkit 的基准路径
writeSTLinksApplet	加载 Sametime Links Applet
writeSametimeLink	生成在线感知图标和链接，并添加到网页上
prepareSametimeLink	返回在线感知图标和链接代码
openStatusWindow	弹出用户状态窗口
openPlaceChat	弹出 Place Chat 窗口
openPlaceWin	弹出 Place Window 窗口
writePlaceCounter	统计出 Place 空间中的在线人数
STLinksEnterPlace	当前用户进入 Place 空间
STLinksLeavePlace	当前用户离开 Place 空间
STLinksLogin	用户登录

续表

函数	说明
STLinksLogout	用户退出
STLinksSetMyStatus	设置当前用户的状态和提示信息
STLinksMyStatus	返回当前用户的状态值
STLinksMyStatusMessage	返回当前用户的状态提示信息
STLinksCreateMeeting	召开临时在线会议，弹出会议窗口
STLinksMeetingsEnabled	返回 Meeting 服务是否有效
STLinksAudioEnabled	返回 Audio 服务是否有效
STLinksVideoEnabled	返回 Video 服务是否有效
STLinksGetPrivateGroups	调阅当前用户联系人列表中的私有组
STLinksAddToContactList	添加用户联系人列表
STLinksCreateIM	弹出即时通信窗口
STLinksResetList	将当前用户的监视列表清空
STLinksWatchUsers	将用户添加到监视列表中
STLinksWatchGroups	将公共组中的用户添加到监视列表中

6.4.1 setSTLinksURL

1. 语法

setSTLinksURL(codeBase,language,docBase)

2. 说明

该函数设置 Sametime Links Toolkit 的基准路径和首选语言，它对以后调用的 API 函数都会有影响，所以一般会是 JavaScript 脚本中第一个被调用的 Sametime Links API。

函数参数中的 codeBase 表示 Sametime Links Toolkit 相对于客户端的加载路径，即前文所述的 CAB、JAR、CSS、JS 代码文件所在的目录。由于 Sametime Links Toolkit 在服务器端的默认安装目录为<DominoHtmlPath>\sametime\stlinks，而 codeBase 是相对于客户端而言的，必须表示为 URL 方式，其路径相对于 Domino Server 的 Web 访问方式时的根路径，即<DominoHtmlPath>。所以，常见的 codeBase 的形式如 http://t43win2003.CompTech.com/ sametime/stlinks。

language 表示页面中 Sametime 相关的部分（如弹出的对话窗口）使用的语言。language 可以只含语言，也可以由语言和国家两部分组成，其形式如 language_country，这里的语言和国家编码标准分别为 ISO 639 和 ISO 3166。比如，zh_CN 和 zh_TW 分别表示简体中文和繁体中文。在需要界面展示时，Sametime Links Toolkit 会根据 language 的值到 docBase 下对应的语言目录中选取正确的 HTML 文件。

docBase 表示 HTML 文件的基准路径，默认情况下与 codeBase 相同。如果故意将 Sametime Links Toolkit 的 CAB、JAR、CSS、JS 代码文件和 HTML 文件安装在两个不同的服务器上，则 codeBase 可能与 docBase 不同。

3. 举例

```
<!DOCTYPE HTML PUBLIC "-//W3C//DTD HTML 4.01//EN" "http://www.w3.org/TR/html4/strict.dtd">
```

```
<link rel="stylesheet" type="text/css"
        href="http://t43win2003.CompTech.com/sametime/stlinks/stlinks.css">
<script src="http://t43win2003.CompTech.com/sametime/stlinks/stlinks.js"></script>
<script> setSTLinksURL("http://t43win2003.CompTech.com/sametime/stlinks", "en_US", "http://t43win2003.
CompTech.com/sametime/stlinks"); </script>
<script> writeSTLinksApplet("admin SYSTEM", "admin", false); </script>
<html>
    <head>
        <meta http-equiv="Content-Type" content="text/html; charset=UTF-8">
        <title>Simple Sametime Links Toolkit</title>
    </head>
    <body>
        <H3 align="center">Simple Sametime Links Toolkit</H3>
        <script>writeSametimeLink("tom DISNEY")</script>
    </body>
</html>
```

上述例子以 admin SYSTEM 身份登录，显示 tom DISNEY 的用户在线状态，其界面如图 6-1 所示。

6.4.2 setSTLinksNSCodeBase

1. 语法

setSTLinksNSCodeBase (codeBase)

2. 说明

该函数为 Mozilla 设置加载 Sametime Links Toolkit 相对于 Web 访问根的基准路径。默认情况下，该路径为 sametime\stlinks，只有当实际路径不同于默认值时，才需要调用该函数。

3. 举例

```
<script> setSTLinksNSCodeBase("myDir") </script>
```

上述代码将基准路径设置为 Web 访问根下的 myDir 目录。

6.4.3 writeSTLinksApplet

1. 语法

writeSTLinksApplet(loginName,key,isByToken)

2. 说明

该函数为页面加载 Sametime Links Applet。在一个页面中只能嵌入一个这样的 Applet，因而该函数只能被调用一次，且应该在其他操作类的 API 之前被调用。所以，通常会紧接在 setSTLinksURL 之后调用该函数。如果在 writeSTLinksApplet 函数中提供了 loginName 和 key，那么它会登录到 Sametime Server 上。如果没有提供，则需要在后面使用 STLinksLogin 登录。

该函数参数中的 loginName 表示用户名（如 admin SYSTEM 或 tom DISNEY），而 isByToken 表示是否用令牌认证。如果 isByToken 为 true（默认值），则 key 表示 token 码，反之，则 key 表示用户口令。

Sametime Links Toolkit 支持匿名用户的登录，这时该函数中的 key 应该为空字符串。如果这时 loginName 为空，则系统会为该用户自动分配一个用户名 UserN/Guest。这里 N 是分配的顺序号，如 User1/Guest。如果 loginName 不为空（如 username），则系统会为其添加后缀 Guest（变成 username/Guest）。注意，这里的 User 前缀和 Guest 后缀都可以在 Sametime 管理中心 stcenter.nsf 中更改。

3．举例

参考 setSTLinksURL。

6.4.4 writeSametimeLink

1．语法

writeSametimeLink (userName,displayName,bResolve,options)

2．说明

该函数生成一段对用户在线感知的 Javascript 代码并嵌入到网页中，并在页面上反映出用户的在线状态。假定在网页上使用 writeSametimeLink("tom DISNEY")，如果这时 tom DISNEY 恰好在线，则该函数实际生成的代码如下：

```
<SPAN ID="LLZ_2"><nobr><A href="javascript:onSTLinkClicked('tom DISNEY','LLZ_2',event)" onclick="onSTLinkClicked('tom DISNEY','LLZ_2',event);return false;" oncontextmenu="return false" title='tom DISNEY: 我已入座 @ Home (Sametime 7.5.1)' CLASS="online"><img border=0 align=absmiddle alt='tom DISNEY: 我已入座 @ Home (Sametime 7.5.1)' src="http://t43win2003/sametime/stlinks/zh/../img/active.gif" width=13 height=16><span class=iconSpace> </span><span dir="ltr">tom DISNEY</span></A></NOBR></SPAN>
```

事实上，该函数会将 userName 加入到当前用户的监视列表（Watch List）中。用户一旦被加入到监视列表中，其界面上的图标会随用户的在线状态而实时变化。

函数参数中的 userName 表示用户名，可以用简单的名字（如 tom 或 jerry），只要不存在重名即可，也可以用全名（如 tom DISNEY），甚至完整的用户 ID（如 CN=tom DISNEY/O=CompTech）。对于用户名简称或不完整的用户名，Sametime 会将其送到群体中解析。displayName 表示留在网页上显示的名字，可以是任何字符串，默认与 userName 相同。

bResolve 表示是否解析用户名，默认为 true。注意，如果 userName 未解析，则无论 bResolve 设置为何值，都会发生用户名解析。如果在 userName 中使用解析后的用户名，同时 bResolve 选择 false，这样可以减少解析所需的开销，增加执行效率。

options 由若干个分号“;”隔开的选项组成，每一个选项都是 option:value 的形式，option 为选项名，value 为选项值，如表 6-2 所示。

表 6-2 writeSametimeLink 的选项

选项名	可取值	默认值	说明
icon	yes | no	yes	是否显示图标
text	yes | no	yes	是否显示 displayName 文字
onlineStyle	online | offline	online	用户 online 时选用的 CSS 名称
offlineStyle	online | offline	offline	用户 offline 时选用的 CSS 名称
offlineLink	yes | no	no	在用户 offline 时是否可以单击。如果是，需要修改网页中对 STLinksClicked event 的定义
iconSpace	>=0	1	图标与文字之间的字符间隔

3. 举例

```
<table>
  <tr>
    <td>writeSametimeLink("tom")</td>
    <td><script>writeSametimeLink("tom")</script></td>
  </tr>
  <tr>
    <td>writeSametimeLink("jerry DISNEY")</td>
    <td><script>writeSametimeLink("jerry DISNEY")</script></td>
  </tr>
  <tr>
    <td>writeSametimeLink("tom", "tom  汤姆")</td>
    <td><script>writeSametimeLink("tom", "tom  汤姆")</script></td>
  </tr>
  <tr>
    <td>writeSametimeLink("CN=jerry DISNEY/O=CompTech", "jerry  杰瑞")</td>
<td><script>writeSametimeLink("CN=jerry DISNEY/O=CompTech", "jerry  杰瑞")</script></td>
  </tr>
  <tr>
    <td>writeSametimeLink("tom", "tom", true)</td>
    <td><script>writeSametimeLink("tom", "tom", true)</script></td>
  </tr>
  <tr>
    <td>writeSametimeLink("jerry", "jerry", false)</td>
    <td><script>writeSametimeLink("jerry", "jerry", false)</script></td>
  </tr>
  <tr>
    <td>writeSametimeLink("jerry", "杰瑞", true, "text:yes;icon:yes")</td>
<td><script>writeSametimeLink("jerry", "杰瑞", true, "text:yes;icon:yes")</script></td>
  </tr>
  <tr>
    <td>writeSametimeLink("tom", "汤姆", false, "text:yes;icon:no")</td>
    <td><script>writeSametimeLink("tom", "汤姆", false, "text:yes;icon:no")</script></td>
  </tr>
  <tr>
</table>
```

假定 tom 在线而 jerry 离开，上例的运行效果如图 6-4 所示。

6.4.5 prepareSametimeLink

1. 语法

prepareSametimeLink (userName,displayName,bResolve,options)

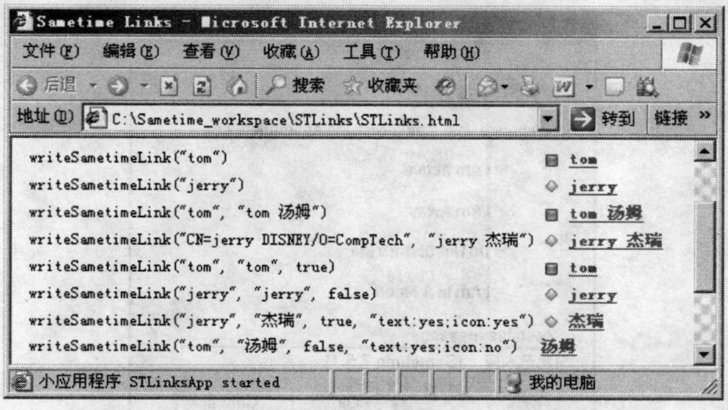

图 6-4 writeSametimeLink 的运行效果

2. 说明

该函数与 writeSametimeLink 相似，生成一段相同的对用户在线感知的 Javascript 代码。所不同的是该函数并不将其嵌入到网页中，而是将其返回，用户可以按需要进一步加工。使用 prepareSametimeLink 函数可以在网页上动态地生成 Sametime Links 的 HTML 代码。事实上，以下的代码是等价的：

```
writeSametimeLink (userName, displayName, bResolve, options)
document.write (prepareSametimeLink (userName, displayName, bResolve, options))
```

3. 举例

```
<script>
writeSametimeLink("tom DISNEY")
document.write (prepareSametimeLink("tom DISNEY"))
</script>
```

6.4.6 openStatusWindow

1. 语法

```
openStatusWindow ()
```

2. 说明

该函数会弹出用户状态窗口，窗口中显示用户当前的状态和提示信息。用户也可以通过该窗口重新设置，其功能类似于 STLinksSetMyStatus。

3. 举例

```
<!-- 客户端以 tom DISNEY 登录后打开状态窗口 -->
<SCRIPT> writeSTLinksApplet("tom DISNEY", "tom", false); </SCRIPT>
<a href="javascript:openStatusWindow()"> Open Status Window </a>
```

客户端的 HTML 网页中都会出现带有下划线的 Open Status Window 链接，单击后会执行 openStatusWindow 函数，弹出用户状态窗口，如图 6-5 所示。

6.4.7 openPlaceChat

1. 语法

```
openPlaceChat (placeId, winTitle)
```

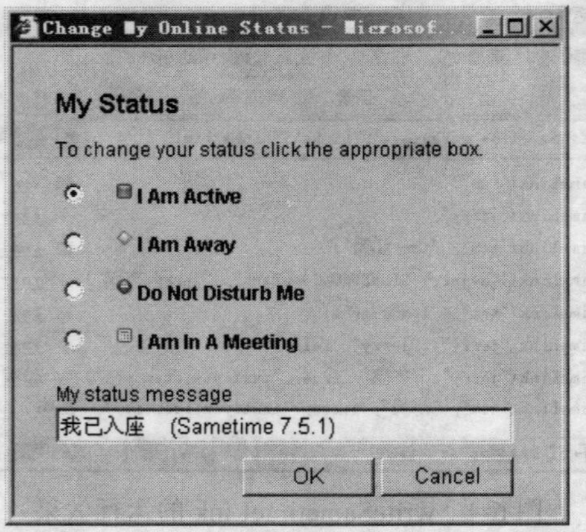

图 6-5 openStatusWindow 弹出的对话窗口

2. 说明

该函数会弹出 Place Chat 窗口并进入 placeId 指定的 Place 空间，窗口标题为 winTitle。Place 空间中的人员会列在窗口右侧。函数参数中的 placeId 表示 Place 的标识，winTitle 指定了 Place Chat 窗口的标题。

3. 举例

```
<!-- 客户端 A 以 tom DISNEY 登录并打开 Demo 空间 -->
<SCRIPT> writeSTLinksApplet("tom DISNEY", "tom", false); </SCRIPT>
<a href="javascript:openPlaceChat('Demo', 'Demo Place')"> Open Place Chat </a>

<!-- 客户端 B 以 jerry DISNEY 登录并打开 Demo 空间 -->
<SCRIPT> writeSTLinksApplet("jerry DISNEY", "jerry", false); </SCRIPT>
<a href="javascript:openPlaceChat('Demo', 'Demo Place')"> Open Place Chat </a>
```

两个客户端的 HTML 网页中都会出现带有下划线的 Open Place Chat 链接，单击后会执行 openPlaceChat 函数，弹出 Place Chat 窗口并进入 Place 空间。由于双方进入的 Place 空间（Demo）相同，所以在谈话窗口中可以相互看见对方并发送消息，如图 6-6 所示。如果单击对方，可以弹出即时通信窗口。

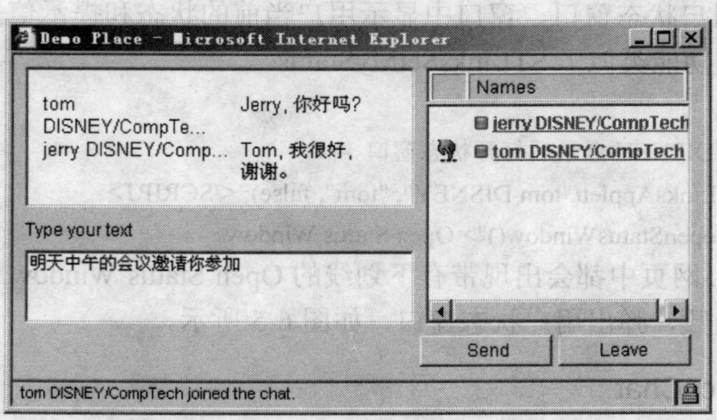

图 6-6 openPlaceChat 弹出的对话窗口

6.4.8　openPlaceWin

1. 语法

openPlaceWin (placeId, winTitle)

2. 说明

该函数会弹出 Place Window 窗口并进入 placeId 指定的 Place 空间，窗口标题为 winTitle。Place 空间中的人员会列在窗口中。函数参数中的 placeId 表示 Place 的标识，winTitle 指定了 Place Window 窗口的标题。

3. 举例

```
<!-- 客户端 A 以 tom DISNEY 登录并打开 Demo 空间 -->
<SCRIPT> writeSTLinksApplet("tom DISNEY", "tom", false); </SCRIPT>
<a href="javascript:openPlaceWin('Demo', 'Demo Place')"> Open Place Window </a>

<!-- 客户端 B 以 jerry DISNEY 登录并打开 Demo 空间 -->
<SCRIPT> writeSTLinksApplet("jerry DISNEY", "jerry", false); </SCRIPT>
<a href="javascript:openPlaceWin('Demo', 'Demo Place')"> Open Place Window </a>
```

两个客户端的 HTML 网页中都会出现带有下划线的 Open Place Window 链接，单击后会执行 openPlaceWin 函数，弹出窗口并进入 Place 空间。由于双方进入的 Place 空间（Demo）相同，所以在窗口中可以相互看见对方，如图 6-7 所示。如果单击对方，可以弹出即时通信窗口。

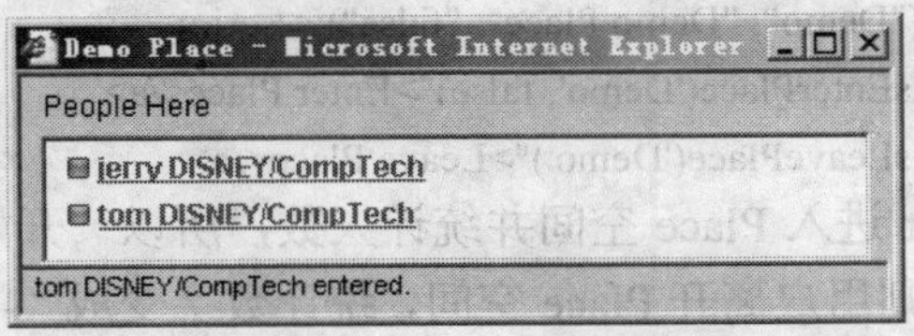

图 6-7　openPlaceWin 弹出的对话窗口

6.4.9　writePlaceCounter

1. 语法

writePlaceCounter (placeId, winTitle, bDelayLeave)

2. 说明

该函数会进入 placeId 指定的 Place 空间，并统计出空间中的在线人数，单击计数值后会打开 Place Window 窗口。函数参数中的 placeId 表示 Place 的标识，winTitle 指定打开的 Place Window 窗口的标题。bDelayLeave 指明在浏览器离开该页面后用户是否需要等待一段时间再离开该 Place 空间，默认值为 false，表示立即离开，如果为 true，则会等待 30 秒后再离开。这种设计是为了使浏览器加载下一个网页后可以再次进入该 Place 空间，感觉上用户在切换页面时好像始终逗留在 Place 空间中，而不是不停地进出。

3. 举例

```
<!-- 客户端 A 以 tom DISNEY 登录并打开 Demo 空间，然后统计 Demo 空间中的人数 -->
<script>writeSTLinksApplet("tom DISNEY", "tom", false);</script>
<script>writePlaceCounter("Demo", "Demo Place", "false");</script>
```

```
<!-- 客户端 B 以 jerry DISNEY 登录并打开 Demo 空间，然后统计 Demo 空间中的人数 -->
<script>writeSTLinksApplet("jerry DISNEY", "jerry", false);</script>
<script>writePlaceCounter("Demo", "Demo Place", "false");</script>
```

先在客户端 A 的浏览器上运行第一段代码，这时 Demo 空间中只有一个用户（tom），writePlaceCounter 返回 1。再在客户端 B 的浏览器上运行第二段代码，Demo 空间中又进入一个用户（jerry），writePlaceCounter 返回 2。此时，客户端 A 的浏览器上就会同步显示 2。注意，writePlaceCounter 本身隐含了进入 Place 空间的动作，可以用 openPlaceChat 或 openPlaceWin 来验证。

6.4.10 STLinksEnterPlace

1. **语法**

STLinksEnterPlace (placeId, bDelayLeave)

2. **说明**

该函数使当前用户进入指定的 Place 空间。其中，placeId 表示 Place 的标识，bDelayLeave 指明在浏览器离开该页面后用户是否需要等待一段时间再离开该 Place 空间，默认值为 false，表示立即离开，如果为 true，则会等待 30 秒后再离开。

3. **举例**

```
<script>writeSTLinksApplet("admin SYSTEM", "admin", false);</script>
<script>writePlaceCounter("Demo", "Demo Place", "false");</script>
<a href="javascript:STLinksEnterPlace('Demo', false)">Enter Place</a>
<a href="javascript:STLinksLeavePlace('Demo')">Leave Place</a>
```

由于 writePlaceCounter 进入 Place 空间并统计人数，所以一开始返回统计数字为 1。如果单击了 Leave Place 按钮，则用户离开 Place 空间，统计数字变成“--”。如果再单击 Enter Place 按钮，则用户再次进入 Place 空间，统计数字又变成 1。

6.4.11 STLinksLeavePlace

1. **语法**

STLinksLeavePlace (placeId)

2. **说明**

该函数使当前用户退出指定的 Place 空间。其中，placeId 表示 Place 的标识。

3. **举例**

同 STLinksEnterPlace。

6.4.12 STLinksLogin

1. **语法**

STLinksLogin (loginName, key, isByToken, organization)

2. **说明**

该函数将指定用户登录到 Sametime Server 上。一般来说，如果在 writeSTLinksApplet 函数中提供了 loginName 和 key，那么它会登录到 Sametime Server 上，这时就不必使用 STLinksLogin 了。所以，STLinksLogin 通常用于手工登录或者中途需要切换用户的场景。如果要在网页加载后自动运行该函数手工登录，为了保证该函数调用时 STLinksApplet 已经加载就绪，建议调用时机应该在 STLinksAppletStarted 事件处理中。注意，一个客户端环境中只能同时有一个用户登录，新登录的用户会将原先登录的用户退出。

该函数参数中的 loginName 表示用户名（如 admin SYSTEM 或 tom DISNEY），而 isByToken 表示是否用令牌认证。如果 isByToken 为 true（默认值），则 key 表示 token 码，反之，则 key 表示用户口令。organization 表示用户所在的组织，如 O=CompTech。

3. 举例

```
<script>writeSTLinksApplet();</script>
…
<a href="javascript:STLinksLogin('tom DISNEY', 'tom', false)">Login as Tom</a>
<a href="javascript:STLinksLogin('jerry DISNEY', 'jerry', false)"> Login as Jerry</a>
<a href="javascript:STLinksLogout()">Logout</a>
<table>
  <tr>
    <td><script>writeSametimeLink("tom DISNEY", "tom 汤姆", true)</script></td>
    <td><script>writeSametimeLink("jerry DISNEY", "jerry 杰瑞", true)</script></td>
    <td><script>writeSametimeLink("admin SYSTEM", "admin 管理员", true)</script></td>
  </tr>
</table>
```

代码中 writeSTLinksApplet 函数由于没有提供 loginName 和 key 信息，所以只加载 Applet 而不会登录 Sametime 服务器。在页面中单击链接来启动 STLinksLogin 或 STLinksLogout，从而手工登录或退出 Sametime 服务器，如图 6-8 所示。

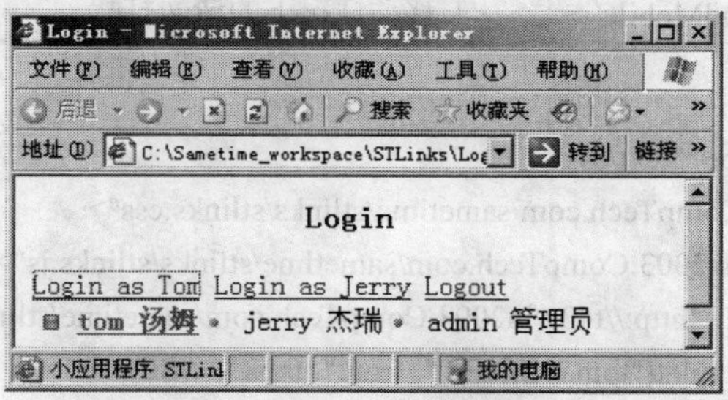

图 6-8　STLinksLogin 和 STLinksLogout

6.4.13　STLinksLogout

1. 语法

STLinksLogout ()

2. 说明

该函数将当前用户退出 Sametime 服务器。

3. 举例

同 STLinksLogin。

6.4.14 STLinksSetMyStatus

1. 语法

STLinksSetMyStatus (status, statusMessage)

2. 说明

该函数用于设置当前用户的状态和提示信息。其中，status 表示要设置的目标状态，它的取值和含义如表 6-3 所示。statusMessage 表示用户状态的提示信息，其他用户可以通过 Sametime 客户端看到。所以，可以设置任何个性化的字符串，如“准备好了”、“我不在计算机旁边”、“现在不方便”等。

表 6-3 用户状态表

图标	状态值	含义	说明
	0	offline	离线
	8	meeting	会议中。通常表示繁忙，不希望被打扰
	32	active	活跃状态
	64	auto away	离开，由计算机设置，表示长时间未使用计算机
	96	away	离开，由人工设置
	128	dnd	请勿打扰（Do Not Disturb）
	520	meetingMobile	移动情况下的会议中
	544	activeMobile	移动情况下的活跃状态
	608	awayMobile	移动情况下的离开
	640	dndMobile	移动情况下的请勿打扰

3. 举例

```
<LINK rel="stylesheet" type="text/css"
 href="http://t43win2003.CompTech.com/sametime/stlinks/stlinks.css">
<SCRIPT src="http://t43win2003.CompTech.com/sametime/stlinks/stlinks.js"></SCRIPT>
<SCRIPT> setSTLinksURL("http://t43win2003.CompTech.com/sametime/stlinks"); </SCRIPT>
<SCRIPT> writeSTLinksApplet("tom DISNEY", "tom", false); </SCRIPT>
…
我是 <script>writeSametimeLink("tom DISNEY", "tom 汤姆", true)</script>
<p />

<div id="divStatusInfo"></div>
<form><input type="button" value="Status" onClick="showStatus ('divStatusInfo')"></form>
<script language="JavaScript">
function showStatus (divStatusInfo)
{
  str = "状态 = [" + STLinksMyStatus() + "],状态提示 = [" + STLinksMyStatusMessage() + "]";
  document.getElementById (divStatusInfo).innerHTML = str;
}
```

```
</script>
<table>
<tr><td><ahref="javascript:STLinksSetMyStatus(0,'离线')">离线</a></td></tr>
<tr><td><ahref="javascript:STLinksSetMyStatus(8,'开会')">开会</a></td></tr>
<tr><td><ahref="javascript:STLinksSetMyStatus(32,'入座')">入座</a></td></tr>
<tr><td><ahref="javascript:STLinksSetMyStatus(64,'离开电脑')">离开电脑</a></td></tr>
<tr><td><ahref="javascript:STLinksSetMyStatus(96,'离开')">离开</a></td></tr>
<tr><td><ahref="javascript:STLinksSetMyStatus(128,'勿扰')">勿扰</a></td></tr>
<tr><td><ahref="javascript:STLinksSetMyStatus(520,'移动开会')">移动开会</a></td></tr>
<tr><td><ahref="javascript:STLinksSetMyStatus(544,'移动入座')">移动入座</a></td></tr>
<tr><td><ahref="javascript:STLinksSetMyStatus(608,'移动离开')">移动离开</a></td></tr>
<tr><td><a href="javascript:STLinksSetMyStatus(640,'移动勿扰')">移动勿扰</a></td></tr>
</table>
```

通过单击链接，可以调用 STLinksSetMyStatus 函数设置相应的用户状态和提示信息，用户状态会在 writeSametimeLink 处反映出来。如果单击 Status 按钮，则 JavaScript 会执行 STLinksMyStatus 和 STLinksMyStatusMessage 函数返回刚才设置的用户状态值和提示信息。

6.4.15　STLinksMyStatus

1. 语法

STLinksMyStatus ()

2. 说明

该函数用于返回当前用户的状态值。

3. 举例

参考 STLinksSetMyStatus。

6.4.16　STLinksMyStatusMessage

1. 语法

STLinksMyStatusMessage ()

2. 说明

该函数用于返回当前用户的状态提示信息。

3. 举例

参考 STLinksSetMyStatus。

6.4.17　STLinksCreateMeeting

1. 语法

STLinksCreateMeeting (userNames, tools, topic, inviteText)

2. 说明

该函数可以召开临时在线会议，弹出会议窗口。函数参数中的 userNames 是由分号“;”隔开的若干个用户名组成，表示会议邀请的人员。tools 表示使用的工具，可以是 chat、audio、video、share、whiteboard 的组合，它们之间用分号“;”分隔。topic 和 inviteText 分别表示会议主题和邀请信息。

3. 举例

```
<a href="javascript:STLinksCreateMeeting('tom;jerry','chat;audio;video;share;whiteboard', '健康人生', '请大家来参加健康讲座')">STLinksCreateMeeting</a>
<table>
  <tr><td>   STLinksMeetingsEnabled
    <script> document.writeln (STLinksMeetingsEnabled ? "true" : "false"); </script>
  </td></tr>
  <tr><td>   STLinksAudioEnabled
    <script> document.writeln (STLinksAudioEnabled ? "true" : "false"); </script>
  </td></tr>
  <tr><td>   STLinksVideoEnabled
    <script> document.writeln (STLinksVideoEnabled ? "true" : "false"); </script>
  </td></tr>
</table>
```

6.4.18 STLinksMeetingsEnabled

1. 语法

STLinksMeetingsEnabled ()

2. 说明

检验 Sametime Server 上的 Meeting 服务是否有效，返回 true 或 false。

3. 举例

参见 STLinksCreateMeeting。

6.4.19 STLinksAudioEnabled

1. 语法

STLinksAudioEnabled ()

2. 说明

检验 Sametime Server 上的 Audio 服务是否有效，返回 true 或 false。

3. 举例

参见 STLinksCreateMeeting。

6.4.20 STLinksVideoEnabled

1. 语法

STLinksVideoEnabled ()

2. 说明

检验 Sametime Server 上的 Video 服务是否有效，返回 true 或 false。

3. 举例

参见 STLinksCreateMeeting。

6.4.21　STLinksGetPrivateGroups

1. 语法

STLinksGetPrivateGroups ()

2. 说明

该函数要求调阅当前用户联系人列表中的私有组，函数本身不返回任何信息。如果调阅成功则私有组信息会出现在 STLinksPrivateGroupsReceived 事件函数的参数中；如果调阅失败，则失败原因会出现在 STLinksPrivateGroupsFailed 事件函数的参数中。分组信息由若干个组名组成，它们之间用分号“;”分隔。

3. 举例

假定以 tom DISNEY 登录，在 Sametime Connect 中可以看到 tom 的联系人列表中共有 3 个组：工作、朋友、娱乐，如图 6-9 所示。

图 6-9　用 Sametime Links Toolkit 管理联系人列表

在以下代码中，使用 STLinksGetPrivateGroups 来调阅 tom DISNEY 的分组信息，无论成功与否，其结果都会被 STLinksPrivateGroupsReceived 或 STLinksPrivateGroupsFailed 事件处理函数截获。我们使用了 llApplet.debugPrintln 这样一个内部函数，将信息打印到 Java 控制台上。如果打开 Java 控制台，即可看到传入的参数信息。

```
<SCRIPT> writeSTLinksApplet("tom DISNEY", "tom", false); </SCRIPT>
<a href="javascript:STLinksGetPrivateGroups()"> STLinksGetPrivateGroups </a>
<p />
<a href="javascript:STLinksAddToContactList('tom', 'group')"> STLinksAddToContactList </a>
...
<script>
  function STLinksPrivateGroupsFailed(reason)
  {
    llApplet.debugPrintln ('reason = [' + reason + ']')
  }

  function STLinksPrivateGroupsReceived(groups)
```

```
    {
      llApplet.debugPrintln ('groups = [' + groups + ']')
    }
</script>
```

在上例中，如果单击 STLinksGetPrivateGroups，则在 Java 控制台上可以观察到以下信息。其中，分号“;”表示各组之间的分隔符，双冒号“::”表示组的层次关系，即组中组。

18/10/2007, 0:22:27 groups = [娱乐;工作;朋友;朋友::Tom & Jerry]

6.4.22　STLinksAddToContactList

1．语法

STLinksAddToContactList (userName,group)

2．说明

该函数用于将 userName 用户加入到当前用户联系人列表的 group 组中。其中，userName 一定要是一个可解析的用户名，否则该函数调用无效。group 可以是一个联系人列表中已存在的组，也可以是一个新组。对于后者，Sametime 会自动创建 group 组，并将由 userName 解析得到的用户加入其中。

3．举例

仍然利用 STLinksGetPrivateGroups 的例子。首先，单击 STLinksGetPrivateGroups，Java 控制台上显示 tom DISNEY 原有的分组（[娱乐;工作;朋友;朋友::Tom & Jerry]）。接着，单击 STLinksAddToContactList，Sametime 会创建名为 group 的组并将 tom DISNEY 加入其中。可以从 Sametime Connect 中观察到联系人列表中的分组变化。然后，再次单击 STLinksGetPrivate-Groups，这时 Java 控制台上会显示 tom DISNEY 新的分组（[娱乐;工作;朋友;朋友::Tom & Jerry;group]）。

6.4.23　STLinksCreateIM

1．语法

STLinksCreateIM (partnerName)

2．说明

该函数会弹出即时通信窗口，在当前用户和 partnerName 之间建立通信环境。注意，这里的 partnerName 必须事先由 writeSametimeLink、STLinksWatchGroups、STLinksWatchUsers 加入当前用户的监视列表（Watch List）中，否则 STLinksCreateIM 函数调用无效。

3．举例

```
<SCRIPT> writeSTLinksApplet("admin SYSTEM", "admin", false); </SCRIPT>
<script>writeSametimeLink("jerry")</script>
<a href="javascript:STLinksCreateIM('jerry')">STLinksCreateIM</a>
```

上例中用户以 admin SYSTEM 登录，通过调用 wrtieSametimeLink 将 jerry 加入到监视列表中，这时单击 STLinksCreateIM，将弹出即时通信窗口，如图 6-10 所示。事实上，如果单击 jerry 图标，效果也是相同的。

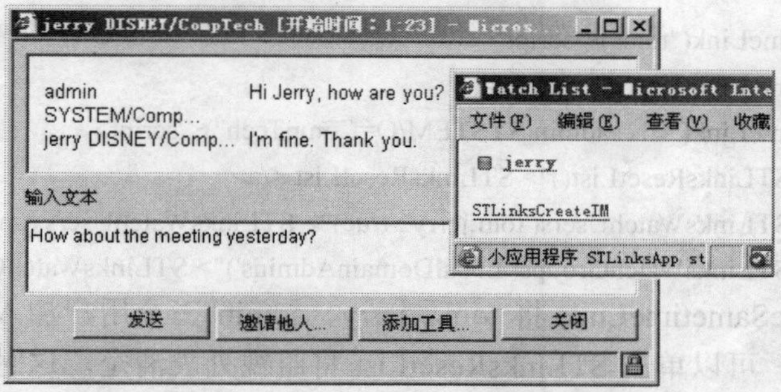

图 6-10 STLinksCreateIM 的弹出即时通信窗口

6.4.24 STLinksResetList

1. 语法

STLinksResetList()

2. 说明

该函数将当前用户的监视列表（Watch List）清空。这样一来，页面上由 wrtieSametimeLink 建立起来的对用户的监视将全部失效。

3. 举例

参见 STLinksWatchUsers。

6.4.25 STLinksWatchUsers

1. 语法

STLinksWatchUsers (users, bResolve)

2. 说明

该函数用于将 users 用户加入到监视列表（Watch List）中，users 可以含多个用户名，中间用分号“;”隔开。bResolve 表示用户名是否需要解析，默认为 true。

writeSametimeLink 可以将用户加入到监视列表并在界面上实时反映出用户的在线状态，STLinksResetList 可以将监视列表清空，从而使 writeSametimeLink 插入的界面元素失效。STLinksWatchUsers 和 STLinksWatchGroups 可以将用户再添加进监视列表中，从而使界面元素生效。

值得注意的是，这里 STLinksWatchUsers 中的 users 参数或 STLinksWatchGroups 中组所包含的用户必须与 writeSametimeLink 中的 userName 参数一致，界面元素才会生效。比如，writeSametimeLink ('tom')会在界面上生成监视 tom 在线状态的界面元素，STLinksResetList 后该元素失效，接着调用 STLinksWatchUsers ('tom DISNEY', ture)是无法让其恢复生效的，只有 STLinksWatchUsers ('tom', ture)才能让其生效，尽管两者指的是同一个用户。对于 STLinksWatchGroups 也一样，假定其参数 groups 为"Tom and Jerry"，其中含有用户 CN=admin SYSTEM/O=CompTech 和 CN=jerry DISNEY/O=CompTech，那么 STLinksWatchGroups('Tom and Jerry') 只会对 writeSametimeLink('CN=admin SYSTEM/O=CompTech') 和 writeSametimeLink ('CN=admin SYSTEM/O=CompTech')生成的界面元素起作用。

3. 举例

```
<SCRIPT> writeSTLinksApplet("tom DISNEY", "tom", false); </SCRIPT>
```

```
<script>writeSametimeLink("tom")</script>
<script>writeSametimeLink("jerry")</script>
<script>writeSametimeLink("CN=admin SYSTEM/O=CompTech")</script>
<a href="javascript:STLinksResetList()"> STLinksResetList </a>
<a href="javascript:STLinksWatchUsers('tom;jerry', true)"> STLinksWatchUsers </a>
<a href="javascript:STLinksWatchGroups('LocalDomainAdmins')"> STLinksWatchGroups </a>
```

上例中，用 writeSametimeLink 将 tom、jerry、admin 三个用户加入到监视列表中，其中 admin 使用的是全名。可以单击 STLinksResetList 将监视列表清空，这时用户的实际状态就与网页脱钩了，可以通过 Sametime Connect 任意改变用户状态，而网页的在线感知功能失效。然后，可以单击 STLinksWatchUsers 和 STLinksWatchGroups 将对应的用户重新加入到监视列表中，这样用户的实际状态又与网页挂钩了。上例代码中 LocalDomainAdmins 是一个公共组，其中只含有 CN=admin SYSTEM/O=CompTech 这一个用户。

6.4.26 STLinksWatchGroups

1. 语法

STLinksWatchGroups (groups)

2. 说明

该函数用于将 groups 所含的用户加入到监视列表（Watch List）中，groups 可以含多个组名，中间用分号“;”隔开，每个组都必须是公共组。

3. 举例

参见 STLinksWatchUsers。

6.5 事件函数

Sametime Links 提供了 10 个 JavaScript 事件函数（Event），如表 6-4 所示，它们会在特定的条件下被调用。通常可以定义该事件函数，在条件满足的时候能够截获事件并执行预先设置的程序。

表 6-4 Sametime Links 事件函数

函数	说明
STLinksAppletStarted	在 Sametime Links Applet 加载并启动后被调用
STLinksLoggedIn	在用户成功登录后被调用
STLinksLoggedOut	在用户退出后被调用
STLinkClicked	在单击在线感知链接后被调用
STLinksAddToContactListFailed	在添加联系人列表失败后被调用
STLinksPrivateGroupsReceived	在成功返回私有组后被调用
STLinksPrivateGroupsFailed	在无法返回私有组后被调用
STLinksUserEnteredPlace	在用户进入 Place 空间后被调用
STLinksUserLeftPlace	在用户离开 Place 空间后被调用
STLinksUserStatusChanged	在监视列表中的用户状态发生改变后被调用

6.5.1　STLinksAppletStarted

1．语法

STLinksAppletStarted ()

2．说明

该函数会在页面加载和启动 Sametime Links Applet 后被调用，在该函数中可以安全地调用 STLinksLogin，因为这时 Applet 已经生效了。

通常可以用 writeSTLinksApplet（含用户名和密码）来加载 Applet 并登录到 Sametime Server 上，但是如果不含用户名和密码，那么这时开始加载 Applet，之后需要调用 STLinksLogin 来登录。可是，Sametime API 的工作机制是异步的，我们如何确保调用 STLinksLogin 时 Applet 已经加载完毕并开始运行了呢，该函数就提供了合适的时机。

3．举例

```
<SCRIPT> writeSTLinksApplet(); </SCRIPT>
...
<script>
  function STLinksAppletStarted()
  {
    STLinksLogin('tom DISNEY', 'tom', false);
  }
</script>
```

在上述代码中用 writeSTLinksApplet 来加载 Applet，在确保 Applet 生效后再调用 STLinksLogin 来登录。

6.5.2　STLinksLoggedIn

1．语法

STLinksLoggedIn (userName, displayName)

2．说明

该函数在用户成功登录后被调用。

3．举例

```
<SCRIPT> writeSTLinksApplet(); </SCRIPT>
...
<script>
  function STLinksAppletStarted()
  {
    alert("STLinksAppletStarted");
    STLinksLogin('tom DISNEY', 'tom', false);
  }
  function STLinksLoggedIn(userName, displayName)
  {
    alert("STLinksLoggedIn");
    openPlaceChat("Demo", "Demo Place");
```

```
    }
</script>
```

在上述代码中用 writeSTLinksApplet 来加载 Applet，首先在确保 Applet 生效后再调用 STLinksLogin 来登录，然后在确保成功登录后再调用 STLinksCreateIM 来打开即时通信窗口。

6.5.3 STLinksLoggedOut

1. 语法

```
STLinksLoggedOut (reason)
```

2. 说明

该函数在用户退出或登录失败时被调用。参数 reason 表示出错原因码，如表 6-5 所示。

表 6-5 STLinksLoggedOut 的出错码

原因码	说明
0x0	用户调用 STLinksLogout 退出
0xFFFFFFFF	由于网络原因，登录失败
0x80000211	由于参数错误，登录失败。如用户不存在、密码不符等
0x80000229	由于用户在其他机器上登录，当前会话被系统强制退出

3. 举例

```
<SCRIPT> writeSTLinksApplet("admin SYSTEM", "admin", false); </SCRIPT>
...
<a href="javascript:STLinksLogout()"> Logout </a>
...
<script>
  function STLinksLoggedOut(reason)
  {
    alert("STLinksLoggedOut");
    llApplet.debugPrintln ("reason = [" + reason + "]");
  }
</script>
```

上述代码中，用 admin SYSTEM 登录。如果单击 Logout 链接，则会调用 STLinksLogout 退出 Sametime Server。这时系统会自动调用事件函数 STLinksLoggedOut，可以在 Java 控制台上观察到 reason = [0x0]。

6.5.4 STLinkClicked

1. 语法

```
STLinkClicked (userName, displayName, status, event)
```

2. 说明

该函数在单击在线感知链接时被调用。使用 writeSametimeLink 可以在界面上生成在线感知的图标和链接，通常情况下，它们被单击后默认会弹出即时通信窗口，然而我们可以利用 STLinkClicked 函数截获单击事件并运行预先设置的代码。

参数 userName 和 displayName 表示用户名和显示名，这两个参数的返回值与 writeSametime 调用时的输入参数一致。status 表示用户当前的状态值，参考表 6-3。event 表示 JavaScript 的事件对象。

3. 举例

```
<SCRIPT> writeSTLinksApplet("admin SYSTEM", "admin", false); </SCRIPT>
...
<script>writeSametimeLink("tom", "T")</script>
...
<script>
  function STLinkClicked(userName, displayName, status, event)
  {
    alert("STLinkClicked");
    llApplet.debugPrintln ('userName = [' + userName + '], displayName = [' + displayName + '], status = [' +
status + '], event = [' + event + ']')
  }
</script>
```

上述代码中，用 admin SYSTEM 登录并在界面上留下对 tom 的在线感知图标和链接，如果单击它们，系统不会再打开即时通信窗口，而是跳入 STLinkClicked 事件函数，可以在 Java 控制台中观察到 userName = [tom], displayName = [T], status = [32], event = [[object]]。

6.5.5　STLinksAddToContactListFailed

1. 语法

STLinksAddToContactListFailed (reason)

2. 说明

该函数在用户调用 STLinksAddToContactList 失败时被调用。参数 reason 表示失败原因码。

3. 举例

```
<SCRIPT> writeSTLinksApplet("admin SYSTEM", "admin", false); </SCRIPT>
<a href="javascript:STLinksAddToContactList('tom', 'group')"> STLinksAddToContactList </a>
<script>
  function STLinksAddToContactListFailed(reason)
  {
    alert(reason);
  }
</script>
```

以 admin SYSTEM 身份登录，通过 STLinksAddToContactList 将 tom 加入到 group 组中，如果失败则自动调用 STLinksAddToContactListFailed 事件函数。

6.5.6　STLinksPrivateGroupsReceived

1. 语法

STLinksPrivateGroupsReceived (groups)

2. 说明

在调用 STLinksGetPrivateGroups 后，如果能成功返回结果，则系统会调用该函数。groups 参数表示返回联系人列表中的私有组，若其中含有多个组，则它们之间用分号“;”分隔。

3. 举例

参见 STLinksGetPrivateGroups。

6.5.7 STLinksPrivateGroupsFailed

1. 语法

STLinksPrivateGroupsFailed (reason)

2. 说明

在调用 STLinksGetPrivateGroups 后，如果无法返回结果，则系统会调用该函数。reason 参数表示失败原因。

3. 举例

参见 STLinksGetPrivateGroups。

6.5.8 STLinksUserEnteredPlace

1. 语法

STLinksUserEnteredPlace (userName,displayName,placeId)

2. 说明

该函数在有用户使用 STLinksEnterPlace 或 writePlaceCounter 进入 Place 空间时被调用。参数 userName 和 displayName 返回值相同，都是用户的 ID。placeId 返回 Place 空间的标识。

3. 举例

```
<!-- 客户端 A 以 tom DISNEY 登录并打开 Demo 空间，统计 Demo 空间中的人数 -->
<SCRIPT> writeSTLinksApplet("tom DISNEY", "tom", false); </SCRIPT>
<script>writePlaceCounter("Demo", "Demo Place", "false");</script>
<a href="javascript:STLinksEnterPlace('Demo', false)">Enter Place</a>
<a href="javascript:STLinksLeavePlace('Demo')">Leave Place</a>
<script>
   function STLinksUserEnteredPlace(userName, displayName, placeId)
   {
      alert("STLinksUserEnteredPlace");
      llApplet.debugPrintln ('userName = [' + userName + '], displayName = [' + displayName + '], placeId = [' +
      placeId + ']')
   }
   function STLinksUserLeftPlace(userName, displayName, placeId)
   {
      alert("STLinksUserLeftPlace");
      llApplet.debugPrintln ('userName = [' + userName + '], displayName = [' + displayName + '], placeId = [' +
      placeId + ']')
   }
</script>
```

```
<!-- 客户端 B 以 jerry DISNEY 登录并打开 Demo 空间，统计 Demo 空间中的人数 -->
<SCRIPT> writeSTLinksApplet("jerry DISNEY", " jerry", false); </SCRIPT>
<script>writePlaceCounter("Demo", "Demo Place", "false");</script>
<a href="javascript:STLinksEnterPlace('Demo', false)">Enter Place</a>
<a href="javascript:STLinksLeavePlace('Demo')">Leave Place</a>
<script>
  function STLinksUserEnteredPlace(userName, displayName, placeId)
  {
    alert("STLinksUserEnteredPlace");
    llApplet.debugPrintln ('userName = [' + userName + '], displayName = [' + displayName + '], placeId = [' +
    placeId + ']')
  }
  function STLinksUserLeftPlace(userName, displayName, placeId)
  {
    alert("STLinksUserLeftPlace");
    llApplet.debugPrintln ('userName = [' + userName + '], displayName = [' + displayName + '], placeId = [' +
    placeId + ']')
  }
</script>
```

首先，在客户端 A 执行第一段代码，这时客户端 A 会因为调用 STLinksEnterPlace 和 writePlaceCounter 弹出两次提示窗口（STLinksUserEnteredPlace）。然后，再在客户端 B 执行第二段代码，同样会在客户端 B 弹出两次窗口，但同时在客户端 A 会再弹出一次。因为对于客户端 A 而言，这时有一个新用户进入 Place 空间。在 Java 控制台中观察到如下记录：userName = [CN=jerry DISNEY/O=CompTech], displayName = [jerry DISNEY/CompTech], placeId = [Demo]

6.5.9 STLinksUserLeftPlace

1．语法

STLinksUserLeftPlace (userName, displayName, placeId)

2．说明

该函数在有其他用户使用 STLinksLeavePlace 或离开 Place 空间时被调用。参数 userName 和 displayName 返回值相同，都是用户的 ID。placeId 返回 Place 空间的标识。

3．举例

代码如 STLinksUserEnteredPlace。若在客户端 A 和 B 分别运行第一段和第二段代码，然后在客户端 A 单击 STLinksLeavePlace，这时在客户端 B 会有一次提示窗口（STLinks-UserLeftPlace）。因为对于客户端 B 而言，这时有一个用户离开 Place 空间。在 Java 控制台中，同样可以观察到如下记录：

userName = [CN=tom DISNEY/O=CompTech], displayName = [tom DISNEY/CompTech], placeId = [Demo]

6.5.10 STLinksUserStatusChanged

1．语法

STLinksUserStatusChanged (userName,displayName,status,statusMessage,groupName)

2. 说明

该函数在监视列表（Watch List）中的用户状态发生改变时被调用。监视列表中的用户通常通过调用 writeSametimeLink、STLinksWatchUsers、STLinksWatchGroups 来加入。参数 userName 和 displayName 分别对应于加入时的用户名和显示名，status 和 statusMessage 返回用户当前状态值和提示信息。groupName 返回 STLinksWatchGroups 调用中的公共组名。

3. 举例

```
<script> STLinksResetList(); </script>
<script> STLinksWatchUsers("tom", true); </script>
<script>
  function STLinksUserStatusChanged (userId, displayName, status, statusMessage, groupName)
  {
    llApplet.debugPrintln ('userId = [' + userId + '], displayName = [' + displayName + '], status = [' + status +
    '], statusMessage = [' + statusMessage + '], groupName = [' + groupName + ']')
  }
</script>
```

在上述代码中，我们清空监视列表后将 tom 加入，如果用 Sametime Connect 改变 tom 的状态，则系统会自动调用 STLinksUserStatusChanged 函数，并打印出参数信息：userId = [tom], displayName = [tom DISNEY/CompTech], status = [128], statusMessage = [请勿打扰 (Sametime 7.5.1)], groupName = []。

第 7 章　Java Toolkit

Sametime 为 Java 应用提供的 API 编程接口称为 Sametime Java Toolkit，它不仅为 Sametime 的基本服务（如在线感知、即时通信、屏幕共享等）提供了调用接口，也提供了一组 AWT 界面组件，可以嵌入到用户的 AWT 应用界面中。

Java Toolkit 的封装对象分为 3 个层次，它们之间本身有调用关系，如图 7-1 所示。其中，界面层（UI Layer）提供了 AWT 组件，可以用于快速开发原型。但是由于 UI 界面是 Sametime 预先设定的，也许不够精致或者需要进一步加工。事实上，从 Sametime 7.5 开始多数 UI 类已经过时（deprecated），在以后的版本中会逐渐淘汰，不建议在正式生产环境中使用。

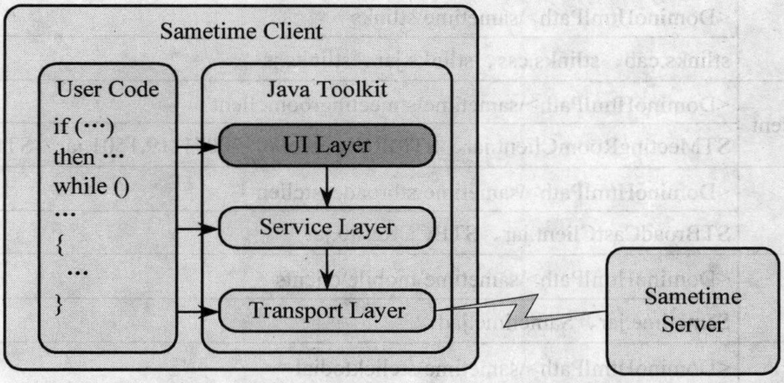

图 7-1　Sametime Java Toolkit 的层次关系

Service Layer 提供 Community Service 和 Meeting Service 服务。前者包含在线感知、即时消息等基本功能，后者包含会议中的应用共享、白板等高级功能。多数情况下，通过调用服务层的 API 来使用后台服务。

Transport Layer 位于最底层，负责与 Sametime 服务器通信。由于其关心的是通信链路，通常不会直接调用这些服务。

综上所述，尽管用户代码可以根据需要访问任何一个层次的对象，然而，通常只会使用 Service Layer 提供的 API 来调用后台服务，配合用户自己的界面来实现 Sametime 客户端的各种功能。

Java Toolkit 的构造是模块化的，不同的服务被封装在不同的模块中，编程时只需要调用相关的类，运行时也只需加载需要的模块即可。不同的应用程序由于其加载的模块不同，在运行时占用的内存资源可能会相差较大。对于性能要求较高的客户端应用，需要谨慎选择加载服务模块。Java Toolkit 是线程安全的，这意味着一个应用程序可以并发多个线程同时与后台服务打交道。这些线程可以各自创建与服务器的连接（会话），也可以共享一个会话。在不影响执行效果的前提下，建议采用共享会话的方式来降低服务器的连接数量。

对于 Coummunity 服务，Java Toolkit 的库文件为<SametimeSdkPath>\client\stjava\bin 中的

文件，在开发和运行 Java 应用项目时需要加载它们。事实上，不同的客户端组件对应的库路径和库文件是不同的（参见表 7-1），在 Java 编程时要特别注意。相关类的说明可以参考 <SametimeSdkPath>\client\stjava\doc\javadoc\index.html，而 Java Toolkit 的例程可以参考 <SametimeSdkPath>\client\stjava\download\STJavaSamples.zip。

Java Toolkit 为 Sametime 的 Java 开发提供了完整的类库及 API，推荐使用 Eclipse 3.2（或以上）的集成开发环境，使用 JDK 1.4.2（或以上）的 Java 编译环境。我们不妨安装 Eclipse 3.2.2 和 JDK 1.6。开发 Sametime 客户端应用程序时，需要将表 7-1 中相应的 JAR 文件加载到类路径中。

表 7-1 客户端组件的 Java 库

客户端组件	库路径和文件
Java Toolkit	<SametimeSdkPath>\client\stjava\bin
	CommRes.jar、STComm.jar、stcommsrvrtk.jar、stjavatk.jar
Links Toolkit	<DominoHtmlPath>\sametime\stlinks
	stlinks.cab、stlinks.css、stlinks.jar、stlinks.js
Meeting Room Client	<DominoHtmlPath>\sametime\stmeetingroomclient
	STMeetingRoomClient.jar、STMRCNative-80_20071119.1501.jar、STMRCRes80.jar
Broadcast Client	<DominoHtmlPath>\sametime\stbroadcastclient
	STBroadCastClient.jar、STBCCRes80.jar
Mobile Client	<DominoHtmlPath>\sametime\mobile\clients
	Sametime.jar、Sametime.jad
Click To Dial	<DominoHtmlPath>\sametime\stclicktodial
	STClickToDial.jar、STCTDRes80.jar
Directory Applet	<DominoHtmlPath>\sametime\stdirectoryapplet
	STDirectoryApplet.jar、STDirAppRes80.jar
VM Verifier	<DominoHtmlPath>\sametime\stvmverifier
	STVMVerifier.jar

7.1 组件简介

Java Toolkit 提供了常用的界面组件（UI）和服务组件（Service），在这里先简单介绍，到后面的具体部分再逐一详细说明。

7.1.1 界面组件

Toolkit 用户界面（User Interface，UI）可以分为 Commnuity UI 组件和 Community AWT 零件两种。前者是独立使用的界面组件，后者是一些对话框或面板，可以嵌入到用户的 AWT 应用界面中，具体如表 7-2 所示。

表 7-2 Toolkit UI

UI 名称	说明
Community UI 组件	
AnnouncementUI	接收和发送声明消息的界面组件
ChatUI	用户之间谈话的界面组件
CommUI	显示群体消息（如登录出错、退出、管理员声明）的界面组件
FileTransferUI	用户之间发送和接收文件的界面组件
Community AWT 对话框和面板	
Awareness List	列出感知群体用户及其在线状态的界面组件
Place Awareness List	列出 Place 空间中的用户及其在线状态的界面组件
Capabilities List	列出用户的 Audio/Video 通信能力的界面组件（Panel）
Tools Dialog	列出用户的 Audio/Video 通信能力的界面组件（Dialog）
Privacy Dialog and Panel	显示和设置用户私人设置的界面组件
Add Dialog	通过查询用户名或者浏览用户目录来选择用户的界面组件
Resolve Panel	解析用户名的界面组件
Directory Dialog and Panel	查询用户名或组的界面组件
Group Content Dialog	显示用户组内容的界面组件

7.1.2 服务组件

Toolkit 服务分为 Coummunity 服务和 Meeting 服务两类，前者提供 Sametime 群体的基础服务，如用户登录、在线感知、即时通信等，后者提供会议过程中的服务，如应用共享、讨论白板、音频视频等，具体如表 7-3 所示。

表 7-3 Toolkit Service

服务名称	功能说明
Community 服务	
Community Service	登录、退出、更改在线状态、在线属性、私人设置（如监视列表）
Announcement Service	在 Sametime 用户之前发送或接收声明消息
Awareness Service	在线感知，提供人员在线状态及属性的感知功能
Buddy List Service	get 或 set 服务器上的用户联系人列表。提供字符串与 BL 之间的转换，而不必底层存储细节
File Transfer Service	提供在用户之间传递文件的功能
Instant Messaging Service	用户之间一对一的交流，可以是在线交谈，也可以是任何形式的数据交换
Places Service	提供虚拟 Place 空间，用户可以进入或离开，可以在空间中相互看见。提供一块相对私密的交流空间
Storage Service	在服务器端存放用户信息，客户端程序也可以由此访问用户自身的个人信息。比如 Sametime Connect 使用该服务存放用户联系人列表
Lookup Service	用于查询用户或组

续表

Directory Service	提供浏览用户目录的服务
Post Service	同时将一条消息发送给多个用户
Token Service	可以用来生成临时登录用的令牌（token）
Names Service	提供用户名和昵称
Meeting 服务	
Application Sharing Service	可以在会议中将应用界面共享给其他用户，允许远程用户控制该应用
Whiteboard Service	可以在会议中提供讨论白板，供所有与会者涂鸦
Streamed Media Interactive Service	提供传送和接收 IP Audio/Video 的能力，允许相关的控制功能（如静音 Audio、暂停 Video）
Streamed Media Broadcast Service	提供单向收听 IP Audio/Video 的能力，适合大型会议时使用。使用该服务不需要登录到群体中

7.2 基本例程

这里首先介绍一组基本例程，它可以使我们对 Java Toolkit 的编程有一些初步的感性认识，同时也可以帮助我们熟悉 Java Toolkit 的编程原理和基本技巧。

按以下步骤在 Eclipse 中创建开发环境：

（1）在 Java Perspective 中右击并选择 New→Java Project 选项来创建 Java 项目，项目名称不妨设为 STJava。

（2）假定我们安装的 JRE 环境为 jre1.6，单击该项目，右击并选择 Properties，在 Java Build Path 的 Libraries 中将 JRE System Library 的 JRE 环境改成 jre1.6。

（3）将<SametimeSdkPath>\client\stjava\bin 中的 CommRes.jar、stjavatk.jar、STComm.jar、stcommsrvrtk.jar 四个文件加入到 Libraries 中。事实上，CommRes.jar 中含有所有界面组件的属性文件，stjavatk.jar 和 STComm.jar 有一定的交集，而 stcommsrvrtk.jar 包含了两者的并集。所以，严格地说，只需要将 CommRes.jar 和 stcommsrvrtk.jar 加入到类路径中即可。

7.2.1 HelloWorld

下面来看一个最简单的例程 HelloWorld，其运行效果如图 7-2 所示。HelloWorld 例程可以作为 Applet 运行。正常情况下，会以 jerry 身份登录到服务器，可以在 Sametime Connect 中以另一个用户身份（如 tom）登录，观察 Applet 运行前后 jerry 在线状态的变化。

图 7-2 Hello World 例程的运行效果

HelloWorld 代码如下：

```
import java.applet.Applet;
```

```
import java.awt.Color;
import java.awt.Font;
import java.awt.Graphics;

import com.lotus.sametime.community.CommunityService;
import com.lotus.sametime.core.comparch.DuplicateObjectException;
import com.lotus.sametime.core.comparch.STSession;

public class HelloWorldApplet extends Applet
{
    private static final long serialVersionUID = 1810294779374608349L;
    private STSession              m_session;
    private CommunityService   m_comm;

    public void init ()
    {
        try
        {
            m_session = new STSession ("HelloWorldApplet " + this);
            m_session.loadAllComponents ();
            m_session.start ();
            m_comm = (CommunityService)m_session.getCompApi (CommunityService.COMP_NAME);
            m_comm.loginByPassword ("t43win2003.CompTech.com", "jerry DISNEY", "jerry");
        }
        catch (DuplicateObjectException e)
        {
            e.printStackTrace ();
        }
    }
    public void paint (Graphics g)
    {
        Font f = new Font (g.getFont ().getName (), Font.BOLD, 20);
        g.setFont (f);
        g.setColor (Color.black);
        g.drawString ("Hello World", 30, 30);
    }
    public void destroy ()
    {
        m_comm.logout ();
        m_session.stop ();
        m_session.unloadSession ();
    }
}
```

首先，在 HelloWorldApplet 的 init()启动方法中创建 Sametime 的会话 m_session。然后，在会话中加载所有的服务组件（loadAllComponents）并启动会话。接着，从会话中获取（getCompApi）刚才加载的 CommunityService 服务并登录（loginByPassword）到 Sametime Server 上。

7.2.2 Login

下面再来看一个登录到 Sametime Server 上的客户端例程（Login），例程会显示出登录前后状态的变化，Login 的运行效果如图 7-3 所示。

图 7-3 Login 例程的运行效果

Login 例程代码如下，由于其结构与 Hello World 例程相似，我们仅列出其主体代码部分并进行讲解：

```
public class LoginApplet extends Applet implements LoginListener
{
    private static final long serialVersionUID = -103628459248116718L;
    private STSession m_session;
    private CommunityService    m_comm;
    private String m_currentStatus    = "Logged Out";

    public void init ()
    {
        try
        {
            m_session = new STSession ("LoginApplet " + this);
            m_session.loadAllComponents ();
            m_session.start ();

            m_comm =(CommunityService) m_session.getCompApi (CommunityService.COMP_NAME);
            m_comm.addLoginListener (this);
            m_comm.loginByPassword ("t43win2003.CompTech.com", "jerry DISNEY", "jerry");
        }
        catch (DuplicateObjectException e)
        {
            e.printStackTrace ();
        }
    }
    public void paint (Graphics g)
```

```
    {
        Font f = new Font (g.getFont ().getName (), Font.BOLD, 20);
        g.setFont (f);
        g.setColor (Color.black);
        g.drawString (m_currentStatus, 30, 30);
    }
    public void destroy ()
    {
        m_comm.logout ();
        m_session.stop ();
        m_session.unloadSession ();
    }
    public void loggedIn (LoginEvent event)
    {
        m_currentStatus = "Logged In";
        repaint ();
    }
    public void loggedOut (LoginEvent event)
    {
        m_currentStatus = "Logged Out";
        repaint ();
    }
}
```

Java Toolkit Client 使用 STSession 来维持与 Sametime Server 之间的会话联系。通常情况下，一个应用程序只需要创建一个贯穿始终的 STSession 会话实例。然而，也有一些高级应用程序可以创建多个会话，或者创建多个线程共享同一个会话。每一个会话都必须有一个唯一的名称，我们可以用不含参数的 new STSession()让系统自动生成一个，也可以用参数指定一个。

```
m_session = new STSession ("LoginApplet " + this);
```

每个应用程序都会有一个 SessionTable 静态表，用以记录和管理所有的会话，STSession 一旦创建就会自动注册在该表中，该表只在该应用中可见。可以在以后的代码中用 SessionTable.getSessionTable()来获得该静态注册表，进而管理表中的会话。

```
SessionTable st = SessionTable.getSessionTable ();
STSession s = st.getSession ("LoginApplet " + this);
if (s != null)
    System.out.println (s);
else
    System.out.println ("not found");
```

每一个 STSession 会话都可以加载服务组件，不同的服务组件对应不同的 Sametime 功能，比如 CommunityService 服务组件负责人员的登录、退出、更改在线状态等功能，AwarenessService 服务组件负责提供人员在线感知的功能。Sametime Java Toolkit 提供的所有服务组件都被封装成不同的类，如表 7-4 所示。它们中既有后台服务（Semantic），也有用户界面（UI）。

表 7-4　Java Toolkit 提供的服务组件

用户界面（UI）			
AnnouncementUI	ChatUI	CommUI	FileTransferUI
后台服务（Semantic）			
ActivityService	AnnouncementService	AwarenessService	BLService
ChannelService	CommunityEventsService	CommunityService	DirectoryService
FileTransferService	GeneralAwarenessService	InstantMessagingService	LightLoginService
LocationService	LookupService	MultiCastService	NamesService
OnlineDirectoryService	PlacesAdminService	PlacesService	PostService
SAppStorageService	SATokenService	SelectiveStatusService	ServerAppService
StorageService	TokenService	UserAttributeSAService	UserInfoService

为了使用 Sametime 功能，需要事先在会话中加载相应的服务组件。最简单的方式是用 loadAllComponents()将所有的服务一下都加载进来。有时为了使应用程序运行时轻巧一些，可以用 loadSemanticComponents()仅加载后台服务，或者用 loadComponents()将指定的服务加载进来，也可以创建指定的服务实现类并将其加入到会话中。每一个服务都有一组 COMP_VERSION 和 COMP_NAME 域用以标识其组件的版本和名称，通常组件版本由 3 位数字组成，如 1.0.0、2.1.1、2.6.0、4.1.1 等，组件名称为对应的实现类名，如 ActivityService 对应的 COMP_NAME 为 com.lotus.sametime.placessa.ActivityComp，而 CommunityService 对应的 COMP_NAME 为 com.lotus.sametime.community.STBase 等。Java Toolkit 的类方法通常使用 COMP_NAME 来标识服务组件，以下是几种常用的服务加载方式。

```
// 方式一：加载所有的服务组件
m_session.loadAllComponents ();

// 方式二：仅加载后台的服务组件
m_session.loadSemanticComponents ();

// 方式三：加载指定的服务组件
String [] compNames = { ServerAppService.COMP_NAME, ActivityService.COMP_NAME,
PlacesAdminService.COMP_NAME };
m_session.loadComponents (compNames);

// 方式四：创建指定的服务组件并加入到会话中
new STBase (m_session);
new AwarenessComp (m_session);
new DirectoryComp (m_session);
new LookupComp (m_session);
new NamesComp (m_session);
…
```

对应地，在应用程序退出时应该调用 unloadSession()卸载所有服务组件。

```
m_session.unloadSession ();
```

在使用 Sametime 功能之前必须先用 start()启动会话及其加载的服务组件，相应地，在应用程序退出时也应该调用 stop()停止会话及相关的服务组件。

```
m_session.start ();
…
m_session.stop ();
```

Sametime 中很多调用过程都是异步的，Login 就是其中一例。当调用 loginByPassword()时，该方法被立即执行并返回到下一行语句。然而，真正的登录过程是在后台执行的，事实上我们无法知道登录过程何时完成。所以，Java Toolkit 为所有的服务都设计了 Listener。需要首先对 CommunityService 服务添加登录监听器 addLoginListener，然后通过实现其 loggedIn()和 destroy()方法来监听相应的登录和退出事件。

```
public class LoginApplet extends Applet implements LoginListener
{
    …
    m_comm =(CommunityService) m_session.getCompApi (CommunityService.COMP_NAME);
    m_comm.addLoginListener (this);
    m_comm.loginByPassword ("t43win2003.CompTech.com", "jerry DISNEY", "jerry");
    …
    public void destroy () { … }
    public void loggedIn (LoginEvent event) { … }
}
```

Login 例程在运行时，如果用户（jerry）登录失败（如密码不符或者网络连接超时），会自动弹出错误窗口。如果登录成功，则他的在线状态立该会被其他用户（如 tom）感知。这时，若该用户（tom）使用 Sametime Connect 客户端发送即时消息，则在例程运行方（jerry）会自动弹出对话窗口，如图 7-4 所示。

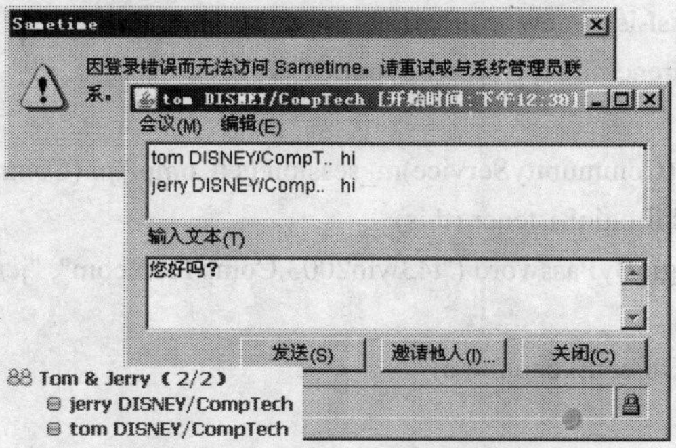

图 7-4 Login 例程的运行效果

注意，在例程中并没有设计这些出错处理逻辑和对话界面，这些功能是由于我们用 loadAllComponents()加载了所有的服务组件，其中的 CommUI 设计了弹出式错误窗口，而 ChatUI 则设计了弹出式对话界面。

7.2.3 Resolve

Resolve 例程表现了用户名解析的过程，解析后的标准用户名会列在界面上并具有在线感知功能，右击在线用户便可即时通信。Resolve 的运行效果如图 7-5 所示。

图 7-5 Resolve 例程的运行效果

Resolve 例程的代码如下：

```
public class ResolveApplet extends Applet implements LoginListener, ResolveListener
{
    private STSession m_session;
    private CommunityService m_comm;
    private AwarenessList m_awarenessList;

    public void init ()
    {
        try
        {
            m_session = new STSession ("ResolveApplet " + this);
            m_session.loadAllComponents ();
            m_session.start ();

            setLayout (new BorderLayout ());
            m_awarenessList = new AwarenessList (m_session, true);
            add (m_awarenessList, BorderLayout.CENTER);

            m_comm = (CommunityService)m_session.getCompApi (CommunityService.COMP_NAME);
            m_comm.addLoginListener (this);
            m_comm.loginByPassword ("t43win2003.CompTech.com", "jerry DISNEY", "jerry");
        }
        catch (DuplicateObjectException e)
        {
            e.printStackTrace ();
        }
    }
    public void loggedIn (LoginEvent event)
    {
        m_awarenessList.addUser ((STUser) event.getLogin ().getMyUserInstance ());
        LookupService lookup=(LookupService)m_session.getCompApi(LookupService.COMP_NAME);
        Resolver resolver = lookup.createResolver (false, //不检查唯一性，允许多重匹配
                false, //不需要彻底搜索所有的用户目录，一旦匹配就停止搜索
```

```
                true, //返回匹配的用户名
                false); //不返回匹配的组名
        resolver.addResolveListener (this);
        StringTokenizer tokenizer = new StringTokenizer ("tom DISNEY,admin SYSTEM", ",");
        String [] userNames = new String [tokenizer.countTokens ()];
        int i = 0;
        while (tokenizer.hasMoreTokens ())
        {
            userNames[i ++] = tokenizer.nextToken ();
        }
        resolver.resolve (userNames);
    }
    public void resolved (ResolveEvent event)
    {
        m_awarenessList.addUser ((STUser) event.getResolved ());
    }
    public void resolveConflict (ResolveEvent event)
    {
        STUser [] users = (STUser []) event.getResolvedList ();
        m_awarenessList.addUsers (users);
    }
    public void resolveFailed (ResolveEvent event) { }
    public void loggedOut (LoginEvent event) { }
    public void destroy ()
    {
        m_comm.logout ();
        m_session.stop ();
        m_session.unloadSession ();
    }
}
```

为了界面展示上的方便，我们使用了一个现成的 Community AWT 组件（AwarenessList）。例程以 jerry DISNEY 登录并解析 tom DISNEY 和 admin SYSTEM，将解析后的用户（STUser）依次添加到 AwarenessList 中。

下面来解析一下整个例程的运行过程。

（1）创建在线列表并添加登录用户。

1）在 Resolve 例程中使用以下代码创建 AwarenessList 对象并将其加入到 AWT 应用界面中。

```
setLayout (new BorderLayout ());
m_awarenessList = new AwarenessList (m_session, true);
add (m_awarenessList, BorderLayout.CENTER);
```

2）以 jerry DISNEY 用户身份登录到 Sametime 中，登录过程与 Login 例程相同，不再赘述。在 loggedIn()回调方法中将用户自己添加到 AwarenessList 对象中。

```
m_awarenessList.addUser ((STUser) event.getLogin ().getMyUserInstance ());
```

（2）解析指定的用户。

用户解析的过程实际上是在用户目录中查找并返回用户的过程，输入是相对随意的用户名字符串（如 tom 或 tom DISNEY），输出是严格的用户标识（STUser）。由于输入的随意性，有可能会出现用户名多重匹配的现象，比如解析 DISNEY 可能会匹配 tom DISNEY、jerry DISNEY、snoopy DISNEY 等用户。此外，Sametime 群体可能会集成多个用户目录，这样即便在某一个目录中唯一的用户名也可能在其他目录找到多个匹配。所以，在创建 Resolver 对象的时候必须指明匹配和摸索的方式。

1）从会话中获取刚才加载的 LookupService 服务，方式与 init()中获取 CommunityService 相同。

```
LookupService lookup=(LookupService)m_session.getCompApi(LookupService.COMP_NAME);
```

2）通过 LookupService 创建 Resolver 对象并解析 tom DISNEY 和 admin SYSTEM 两个用户。由于解析时使用的输入参数是用户名数组，所以需要将连续的用户名字符串转换成字符串数组。

```
Resolver resolver = lookup.createResolver (
    false,  // 是否强制检查唯一性，true 表示只有在唯一匹配时才返回结果
    false,  // 是否完整搜索所有的用户目录，false 表示一旦匹配就停止搜索
    true,   // 是否在目录中匹配用户名
    false); // 是否在目录中匹配组名
StringTokenizer tokenizer = new StringTokenizer ("tom DISNEY,admin SYSTEM", ",");
String [] userNames = new String [tokenizer.countTokens ()];
int i = 0;
while (tokenizer.hasMoreTokens ())
{
    userNames[i ++] = tokenizer.nextToken ();
}
resolver.resolve (userNames);
```

（3）接受并处理解析结果。

像其他 Sametime 服务一样，解析过程也是异步执行的。所以，需要通过 addResolveListener()来添加监听器，然后通过实现其 resolved()、resolveConflict()、resolveFailed()方法来监听相应的解析事件并处理结果。其中，resolved()表示匹配成功，通过 event.getResolved()可以得到解析后的用户。resolveConflict()表示发现多重匹配，这时调用 event.getResolvedList()可以返回所有的匹配结果。resolveFailed()表示匹配失败，通过 event.getReason()可以得到出错码。而通过 event.getFailedNames()可以得到字符串数组，其每一个元素为当时提交的解析失败的用户名。

```
resolver.addResolveListener (this);
…
public void resolved (ResolveEvent event)
{
    m_awarenessList.addUser ((STUser) event.getResolved ());
}
public void resolveConflict (ResolveEvent event)
{
```

```
        STObject [] objs = (STObject []) event.getResolvedList ();
        STUser [] users = new STUser [objs.length];
        for (int i = 0; i < objs.length; i ++)
            users[i] = (STUser) objs[i];
        m_awarenessList.addUsers (users);
    }
    public void resolveFailed (ResolveEvent event)
    {
        System.out.println (event.getReason ());
        String [] names = event.getFailedNames ();
        for (int i = 0; i < names.length; i ++)
            System.out.println (names[i]);
    }
```

创建 Resolver 对象时（lookup.createResolver）的第一个参数称为 onlyUnique，它决定了在出现多重匹配时对应的解析事件，如表 7-5 所示。当 onlyUnique=true 时，表示只有在唯一匹配时才返回成功，否则返回失败。当 onlyUnique=false 时，表示不强制唯一性检查，这时如果唯一匹配则返回成功，否则返回冲突。冲突本质上也是一种成功解析，只是解析的结果是一个数组，含所有可能的匹配用户。

表 7-5 OnlyUnique 对重名匹配时解析事件的影响

参数设置	唯一匹配	重名匹配
OnlyUnique = true	resolved()	resolveFailed()
OnlyUnique = false	resolved()	resolveConflict()

7.2.4 ChangeStatus

ChangeStatus 例程表现了用户改变在线状态的过程，用户在线状态共 9 种（参见 6.4.14 节），为了说明问题，在例程中只选择了“离线”、“在线”、“离开一会儿”、“请勿打扰”4 种状态。此外，我们增加了在线用户的会议功能，右击在线用户后可以召开在线会议并实现音频视频交流，如图 7-6 所示。

图 7-6 ChangeStatus 例程的运行效果

ChangeStatus 例程的代码如下，结构与上例基本相同。在 Resolve 例程的基础上增加一个选择框（Choice），可以通过它选择登录用户的在线状态。

```
public class ChangeStatusApplet extends Applet implements LoginListener, ResolveListener, ItemListener, MeetingListener
{
    private STSession m_session;
    private CommunityService m_comm;
    private AwarenessList m_awarenessList;
    private Choice m_statusChoices;
    private final String DISCONNECTED = "离线";
    private final String ACTIVE = "在线";
    private final String AWAY = "离开一会儿";
    private final String DND = "请勿打扰";

    public void init ()
    {
        try
        {
            m_session = new STSession ("LiveNamesApplet " + this);
            m_session.loadAllComponents ();
            m_session.start ();

            setLayout (new BorderLayout ());
            m_awarenessList = new AwarenessList (m_session, true);
            add (m_awarenessList, BorderLayout.CENTER);

            m_statusChoices = new Choice ();
            m_statusChoices.setEnabled (false);
            m_statusChoices.addItem (DISCONNECTED);
            add (m_statusChoices, BorderLayout.SOUTH);
            m_statusChoices.addItemListener (this);

            ChatUI chatui = (ChatUI) m_session.getCompApi (ChatUI.COMP_NAME);
            chatui.addMeetingListener (this);

            AVController avController = new AVController (m_awarenessList.getModel ());
            m_awarenessList.setController (avController);

            m_comm = (CommunityService) m_session.getCompApi (CommunityService.COMP_NAME);
            m_comm.addLoginListener (this);
            m_comm.loginByPassword ("t43win2003.CompTech.com", "jerry DISNEY", "jerry");
        }
        catch (DuplicateObjectException e)
```

```
        {
            e.printStackTrace ();
        }
    }
    public void loggedIn (LoginEvent event)
    {
        m_awarenessList.addUser ((STUser) event.getLogin ().getMyUserInstance ());
        m_statusChoices.setEnabled (true);
        m_statusChoices.removeAll ();
        m_statusChoices.addItem (ACTIVE);
        m_statusChoices.addItem (AWAY);
        m_statusChoices.addItem (DND);

        LookupService lookup = (LookupService) m_session.getCompApi (LookupService.COMP_NAME);
        Resolver resolver = lookup.createResolver (false, false, true, false);
        resolver.addResolveListener (this);
        StringTokenizer tokenizer = new StringTokenizer ("tom DISNEY,admin SYSTEM", ",");
        String [] userNames = new String [tokenizer.countTokens ()];

        int i = 0;
        while (tokenizer.hasMoreTokens ())
            userNames[i ++] = tokenizer.nextToken ();
        resolver.resolve (userNames);
    }
    public void resolved (ResolveEvent event)
    {
        m_awarenessList.addUser ((STUser) event.getResolved ());
    }
    public void resolveConflict (ResolveEvent event) { }
    public void resolveFailed (ResolveEvent event) { }
    public void itemStateChanged (ItemEvent event)
    {
        if (event.getSource () == m_statusChoices)
        {
            STUserStatus status;
            if (event.getItem ().equals (ACTIVE))
                status = new STUserStatus (STUserStatus.ST_USER_STATUS_ACTIVE, 0, ACTIVE);
            else if (event.getItem ().equals (AWAY))
                status = new STUserStatus (STUserStatus.ST_USER_STATUS_AWAY, 0, AWAY);
            else if (event.getItem ().equals (DND))
                status = new STUserStatus (STUserStatus.ST_USER_STATUS_DND, 0, DND);
            else
                return;
```

```
            if (m_comm.isLoggedIn ())
                m_comm.getLogin ().changeMyStatus (status);
        }
    }
    public void launchMeeting (MeetingInfo meetingInfo, URL url)
    {
        AppletContext context = getAppletContext ();
        context.showDocument (url, "_blank");
    }
    public void meetingCreationFailed (MeetingInfo meetingInfo, int reason)
    {
        System.err.println ("Create meeting failed reason = " + reason);
    }
    public void loggedOut (LoginEvent event)
    {
        m_statusChoices.setEnabled (false);
        m_statusChoices.removeAll ();
        m_statusChoices.addItem (DISCONNECTED);
    }
    public void destroy ()
    {
        m_comm.logout ();
        m_session.stop ();
        m_session.unloadSession ();
    }
}
```

ChangeStatus 例程的结构与 Resolve 基本相同，我们使用了一个选择框并将其添加到 AWT 界面中，初始时只含一个选项（DISCONNECTED）且不可操作。

```
m_statusChoices = new Choice ();
m_statusChoices.setEnabled (false);
m_statusChoices.addItem (DISCONNECTED);
add (m_statusChoices, BorderLayout.SOUTH);
m_statusChoices.addItemListener (this);
```

成功登录后，在 loggedIn()方法中对选择框清空并添加 3 个选择（ACTIVE、AWAY、DND），它们分别表示在线、离开、勿扰。

```
m_statusChoices.setEnabled (true);
m_statusChoices.removeAll ();
m_statusChoices.addItem (ACTIVE);
m_statusChoices.addItem (AWAY);
m_statusChoices.addItem (DND);
```

由于在选择框上注册了监听器 ItemListener，所以一旦选项变化，系统会调用回调方法 itemStateChanged()，在这里设置对应的用户状态。注意，创建 STUserStatus 时需要指定用户状态值、设置时间、状态说明。其中用户状态值是一个静态数值，状态说明是任意的一个字符串，它会体现在其他用户对该用户的在线感知中。

```
if (event.getSource () == m_statusChoices)
{
    STUserStatus status;
    if (event.getItem ().equals (ACTIVE))
        status = new STUserStatus (STUserStatus.ST_USER_STATUS_ACTIVE, 0, ACTIVE);
    else if (event.getItem ().equals (AWAY))
        status = new STUserStatus (STUserStatus.ST_USER_STATUS_AWAY, 0, AWAY);
    else if (event.getItem ().equals (DND))
        status = new STUserStatus (STUserStatus.ST_USER_STATUS_DND, 0, DND);
    else
        return;
    if (m_comm.isLoggedIn ())
        m_comm.getLogin ().changeMyStatus (status);
}
```

CommunityService 实例的 getLogin()返回 Login，表示当前的用户登录，它的 changeMyStatus()可以用来设置登录用户的在线状态。注意，登录用户都能任意设置自己的在线状态，但无法设置别人的状态。

在前面章节中提到，在 Sametime 的用户模型中，一个用户（User ID）可以有多个用户名（User Name），同一个用户可以通过不同类型的客户端同时登录到群体中。如果用户是匿名登录的，则调用 Login 的 changeMyUserName()方法可以改变用户名。在同一台机器上，可以同时使用不同的客户端以相同身份进入群体，比如以 jerry DISNEY 分别登录 Connect 客户端和 MRC（Meeting Room Client）客户端，这时在两个客户端上可以各自设置用户状态，但彼此显示是同步的。

我们借用 ChangeStatus 例程来说明在线会议（MRC）功能的编程方法。实际上很简单，首先为加载的 ChatUI 服务注册了 MeetingListener，这样 Applet 就同时具有主动召开会议和被动接受邀请的功能。

```
ChatUI chatui = (ChatUI) m_session.getCompApi (ChatUI.COMP_NAME);
chatui.addMeetingListener (this);
```

然后，实现 MeetingListener 的 launchMeeting()和 meetingCreationFailed()方法。前者在 ChatUI 启动会议（无论是主动还是被动）时调用，通常需要以指定的会议 URL 打开一个新的浏览窗口。后者仅在召开会议（主动）失败时调用，这时可以提供出错码用以追溯错误原因。

```
public void launchMeeting (MeetingInfo meetingInfo, URL url)
{
    AppletContext context = getAppletContext ();
    context.showDocument (url, "_blank");
}
public void meetingCreationFailed (MeetingInfo meetingInfo, int reason)
{
    System.err.println ("Create meeting failed reason = " + reason);
}
```

AwarenessList 组件含有一个抽象类（AwarenessViewController）用来控制右击并选择列表中人员时弹出菜单中的功能选项。默认情况下它为 ChatController，这时弹出菜单中只有“交谈”、“发送通知”、“发送文件”3 项。如果我们创建 AVController 并将其设置到 AwarenessList 组件中，则弹出菜单会增加“音频”、“视频”、“共享”、“协作”等会议功能。观察 Resolve 和 ChangeStatus 的运行效果图，就能看出两者的差别。

```
AVController avController = new AVController (m_awarenessList.getModel ());
m_awarenessList.setController (avController);
```

7.2.5 BuddyList

BuddyList 通常也称为联系人列表，用户通过 StorageService 将常用的联系人列表作为属性信息存储到 Sametime Server 上，再次登录时则自动取出。所以用户无论在哪里登录，总能得到一致的联系人列表。BuddyList 例程就展示了存储和读取属性信息的过程，该例程由 Applet 和 Frame 两部分组成（如图 7-7 所示），前者是应用程序的基本框架，负责登录到 Sametime Server 上，后者具有独立界面，可以通过窗口菜单选项从在线感知列表（AwarenessList）中添加或删除用户。在程序退出时，列表中的内容会记录到服务器上，再次运行 BuddyList 例程时又会从服务器中读出来。

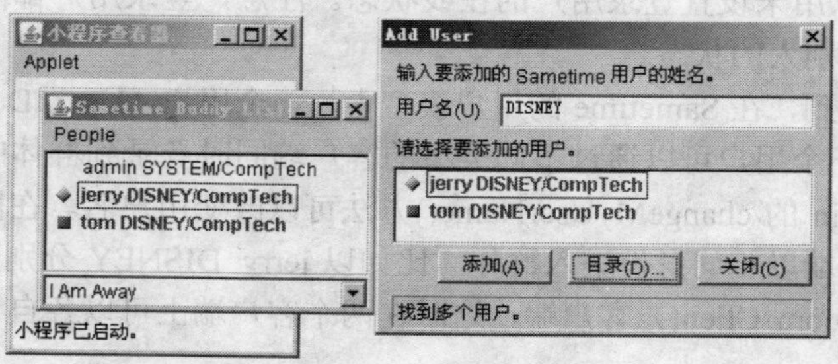

图 7-7 BuddyList 例程的运行效果

BuddyList 例程添加用户时可以提供用户名匹配功能，如果遇到多重匹配，则会列出所有匹配名称让用户选择。用户也可以从整个目录中查找，这样也许更直观。用户还能设置私人信息列表，即哪些用户可以看见我在线，如图 7-8 所示。

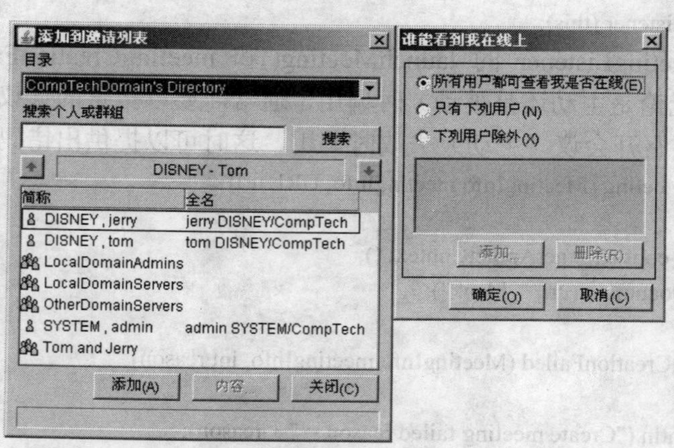

图 7-8 用户目录查找和私人信息列表

BuddyList 例程的代码如下，由 BuddyListApplet 和 BuddyListFrame 组成，BuddyListApplet 结构上与前面的例程十分类似，在登录后创建 BuddyListFrame：

```
public class BuddyListApplet extends Applet implements LoginListener, MeetingListener
{
    private STSession m_session;
    private CommunityService m_comm;
    private BuddyListFrame m_frame;

    public void init ()
    {
        try
        {
            m_session = new STSession ("BuddyListApplet " + this);
            m_session.loadAllComponents ();
            m_session.start ();
            m_frame = new BuddyListFrame (m_session);

            ChatUI chatui = (ChatUI) m_session.getCompApi (ChatUI.COMP_NAME);
            chatui.addMeetingListener (this);
            m_comm = (CommunityService) m_session.getCompApi (CommunityService.COMP_NAME);
            m_comm.addLoginListener (this);
            m_comm.loginByPassword ("t43win2003.CompTech.com", "jerry DISNEY", "jerry");
        }
        catch (DuplicateObjectException e)
        {
            e.printStackTrace ();
        }
    }
    public void loggedIn (LoginEvent event)
    {
        m_frame.setVisible (true);
    }
    public void launchMeeting (MeetingInfo meetingInfo, URL url)
    {
        AppletContext context = getAppletContext ();
        context.showDocument (url, "_blank");
    }
    public void meetingCreationFailed (MeetingInfo meetingInfo, int reason)
    {
        System.err.println ("Create meeting failed reason = " + reason);
    }
    public void loggedOut (LoginEvent event)
    {
```

```
        if (m_frame != null)
                m_frame.setVisible (false);
    }
    public void destroy ()
    {
        m_comm.logout ();
        m_session.stop ();
        m_session.unloadSession ();
        m_frame.dispose ();
    }
}
```

BuddyListFrame 程序代码如下：

```
public class BuddyListFrame extends Frame implements LoginListener, ResolveViewListener, ActionListener,
ItemListener, StorageServiceListener
{
    private STSession m_session;
    private CommunityService m_commService;
    private StorageService m_storageService;
    private Integer m_nReqID;
    private AwarenessList m_awarenessList;
    private MenuItem m_menuAddToList;
    private MenuItem m_menuRemoveFromList;
    private MenuItem m_menuWhoCanSeeMe;
    private Choice m_statusChoices;

    private final static int BUDDY_LIST_ATT_KEY = 0xFFFF;
    private final String DISCONNECTED = "Disconnected";
    private final String ACTIVE = "I Am Active";
    private final String AWAY = "I Am Away";
    private final String DND = "Do Not Disturb Me";

    public BuddyListFrame (STSession session)
    {
        super ("Sametime Buddy List");
        m_session = session;

        m_commService = (CommunityService) m_session.getCompApi (CommunityService.COMP_NAME);
        m_commService.addLoginListener (this);

        while (m_storageService == null)
            m_storageService=(StorageService)m_session.getCompApi(StorageService.COMP_NAME);
        m_storageService.addStorageServiceListener (this);

        addWindowListener (new WindowAdapter ()
```

```
        {
            public void windowClosing (WindowEvent e)
            {
                STUser [] usersList = m_awarenessList.getItems ();
                StringBuffer buffer = new StringBuffer ();
                for (int i = 0; i < usersList.length; i ++)
                {
                    buffer.append (usersList[i].getName ());
                    buffer.append (";");
                    buffer.append (usersList[i].getId ().getId ());
                    buffer.append (";");
                }
                STAttribute attribute=new STAttribute(BUDDY_LIST_ATT_KEY,buffer.toString());
                m_nReqID = m_storageService.storeAttr (attribute);

                dispose ();
            }
        });
        init ();
    }
    public void init ()
    {
        setLayout (new BorderLayout ());
        m_awarenessList = new AwarenessList (m_session, true);
        add (m_awarenessList, BorderLayout.CENTER);

        m_statusChoices = new Choice ();
        m_statusChoices.setEnabled (false);
        m_statusChoices.addItem (DISCONNECTED);
        add (m_statusChoices, BorderLayout.SOUTH);
        m_statusChoices.addItemListener (this);

        AVController avController = new AVController (m_awarenessList.getModel ());
        avController.enableDelete (true);
        m_awarenessList.setController (avController);

        m_menuAddToList = new MenuItem ("Add to List...");
        m_menuAddToList.addActionListener (this);
        m_menuRemoveFromList = new MenuItem ("Remove from List");
        m_menuRemoveFromList.addActionListener (this);
        m_menuWhoCanSeeMe = new MenuItem ("Who Can See Me...");
        m_menuWhoCanSeeMe.addActionListener (this);

        Menu menuOptions = new Menu ("People");
        menuOptions.add (m_menuAddToList);
```

```
        menuOptions.add (m_menuRemoveFromList);
        menuOptions.add (m_menuWhoCanSeeMe);
        MenuBar menuBar = new MenuBar ();
        menuBar.add (menuOptions);
        setMenuBar (menuBar);

        pack ();
    }
    public void loggedIn (LoginEvent event)
    {
        m_awarenessList.addUser ((STUser) event.getLogin ().getMyUserInstance ());
        m_statusChoices.setEnabled (true);
        m_statusChoices.removeAll ();
        m_statusChoices.addItem (ACTIVE);
        m_statusChoices.addItem (AWAY);
        m_statusChoices.addItem (DND);
    }
    public void loggedOut (LoginEvent event)
    {
        m_statusChoices.setEnabled (false);
        m_statusChoices.removeAll ();
        m_statusChoices.addItem (DISCONNECTED);
    }
    public void itemStateChanged (ItemEvent event)
    {
        if (event.getSource () == m_statusChoices)
        {
            STUserStatus status;
            if (event.getItem ().equals (ACTIVE))
                status = new STUserStatus (STUserStatus.ST_USER_STATUS_ACTIVE, 0, ACTIVE);
            else if (event.getItem ().equals (AWAY))
                status = new STUserStatus (STUserStatus.ST_USER_STATUS_AWAY, 0, AWAY);
            else if (event.getItem ().equals (DND))
                status = new STUserStatus (STUserStatus.ST_USER_STATUS_DND, 0, DND);
            else
                return;
            if (m_commService.isLoggedIn ())
                m_commService.getLogin ().changeMyStatus (status);
        }
    }
    public void actionPerformed (ActionEvent event)
    {
        Object src = event.getSource ();
        if (src == m_menuAddToList)
        {
```

```
            AddDialog addDialog = new AddDialog (this, m_session, "Add User");
            addDialog.addResolveViewListener (this);
            addDialog.setVisible (true);
        }
        else if (src == m_menuRemoveFromList)
        {
            m_awarenessList.removeUsers (m_awarenessList.getSelectedItems ());
        }
        else if (src == m_menuWhoCanSeeMe)
        {
            PrivacyDialog dialog = new PrivacyDialog (this, m_session);
            dialog.setVisible (true);
        }
    }
    public void resolved (ResolveViewEvent event)
    {
        m_awarenessList.addUser (event.getUser ());
    }
    public void resolveFailed (ResolveViewEvent event)
    {
        System.out.println ("Couldn't find user. Reason = " + event.getReason ());
    }
    public void attrQueried (StorageEvent event)
    {
        if (m_nReqID == event.getRequestId ())
        {
            if (event.getRequestResult () == STError.ST_OK)
            {
                STAttribute attr = (STAttribute) event.getAttrList ().firstElement ();
                StringTokenizer tokenizer = new StringTokenizer (attr.getString (), ";");
                while (tokenizer.countTokens () >= 2)
                {
                    String name = tokenizer.nextToken ();
                    String id = tokenizer.nextToken ();
                    STUser user = new STUser (new STId (id, ""), name, "");
                    m_awarenessList.addUser (user);
                }
            }
            else
                System.out.println ("Couldn't load buddy list");
        }
    }
    public void attrStored (StorageEvent event)
    {
        if (m_nReqID == event.getRequestId () && event.getRequestResult () != STError.ST_OK)
```

```
            System.out.println ("Couldn't store buddy list");
        }
        public void serviceAvailable (StorageEvent event)
        {
            m_nReqID = m_storageService.queryAttr (BUDDY_LIST_ATT_KEY);
        }
        public void serviceUnavailable (StorageEvent event) { }
        public void attrUpdated (StorageEvent event) { }
    }
```

BuddyListFrame 界面部分与 ChangeStatus 例程基本类似，所不同的是，BuddyListFrame 添加了 Add to List、Remove from List、Who Can See Me 三个菜单选项，分别负责添加和删除用户，以及设置私人信息列表。注意其处理逻辑部分通过 StorageService 存取用户属性，在用户登录时读取用户属性 BUDDY_LIST_ATT_KEY，其内容为用户的联系人列表。而在退出时将当前的联系人列表存回到该属性中。在程序的运行过程中，可以随意地修改联系人列表。由于用户属性是保存在服务器上的，所以本次修改的效果对于下次登录后是可见的。

让我们把注意力放在程序通过 StorageService 服务存取用户属性的过程上。程序在 BuddyListFrame 窗口关闭时调用 StorageService 的 storeAttr()方法将用户联系人列表作为用户属性存储在服务器上，该方法返回一个请求 ID。

```
STUser [] usersList = m_awarenessList.getItems ();
StringBuffer buffer = new StringBuffer ();
for (int i = 0; i < usersList.length; i ++)
{
    buffer.append (usersList[i].getName ());
    buffer.append (";");
    buffer.append (usersList[i].getId ().getId ());
    buffer.append (";");
}
STAttribute attribute=new STAttribute(BUDDY_LIST_ATT_KEY,buffer.toString());
m_nReqID = m_storageService.storeAttr (attribute);
```

用户属性本质上是一个字符串，由相应的键值（KEY）来标识。在这里使用一个常量 BUDDY_LIST_ATT_KEY(0xFFFF)作为键值，而属性字符串的内容则由用户名（User Name）和用户标识（User ID）组织而成。比如联系人列表中有两个用户名 jerry DISNEY 和 admin SYSTEM，则字符串为“jerry DISNEY/CompTech;CN=jerry DISNEY/O=CompTech;admin SYSTEM/CompTech;CN=admin SYSTEM/O=CompTech;”。注意，以上代码被安排在 BuddyListFrame 的 windowClosing()方法中调用，所以只有关闭 BuddyListFrame 窗口时才会存储联系人列表属性，而关闭 BuddyListApplet 则不会。

StorageService 服务存取属性的过程是异步的，所以必须对其添加相应的监听器（addLoginListener），然后通过实现其相关的方法来监听相应的属性存取事件。其中，serviceAvailable()和 serviceUnavailable()分别表示服务是否可用。attrStored()、attrQueried()、attrUpdated()分别表示属性存储返回、属性获取返回、属性值发生变更。

```
public class BuddyListFrame extends Frame implements ...StorageServiceListener
{
    m_storageService.addStorageServiceListener (this);
    …
    public void serviceAvailable (StorageEvent event)
    public void serviceUnavailable (StorageEvent event) {...}
    public void attrStored (StorageEvent event) {...}
    public void attrQueried (StorageEvent event) {...}
    public void attrUpdated (StorageEvent event) {...}
}
```

在程序退出时调用storeAttr()存储用户属性并保存请求ID，在attrStored()方法中检查该ID，如果与事件标识一致，说明返回的是该请求的执行结果，通过 getRequestResult()可知结果是否正确。

```
m_nReqID = m_storageService.storeAttr (attribute);
…
public void attrStored (StorageEvent event)
{
    if (m_nReqID == event.getRequestId() && event.getRequestResult() != STError.ST_OK)
        System.out.println ("Couldn't store buddy list");
}
```

类似地，在 serviceAvailable()方法中调用 queryAttr()读取用户属性并保存请求 ID，在attrQueried()方法中解析属性字符串的内容，将其翻译成联系人列表。

```
m_nReqID = m_storageService.queryAttr (BUDDY_LIST_ATT_KEY);
public void attrQueried (StorageEvent event)
{
    if (m_nReqID == event.getRequestId ())
    {
        if (event.getRequestResult () == STError.ST_OK)
        {
            STAttribute attr = (STAttribute) event.getAttrList ().firstElement ();
            StringTokenizer tokenizer = new StringTokenizer (attr.getString (), ";");
            while (tokenizer.countTokens () >= 2)
            {
                String name = tokenizer.nextToken ();
                String id = tokenizer.nextToken ();
                STUser user = new STUser (new STId (id, ""), name, "");
                m_awarenessList.addUser (user);
            }
        }
        else
            System.out.println ("Couldn't load buddy list");
    }
}
```

此外，BuddyList 例程使用了 AddDialog 和 PrivacyDialog 界面组件，如图 7-7 和图 7-8 所示。前者用于添加用户名，后者用于设置私人信息列表。

AddDialog 通常与 ResolveViewListener 配合使用，这样选中的用户名可以从 resolved()方法中获取并处理，比如添加到 AwarenessList 中。选择失败则可以从 resolveFailed()方法中得知失败原因。

```
AddDialog addDialog = new AddDialog (this, m_session, "Add User");
addDialog.addResolveViewListener (this);
addDialog.setVisible (true);
…
public void resolved (ResolveViewEvent event)
{
    m_awarenessList.addUser (event.getUser ());
}
public void resolveFailed (ResolveViewEvent event)
{
    System.out.println ("Couldn't find user. Reason = " + event.getReason ());
}
```

PrivacyDialog 的调用方式非常简单，创建后使其显示即可。如果用户不愿意让某些其他用户看见自己的在线状态，可以在私人信息列表中设置。Sametime 采用对等原则，即如果 A 不让 B 看见状态，则 A 也看不见 B 的状态。

```
PrivacyDialog dialog = new PrivacyDialog (this, m_session);
dialog.setVisible (true);
```

7.2.6 PlacesChat

Place 是 Sametime 中的虚拟空间，在同一个 Place 中的用户可以相互看见并交流。每个 Place 空间都有唯一的名字，通常该名字意味着某个讨论主题。我们有时用业务名称、网页 URL、共享文档名、数据库名来作 Place 名字，以表示某类用户共同感兴趣的话题。

基本上，PlacesChat 例程的界面由 ChatPanel 和 PlaceAwarenessList 组成，它们都是 AWT 界面组件，前者负责与 Place 中的人员通信，后者显示人员的在线状况，其运行界面如图 7-9 所示。

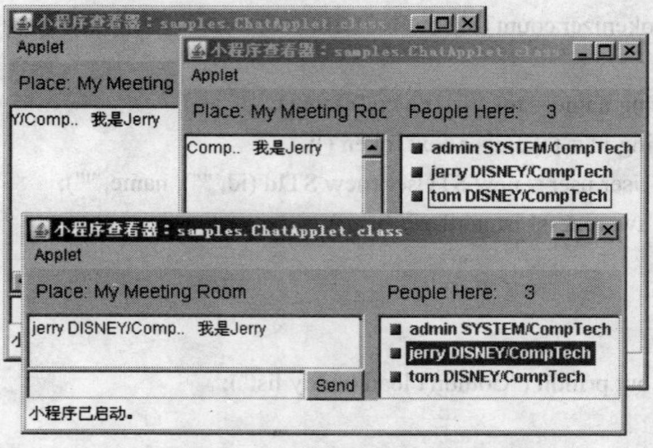

图 7-9 PlacesChat 例程运行效果

PlacesChat 例程代码如下，其结构与前面的例程类似，不再赘述：

```
public class PlacesChat extends Applet
{
    private STSession m_session;
    private CommunityService m_comm;
    private Place m_place;
    private PlaceAwarenessList m_peopleList;
    private ChatPanel m_chatPanel;
    private Label m_PeopleNumLbl;
    private static int numUsersInPlace = 0;

    public void init ()
    {
        try
        {
            m_session = new STSession ("PlaceChat " + this);
            m_session.loadAllComponents ();
            m_session.start ();
            m_comm = (CommunityService) m_session.getCompApi (CommunityService.COMP_NAME);
            m_comm.addLoginListener (new MyLoginListener ());
            m_comm.loginByPassword ("t43win2003.CompTech.com", "jerry DISNEY", "jerry");
        }
        catch (DuplicateObjectException exception)
        {
            exception.printStackTrace ();
        }
    }
    public void enterPlace ()
    {
        PlacesService placesService = (PlacesService) m_session
                .getCompApi (PlacesService.COMP_NAME);
        m_place = placesService.createPlace ("Place Name", //唯一的 Place 空间名称
                "Place Display Name", //Place 空间显示名称
                EncLevel.ENC_LEVEL_DONT_CARE, //通讯加密级别
                0, //Place 空间类型
                PlacesConstants.PLACE_PUBLISH_DONT_CARE);
        m_place.addPlaceListener (new MyPlaceListener ());
        m_place.enter ();
    }
    protected void layoutAppletUI ()
    {
        removeAll ();
        this.setBackground (new Color (0xFFcc00));
```

```
    setLayout (new BorderLayout (10, 0));

    Panel eastPnl = new Panel ();
    eastPnl.setLayout (new BorderLayout ());

    Panel NPanel = new Panel (new BorderLayout ());
    Panel peopleHerePnl = new Panel ();
    peopleHerePnl.setLayout (new FlowLayout (FlowLayout.LEFT));

    Label PeopleHereLbl = new Label ("People Here:");
    PeopleHereLbl.setFont (new Font ("Dialog", Font.PLAIN, 14));
    peopleHerePnl.add (PeopleHereLbl);

    m_PeopleNumLbl = new Label ("0");
    m_PeopleNumLbl.setFont (new Font ("Dialog", Font.PLAIN, 14));
    peopleHerePnl.add (m_PeopleNumLbl);

    NPanel.add (peopleHerePnl, BorderLayout.NORTH);

    m_peopleList = new PlaceAwarenessList (m_session, true);
    m_peopleList.addAwarenessViewListener (new MyAwarenessViewListener ());

    eastPnl.add (NPanel, BorderLayout.NORTH);
    eastPnl.add (m_peopleList, BorderLayout.CENTER);

    Panel chatPnl = new Panel ();
    chatPnl.setLayout (new BorderLayout ());

    Panel chatLblPnl = new Panel (new FlowLayout (FlowLayout.LEFT));
    Label chatLbl = new Label ("Place: My Meeting Room", Label.LEFT);
    chatLbl.setFont (new Font ("Dialog", Font.PLAIN, 14));
    chatLblPnl.add (chatLbl);
    chatPnl.add (chatLblPnl, BorderLayout.NORTH);

    m_chatPanel = new ChatPanel (m_session, getAppletContext ());
    chatPnl.add (m_chatPanel, BorderLayout.CENTER);

    add (chatPnl, BorderLayout.CENTER);
    add (eastPnl, BorderLayout.EAST);

    validate ();
}
```

```
class MyLoginListener implements LoginListener
{
    public void loggedIn (LoginEvent event)
    {
        layoutAppletUI ();
        enterPlace ();
    }
    public void loggedOut (LoginEvent event) { }
}
class MyPlaceListener extends PlaceAdapter
{
    public void entered (PlaceEvent event)
    {
        m_peopleList.bindToSection (m_place.getMySection ());
        m_chatPanel.bindToPlace (event.getPlace ());
    }
}
class MyAwarenessViewListener extends AwarenessViewAdapter
{
    boolean firstTime = true;

    public void usersAdded (AwarenessViewEvent event)
    {
        if (firstTime)
        {
            firstTime = false;
            numUsersInPlace = event.getUsers ().length;
        }
        else
            numUsersInPlace ++;
        setLabel (numUsersInPlace);
    }
    public void usersRemoved (AwarenessViewEvent event)
    {
        numUsersInPlace --;
        setLabel (numUsersInPlace);
    }
    private void setLabel (int numOfPeople)
    {
        m_PeopleNumLbl.setText (String.valueOf (numOfPeople));
        m_PeopleNumLbl.validate ();
    }
}
```

```
        public void destroy ()
        {
            m_comm.logout ();
            m_session.stop ();
            m_session.unloadSession ();
        }
    }
```

PlacesChat 例程展示了 PlacesService 服务的使用方法。以不同用户身份运行该例程登录到同一个 Place 空间中，每一个用户都能知道目前 Place 空间中的在线人数，也能感知这些用户的状态。任何一个用户发送一条消息，都会被其他所有用户接收到。

注意：由于没有特别指定，本例中各用户都会登录到 Place 空间中一个名叫 stage 的位置中，所以相互可见，具体可参见后面的 PlacesService 中的说明。

PlacesChat 例程的核心是 PlacesService 服务的使用过程。应用程序登录后通过调用 createPlace()方法创建一个 Place 空间并返回 Place 对象。Place 空间以名字唯一标识，如果 Place 已经存在则返回对象，如果不存在则创建并返回对象。Place 对象有两个基本操作：enter()和 leave()，分别表示进入和退出 Place 空间。例程启动后调用 enter()进入空间，应用关闭时会隐式地调用 leave()。

```
m_place.enter ();
```

Place 空间的操作是异步的，为了在适当的时机进行处理，首先要通过 addPlaceListener()添加监听器，然后通过实现其 entered()和 left()方法来监听相应的用户进入和离开事件。为了简化编程，在例程中使用了 PlaceAdapter 类来派生实现监听器实例。事实上，PlaceAdapter 是 Java Toolkit 提供的对 PlaceListener 的一个简单实现，这样就不必完整地对后者实现所有方法了。类似地，在例程中使用了 MyLoginListener 和 MyAwarenessViewListener 监听器实例，其目的也是为了使代码简洁些。

```
m_place.addPlaceListener (new MyPlaceListener ());
class MyPlaceListener extends PlaceAdapter
{
    public void entered (PlaceEvent event)
    {
        m_peopleList.bindToSection (m_place.getMySection ());
        m_chatPanel.bindToPlace (event.getPlace ());
    }
}
```

在例程中使用了 PlaceAwarenessList 界面组件，它的功能与 AwarenessList 相似，只不过显示的是 Place 中的人员状态。通过注册 AwarenessViewListener 监听实例并实现其 usersAdded()和 usersRemoved()方法，来达到实时统计 Place 空间中人数的效果。值得注意的是，在用户第一次进入空间时，只能通过 AwarenessViewEvent 参数的 getUsers()方法来清点原有人数，以后则可以通过计算出入的人数得知 Place 空间中的剩余人数。

```
m_peopleList.addAwarenessViewListener (new MyAwarenessViewListener ());
class MyAwarenessViewListener extends AwarenessViewAdapter
{
```

```
boolean firstTime = true;

public void usersAdded (AwarenessViewEvent event)
{
    if (firstTime)
    {
        firstTime = false;
        numUsersInPlace = event.getUsers ().length;
    }
    else
        numUsersInPlace ++;
    setLabel (numUsersInPlace);
}
public void usersRemoved (AwarenessViewEvent event)
{
    numUsersInPlace --;
    setLabel (numUsersInPlace);
}
}
```

7.3　界面组件

前面介绍了界面组件由 Community UI 和 Community AWT 两类组成，这里将展开并逐一介绍。

7.3.1　Community UI 组件

Community UI 组件包括 AnnouncementUI、ChatUI、CommUI 和 FileTransferUI，其中大部分在前面的例程中已经见过。

1．AnnouncementUI

AnnouncementUI 是 Java Toolkit 提供的发送和接收通知消息的用户界面组件，它既包含发送通知消息的用户界面，也包含接收通知消息的界面，如图 7-10 所示。当然，如果对既定的界面不满意，可以通过后台服务 AnnouncementService 完成对通知消息的发送与接收功能。然而，使用 AnnouncementUI 可以省去界面部分的设计工作。

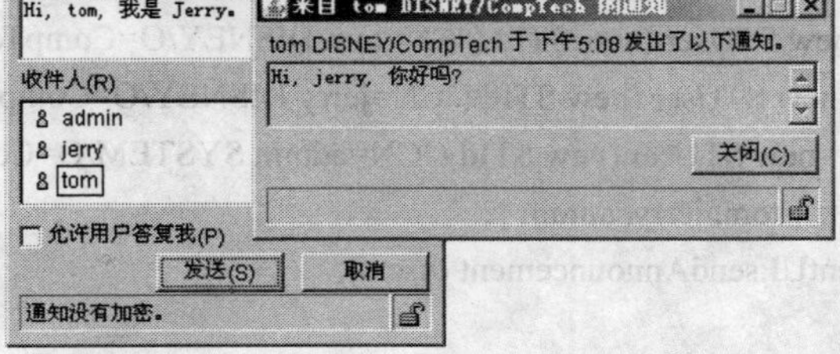

图 7-10　AnnouncementUI 界面

AnnouncementUI 例程如下：

```
public class AnnouncementUIApplet extends Applet implements ActionListener
{
    private STSession m_session;
    private CommunityService m_comm;
    private AnnouncementUI m_announcementUI;

    public void init ()
    {
        try
        {
            m_session = new STSession ("AnnouncementUIApplet " + this);
            m_session.loadAllComponents ();
            m_session.start ();

            Button button = new Button ("Announcement");
            button.addActionListener (this);
            add (button);

            m_comm = (CommunityService) m_session.getCompApi (CommunityService.COMP_NAME);
            m_comm.loginByPassword ("t43win2003.CompTech.com", "jerry DISNEY", "jerry");
            m_announcementUI=(AnnouncementUI)m_session.getCompApi(AnnouncementUI.COMP_NAME);
        }
        catch (DuplicateObjectException e)
        {
            e.printStackTrace ();
        }
    }
    public void destroy ()
    {
        m_comm.logout ();
        m_session.stop ();
        m_session.unloadSession ();
    }
    public void actionPerformed (ActionEvent event)
    {
        STUser tom = new STUser (new STId ("CN=tom DISNEY/O=CompTech", ""), "tom", "");
        STUser jerry = new STUser (new STId ("CN=jerry DISNEY/O=CompTech", ""), "jerry", "");
        STUser admin = new STUser (new STId ("CN=admin SYSTEM/O=CompTech", ""), "admin", "");
        STUser users[] = { tom, jerry, admin };
        m_announcementUI.sendAnnouncement (users);
    }
}
```

我们在界面上设计了一个 Announcement 按钮，可以让登录用户（jerry）向其他用户（tom、jerry、admin）发送通知消息。

AnnouncementUI 与其他组件一样，需要使用 loadAllComponents()或 loadComponents()将其加载到会话中，一旦程序登录到 Sametime 服务器上，它就具有接收通知消息的功能了。这时，如果有通知消息到达，程序会自动弹出对话框并显示通知消息的内容。

```
m_session = new STSession ("AnnouncementUIApplet " + this);
m_session.loadAllComponents ();
m_session.start ();

m_comm = (CommunityService) m_session.getCompApi (CommunityService.COMP_NAME);
m_comm.loginByPassword ("t43win2003.CompTech.com", "jerry DISNEY", "jerry");
```

如果需要发送通知消息，则首先要从会话中获取（getCompApi）刚才加载的 AnnouncementUI 组件，然后调用 sendAnnouncement(users)弹出通知消息发送窗口。其中，users 参数是一个用户数组，包含所有备选的消息接收者，他们会列在发送界面的“收件人”中。可以在发送界面中选中多个用户同时发送通知消息，这样每个指定用户都会收到一条通知消息。通知显示的方式取决于接收方使用的客户端，如果接收方也是使用 AnnouncementUI 界面，则弹出窗口如图 7-10 所示。如果接收方使用的是 Sametime Connect，则通知消息从屏幕右下角滑入。

```
m_announcementUI = (AnnouncementUI) m_session.getCompApi (AnnouncementUI.COMP_NAME);
…
STUser tom = new STUser (new STId ("CN=tom DISNEY/O=CompTech", ""), "tom", "");
STUser jerry = new STUser (new STId ("CN=jerry DISNEY/O=CompTech", ""), "jerry", "");
STUser admin = new STUser (new STId ("CN=admin SYSTEM/O=CompTech", ""), "admin", "");
STUser users[] = { tom, jerry, admin };
m_announcementUI.sendAnnouncement (users);
```

2. FileTransferUI

FileTransferUI 与 AnnouncementUI 类似，提供了一组发送和接收文件的用户界面，其中包括发送文件对话框、接收文件对话框、文件传输进度对话框、文件传输结束对话框，如图 7-11 所示。当然，如果对这组界面不满意，可以自己编写界面并通过后台的 FileTransferService 服务完成文件传输。

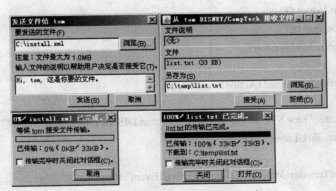

图 7-11 FileTransferUI 界面

FileTransferUI 例程代码如下：

```
public class FileTransferUIApplet extends Applet implements ActionListener, FileTransferUIListener
{
    private STSession m_session;
    private CommunityService m_comm;
    private FileTransferUI m_fileTransferUI;

    public void init ()
    {
        try
        {
            m_session = new STSession ("FileTransferUIApplet " + this);
            m_session.loadAllComponents ();
            m_session.start ();

            Button button = new Button ("File Transfer");
            button.addActionListener (this);
            add (button);

            m_comm = (CommunityService) m_session.getCompApi (CommunityService.COMP_NAME);
            m_comm.loginByPassword ("t43win2003.CompTech.com", "jerry DISNEY", "jerry");

          m_fileTransferUI = (FileTransferUI) m_session.getCompApi (FileTransferUI.COMP_NAME);
          m_fileTransferUI.addFileTransferUIListener (this);
        }
        catch (DuplicateObjectException e)
        {
            e.printStackTrace ();
        }
    }
    public void destroy ()
    {
        m_comm.logout ();
        m_session.stop ();
        m_session.unloadSession ();
    }
    public void actionPerformed (ActionEvent event)
    {
        STUser tom = new STUser (new STId ("CN=tom DISNEY/O=CompTech", ""), "tom", "汤姆");
        m_fileTransferUI.sendFile (tom);
    }
    public void fileTransferCompleted (FileTransferUIEvent event)
    {
```

```
        System.out.println ("File Transfer Completed : " + event.getFileName ());
    }
    public void fileTransferFailed (FileTransferUIEvent event)
    {
        System.out.println ("File Transfer Failed : " + event.getFileName ());
    }
}
```

我们在界面上设计了一个 FileTransfer 按钮，可以让登录用户（jerry）向另一个用户（tom）发送文件。

首先要将 FileTransferUI 加载到会话中，一旦程序登录到 Sametime 服务器上，它就具有接收文件的功能了。这时，如果有文件到达，程序会自动弹出文件接收对话框并提示用户“接受”或“拒绝”。

如果需要发送文件，则需要调用 sendFile(user)弹出文件发送对话框。其中，参数 user 指的是接收用户。在对方接受后传输开始，其过程中会有进度对话框显示文件传输的进度。

```
m_fileTransferUI = (FileTransferUI) m_session.getCompApi (FileTransferUI.COMP_NAME);
…
STUser tom = new STUser (new STId ("CN=tom DISNEY/O=CompTech", ""), "tom", "汤姆");
m_fileTransferUI.sendFile (tom);
```

为了监控文件传输的结果是否正确，可以用 addFileTransferUIListener()添加文件传输监听器，然后通过实现其 fileTransferCompleted()和 fileTransferFailed()方法来监听文件传输是否完成或出错。

```
m_fileTransferUI.addFileTransferUIListener (this);
…
public void fileTransferCompleted (FileTransferUIEvent event) {…}
public void fileTransferFailed (FileTransferUIEvent event) {…}
```

事实上，也可以用 removeFileTransferUIListener()删除文件传输监听器。默认情况下，接收到的文件存放在当前操作系统用户目录中，通过 setDefaultSaveDirectory()可以更改默认目录。

3. CommUI

CommUI 比较简单，它只提供了两种界面：一种是显示群体广播消息，另一种是选择多重匹配用户。前者是 CommUI 在收到管理员向 Sametime 群体广播的消息时，会自动弹出消息对话框并显示消息内容。后者是解析用户名发生多重匹配时，CommUI 会自动弹出匹配列表列出所有匹配的用户供选择，如图 7-12 所示。

图 7-12　CommUI 界面

CommUI 的例程如下：

```
public class CommUIApplet extends Applet implements ActionListener, CommUIListener
```

```
{
    private STSession m_session;
    private CommunityService m_comm;
    private CommUI m_commUI;

    public void init ()
    {
        try
        {
            m_session = new STSession ("CommUIApplet " + this);
            m_session.loadAllComponents ();
            m_session.start ();

            Button button = new Button ("Resolve");
            button.addActionListener (this);
            add (button);

            m_comm = (CommunityService) m_session.getCompApi (CommunityService.COMP_NAME);
            m_comm.loginByPassword ("t43win2003.CompTech.com", "jerry DISNEY", "jerry");

            m_commUI = (CommUI) m_session.getCompApi (CommUI.COMP_NAME);
            m_commUI.addCommUIListener (this);
        }
        catch (DuplicateObjectException e)
        {
            e.printStackTrace ();
        }
    }
    public void destroy ()
    {
        m_comm.logout ();
        m_session.stop ();
        m_session.unloadSession ();
    }
    public void actionPerformed (ActionEvent event)
    {
        m_commUI.resolve ("DISNEY");
    }
    public void resolved (CommUIEvent event)
    {
        System.out.println ("Resoved : " + event.getUser ());
    }
    public void resolveFailed (CommUIEvent event)
```

```
    {
        System.out.println ("Resoved failed: " + event.getUser ());
    }
}
```

在将 CommUI 加载到会话中后，一旦程序登录到 Sametime 服务器上，它就具有接收并显示管理员广播消息的功能了。这时，如果用管理员身份通过管理控制台（http://t43win2003.comptech.com/servlet/auth/admin）发送广播消息时，程序会弹出消息对话框。我们在界面上设计了一个 Resolve 按钮，用来解析用户名 DISNEY。由于 Sametime 群体中有 tom DISNEY、jerry DISNEY、snoopy DISNEY，所以必然会发生多重匹配，这时会自动弹出匹配列表供用户选择。

对于用户名解析，可以通过后台的 LookupService 服务完成，只是当出现多重匹配时需要自己编写相关的选择界面。

为了监控用户名的解析结果是否正确，可以用 addCommUIListener()添加解析监听器，然后通过实现其 resolved()和 resolveFailed()方法来监听解析成功或失败。事实上，也可以用 removeCommUIListener()删除解析监听器。

```
m_commUI.addCommUIListener (this);
…
public void resolved (CommUIEvent event) {…}
public void resolveFailed (CommUIEvent event) {…}
```

事实上，CommUI 提供了两个解析用户名的方法 resolve(name)和 resolve(name,oneMatch, exhaustive)，前者相当于 resolve(name,false,false)。oneMatch 表示是否只允许单一匹配，若该参数为 true 时，上例中多重匹配的情况会直接返回解析失败。exhaustive 表示是否搜索所有的用户目录，通常选择 false，表示只搜索本地用户目录。

4. ChatUI

ChatUI 提供即时消息和即时会议相关的界面，这些界面可以通过编程定制。通过 ChatUI 可以发起与指定用户的即时消息、发起即时会议、邀请对方参加会议等。与其他组件一样，ChatUI 也需要事先加载到会话中，在用户登录到 Sametime 服务器后就可以发挥作用了。

（1）发起即时消息。

可以通过 create1On1ChatById(user)或 create1On1Chat(userName)发起对指定用户的即时消息。前者的参数为 STUser 对象，不需要解析过程。后者的参数为用户名，需要用户名解析。如果解析失败或者出现多重匹配，则会出现提示消息和对话框。

```
// 1. 通过 STUser 对象发起即时消息
STUser tom = new STUser (new STId ("CN=tom DISNEY/O=CompTech", ""), "tom", "汤姆");
m_chatUI.create1On1ChatById (tom);
// 2. 通过用户名发起即时消息
m_chatUI.create1On1Chat ("tom");
```

ChatUI 创建的对话界面如图 7-13 所示。

（2）发起即时会议。

可以通过 createMeeting(…)来创建指定类型或活动的即时会议。默认情况下，会议类型可以是 MeetingTypes 常数类型中的任何一个数值，如 ST_CHAT_MEETING、ST_AUDIO_MEETING、ST_AUDIOBRIDGE_MEETING、ST_VIDEO_MEETING、ST_SHARE_MEETING、

ST_COLLABORATION_MEETING。参数 users 为初始邀请用户数组。可以在会议创建的界面中选择会议工具来扩展会议类型，也可以添加用户扩展会议成员。

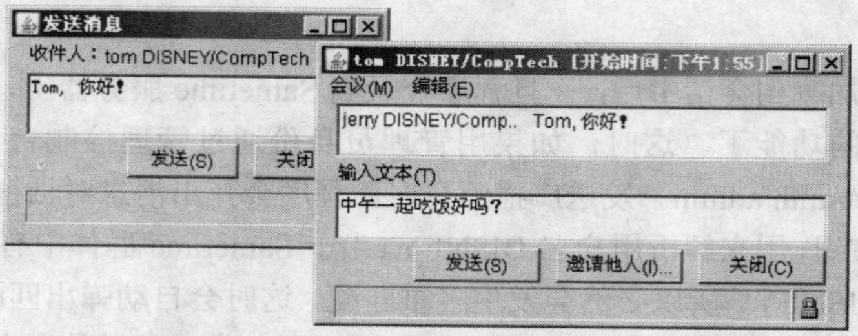

图 7-13　ChatUI 创建对话界面

```
// 1. 创建指定类型的会议
createMeeting (meetingType,meetingName,inviteText,showInviteDlg, users)
// 2. 创建指定活动的会议
createMeeting (meetingName, activities, inviteText, users, encLevel)
```

ChatUI 创建的即时会议如图 7-14 所示。可以在邀请对话框中观察到对方音频视频的设备状态以决定采用的会议类型，如果创建对话会议（ST_CHAT_MEETING）则创建对话空间（Place）。一方输入的消息其他各方都能看到，当前输入方前端会出现手形标识（）。如果创建其他在线的音频或视频会议，则会自动启动嵌入浏览器的会议客户端（Meeting Room Client: MRC）。为了监控 MRC 启动是否正常，需要添加 MeetingListener 并实现其 launchMeeting()和 meetingCreationFailed()方法。

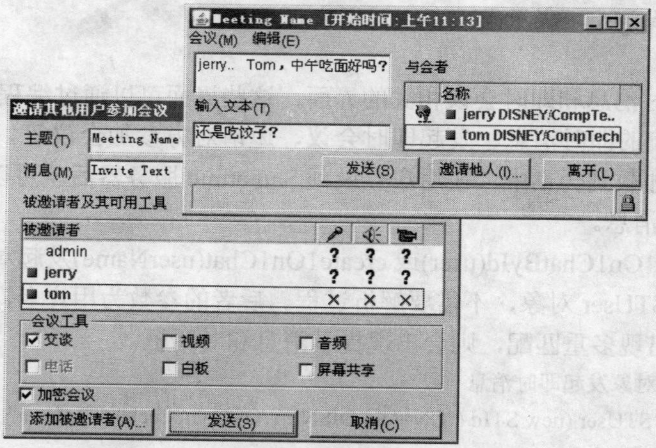

图 7-14　ChatUI 创建会议界面

```
m_chatUI.addMeetingListener (this);
…
public void meetingCreationFailed (MeetingInfo meetingInfo, int reason) {…}
public void launchMeeting (MeetingInfo meetingInfo, URL url) {…}
```

（3）邀请加入会议。

对于已经创建的会议，应用程序可以调用 inviteToMeeting()邀请用户加入会议。

```
inviteToMeeting (meetingInfo, place, inviteText, users, showInviteDlg, autoJoin)
```

通常被邀请的用户会收到一个 URL，单击后可以加入会议。为了监控这一点，需要添加 UrlClickListener 并实现其 urlClicked()方法。

```
m_chatUI.addUrlClickListener (this);
public void urlClicked (UrlClickEvent event) {...}
```

ChatUI 的例程如下：

```
public class ChatUIApplet extends Applet implements MeetingListener, UrlClickListener, ActionListener
{
    private STSession m_session;
    private CommunityService m_comm;
    private ChatUI m_chatUI;

    public void init ()
    {
        try
        {
            m_session = new STSession ("ChatUIApplet " + this);
            m_session.loadAllComponents ();
            m_session.start ();

            Button b1 = new Button ("Instant Message");
            b1.setActionCommand ("Instant Message");
            b1.addActionListener (this);
            add (b1);
            Button b2 = new Button ("Create Meeting");
            b2.setActionCommand ("Create Meeting");
            b2.addActionListener (this);
            add (b2);

            m_comm = (CommunityService) m_session.getCompApi (CommunityService.COMP_NAME);
            m_comm.loginByPassword ("t43win2003.CompTech.com", "jerry DISNEY", "jerry");

            m_chatUI = (ChatUI) m_session.getCompApi (ChatUI.COMP_NAME);
            m_chatUI.addUrlClickListener (this);
            m_chatUI.addMeetingListener (this);
        }
        catch (DuplicateObjectException e)
        {
            e.printStackTrace ();
        }
    }
    public void destroy ()
    {
```

```
        m_comm.logout ();
        m_session.stop ();
        m_session.unloadSession ();
    }
    public void actionPerformed (ActionEvent event)
    {
        STUser tom = new STUser (new STId ("CN=tom DISNEY/O=CompTech", ""), "tom", "");
        STUser jerry = new STUser (new STId ("CN=jerry DISNEY/O=CompTech", ""), "jerry", "");
        STUser admin = new STUser (new STId ("CN=admin SYSTEM/O=CompTech", ""), "admin", "");
        STUser users[] = { tom, jerry, admin };

        if (event.getActionCommand ().equals ("Instant Message"))
            m_chatUI.create1On1ChatById (tom);
        else if (event.getActionCommand ().equals ("Create Meeting"))
            m_chatUI.createMeeting (MeetingTypes.ST_CHAT_MEETING, "Meeting Name", "Invite Text",
            true, users);
    }
    public void launchMeeting (MeetingInfo meetingInfo, URL url)
    {
        getAppletContext ().showDocument (url, meetingInfo.getDisplayName ());
    }
    public void meetingCreationFailed (MeetingInfo meetingInfo, int reason) { }
    public void urlClicked (UrlClickEvent event)
    {
        try
        {
            URL url = new URL (event.getURL ());
            getAppletContext ().showDocument (url);
        }
        catch (MalformedURLException e)
        {
            e.printStackTrace ();
        }
    }
}
```

在界面上设计了 Instant Message 和 Create Meeting 按钮，分别用来创建即时消息和即时会议。

此外，对于外来的即时消息，ChatUI 会自动弹出对话窗口。可以用相关的 API 设置在消息到来时该窗口是否有嘟声、是否闪烁、是否弹出。

```
getBeepOnMessage()/setBeepOnMessage(boolean beep)
getBlinkOnMessage()/setBlinkOnMessage(boolean blink)
getBlinkOnMessage()/setToFrontOnMessage(boolean front)
```

7.3.2 Community AWT 组件

Community AWT 组件包括 AwarenessList、PlaceAwarenessList、AddDialog、ResolvePanel、

DirectoryDialog 和 DirectoryPanel、PrivacyDialog 和 PrivacyPanel 等，其中有些从 Dialog 继承而来，可以作为独立的窗口运行，有些从 Panel 继承而来，必须内嵌在其他窗口中。

1. AwarenessList

AwarenessList 含一张用户列表，它可以感知列表中的群体用户的在线状态，其界面如图 7-15 所示。其中，绿色方形标记（■）表示在线，黄色菱形标记（◆）表示离开等。

可以用 AwarenessList 类的 addUser()或 addUsers()方法往列表中添加用户，前者一次只能添加一个用户，后者一次可以添加一个用户数组。类似地，用 removeUser()和 removeUsers()删除用户。

```
STUser tom = new STUser (new STId ("CN=tom DISNEY/O=CompTech", ""), "tom", "汤姆");
m_awarenessList.addUser (tom);
```

2. PlaceAwarenessList

PlaceAwarenessList 与 AwarenessList 类似，只是它感知的是在 Place 空间中的用户在线状态，如图 7-16 所示。其用户在线标记与 AwarenessList 相同。注意，不能对用户列表添加或删除指定用户，列表中的内容为 Place 空间的所有在线用户。

图 7-15　AwarenessList 界面

图 7-16　PlaceAwarenessList 界面

通常在创建 PlaceAwarenessList 和 Place 空间后需要用 bindPlace()将两者绑定在一起，这样用户列表就自动列出 Place 中的所有在线用户。也可以用 bindToSection()将其绑定到 Place 中一个指定的 Section 上，这样用户列表就只会列出指定 Section 中的在线用户。

```
bindPlace (Place place)
bindToSection (Section section)
```

3. AddDialog

AddDialog 用于检索群体目录中的用户或组。可以在初始界面中输入用户名，如果发生多重匹配，则会列出所有匹配的用户名供选择，如图 7-17 所示。如果单击“目录”按钮，AddDialog 会转到 DirectoryDialog。

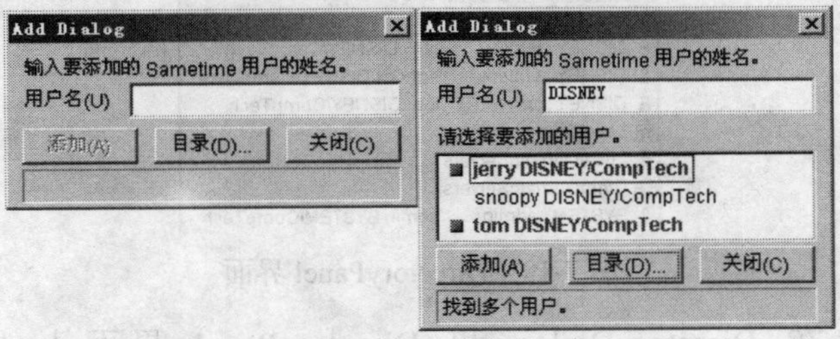

图 7-17　AddDialog 界面

通常需要在 AddDialog 上添加 ResolveViewListener，然后实现其 resolved()和 resolveFailed()方法。这样，在界面上单击“添加”按钮会自动引发用户解析，可以在 resolved()方法中将解析后的用户真正添加到需要的用户列表（如 AwarenessList）中。

```
addDialog.addResolveViewListener (this);
…
public void resolved (ResolveViewEvent event) { }
public void resolveFailed (ResolveViewEvent event) { }
```

4. ResolvePanel

ResolvePanel 为解析用户名或组提供了界面（如图 7-18 所示），可以输入任何用户名或组名进行解析，如果发生多重匹配，则会列出所有匹配的用户供选择，可以双击选择正确的那一个。

图 7-18 ResolvePanel 界面

为了使应用程序监控到解析的结果，需要添加 ResolveViewListener，然后实现其 resolved() 和 resolveFailed()方法。

```
m_resolvePanel.addResolveViewListener (this);
…
public void resolved (ResolveViewEvent event) { }
public void resolveFailed (ResolveViewEvent event) { }
```

ResolvePanel 与 AddDialog 功能类似，都可以用来查找用户或组。只是前者继承自 Panel，必须嵌入窗口界面中，通常与其他组件合在一起提供解析用户的服务。后者继承自 Dialog，可以作为弹出式窗口，解析结果通常会添加到用户列表中。

5. DirectoryDialog 和 DirectoryPanel

DirectoryDialog 和 DirectoryPanel 的界面基本相同（如图 7-19 所示），通过这些界面用户可以在群体目录中检索用户或组。前者是一个独立的对话框窗口，后者必须嵌入到其他窗口中。

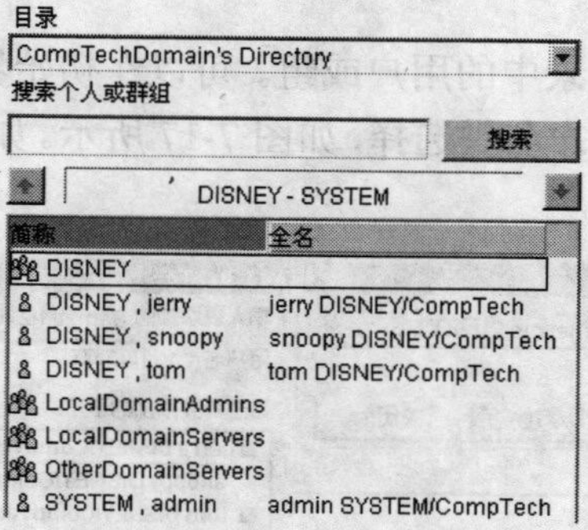

图 7-19 DirectoryPanel 界面

为了监控用户在 DirectoryDialog 和 DirectoryPanel 界面上的操作，可以添加 DirectoryListViewListener，然后实现其 nodeDoubleClicked()和 selectionChanged()方法。前者在用户双击目录项时被触发，而后者在用户选择目录项发生变化时触发。

```
m_directoryPanel.addDirectoryListViewListener (this);
…
```

```
public void nodeDoubleClicked (DirectoryListViewEvent event)
{
    System.out.println ("        " + event.getDoubleClickedNode ().getName ());
}
public void selectionChanged (DirectoryListViewEvent event)
{
    Vector v = event.getSelectedNodes ();
    Enumeration e = v.elements ();
    while (e.hasMoreElements ())
        System.out.println ("        " + ((STObject) e.nextElement ()).getName ());
}
```

6. PrivacyDialog 和 PrivacyPanel

PrivacyDialog 和 PrivacyPanel 的界面是相同的（如图 7-20 所示），前者是一个独立的对话框窗口，后者必须嵌入到其他窗口中。通过这些界面可以设置哪些用户可以查看当前用户的在线状态，当前用户可以对群体中的所有用户可见，也可以只对指定用户可见，或指定用户之外的所有用户可见。

图 7-20　PrivacyPanel 界面

通常会在界面上设计一个提交按钮，在 PrivacyPanel 界面上对用户的 PrivacyList 做出更新以后，需要调用其 submit()方法提交并生效。

```
m_privacyPanel.submit ();
```

为了监控用户 PrivacyList 状态的实时更新，需要添加 MyPrivacyListener 并实现其 myPrivacyChanged()和 changeMyPrivacyDenied()方法。

```
event.getLogin ().addMyPrivacyListener (this);
…
public void myPrivacyChanged (MyPrivacyEvent event)
{
    Enumeration e = event.getPrivacyList ().elements ();
    while (e.hasMoreElements ())
        System.out.println (((STUser) e.nextElement ()).getName ());
}
public void changeMyPrivacyDenied (MyPrivacyEvent event) { }
```

7. GroupContentDialog

GroupContentDialog 用来展示群体目录组中的用户，如图 7-21 所示。由于有了 ResolvePanel，因此通常不直接调用 GroupContentDialog。

8. CapabilitiesList

CapabilitiesList 用来展示指定用户的音频视频的设备状态，如图 7-22 所示。一般来说，对于设备完备的用户，可以用右键启动音频或视频通信。

图 7-21　GroupContentDialog 界面

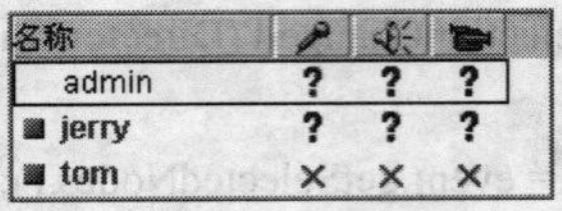

图 7-22　CapabilitiesList 界面

7.4　服务组件

前面介绍了服务组件由 Community 服务和 Meeting 服务两类组成，这里将展开并逐一介绍。

7.4.1　Community 服务

Community 服务组件提供了 14 个 Sametime 群体的基本服务，如用户登录、在线感知、实时通信、用户查找、人员列表等，具体如表 7-6 所示。可以用 loadAllComponents()或 loadSemanticComponents()将所有的 Community 服务组件一次加载进来，也可以用 loadComponents(String[] compList)将指定的组件加载进来。由于组件之间有一定的依赖关系，所以在指定加载时需要特别注意。

表 7-6　Community 服务组件

组件名	依赖关系	说明
CommunityService	无	用户登录（核心组件）
AwarenessService	CommunityService	感知用户状态或属性的变化
PlaceService	CommunityService	虚拟空间
InstantMessagingService	CommunityService	一对一即时通信
AnnoucementService	CommunityService	一对多广播通知
PostService	CommunityService,InstantMessagingService	一对多递送消息
MulitCastService	CommunityService	网络多点广播
FileTransferService	CommunityService	文件传送
NamesService	无	管理昵称和用户分隔符
LookupService	CommunityService	用户查找
DirectoryService	CommunityService	遍历用户目录
StorageService	CommunityService	集中式存取用户属性
BLService	CommunityService,StorageService	管理联系人列表
TokenService	CommunityService	产生用户认证令牌

1. CommunityService

CommunityService 是所有服务组件中最核心的，它负责 Sametime 用户的登录和退出，接收管理员的通知消息，更改当前用户的状态和私人设置。如果用户是匿名登录，还可以通过 CommunityService 更改用户名。

CommunityService 提供了 3 种登录方式。第一种方式是调用 loginByPassword()通过用户名和密码认证的方式登录，这也是最常用的方式。第二种方式是调用 loginByToken()通过用户名和临时令牌（token）登录到服务器。有时出于安全考虑，为了在编程中避免出现密码，会考虑采用这种方式。临时令牌通常是由 TokenService 来产生，具体过程将在后面讲解。第三种方式是调用 loginAsAnon()以匿名方式登录。当然，这需要 Sametime 管理员事先在管理控制台上设置允许匿名登录。无论哪一种方式，一旦登录成功就意味着应用程序作为 Sametime 客户端与服务器连接成功。可以在其后的任何时候调用 logout()退出，应用程序与 Sametime 服务器打交道的任何调用都必须在 login 和 logout 之间。

默认情况下，应用程序在登录时会首先尝试 Sametime 服务器的客户端连接端口（1533），如果不成功则转而尝试 HTTP 隧道连接端口（8082）。可以在登录 Sametime 之前调用 setConnectivity(Connection[] connectionsToTry)设置与服务器之间的连接协议和端口，登录过程会依次尝试 Connection 数组中的连接，其中每条连接都可以是 HTTP、HTTPS、socks4、socks5 中的任意一种。

由于 Sametime 的服务调用是异步执行的，如果要了解登录和退出的执行结果，就需要为 CommunityService 添加 LoginListener 并实现其 loggedIn()和 loggedOut()方法。前者在用户成功登录后被调用，后者在登录失败或者用户退出时被调用。

```
m_comm = (CommunityService) m_session.getCompApi (CommunityService.COMP_NAME);
m_comm.addLoginListener (this);
m_comm.loginXXX (...)
public void loggedIn (LoginEvent event) { }
public void loggedOut (LoginEvent event) { }
```

应用程序在登录后可以调用各种 API 与 Sametime 服务器交互，实际上，服务器端是由各种各样的服务组成的。如果某项服务失效，则相应的客户端调用都会失败。通常这时客户端应用程序会在重试几次后进入等待状态，而服务器需要管理员重新启动该服务。可问题是，客户端应用程序如何能感知到服务重启了呢？如果调用 CommunityService 的 senseService (int serviceType)并添加 ServiceListener 然后实现其 serviceAvailable()方法。这样，在服务重启后应用程序会自动调用 serviceAvailable()。这里的 serviceType 标识了需要监控的服务。

若用户在登录前调用 CommunityService 的 setLoginStatus()方法，则可以设置用户登录后的默认状态（如“请勿打扰”）。若用户在登录后为 CommunityService 添加 AdminMsgListener 并实现其 adminMsgReceived()方法，则在收到管理员通知消息时就能自动感知。

此外，用户登录后调用 getLogin()则可以返回 Login 对象实例，通过该对象可以设置用户状态、更改私人设置、设置匿名用户的用户名等。

（1）调用 Login 对象的 changeMyStatus()可以设置当前用户的在线状态，若添加 MyStatusListener 则会在每次改变状态时自动调用 myStatusChanged()。

（2）调用 Login 对象的 getMyPrivacy()和 changeMyPrivacy()可以获取和更改当前用户的私人设置。若要了解执行结果，则需要添加 MyPrivacyListener，执行结果会反映在 myPrivacyChanged()和 changeMyPrivacyDenied()中。

（3）对于匿名登录的用户，调用 Login 对象的 changeMyUserName()可以更改用户名。若要了解执行结果，则需要添加 MyNameListener，执行结果会反映在 myUserNameChanged()和 changeMyUserNameDenied()中。

注意：由于一个用户（STUser）可以同时有多个登录会话（Login），所以在一个 Login 中更改的用户状态、私人设置、用户名都会被其他 Login 监听到。

2. AwarenessService

AwarenessService 可以用来监控用户（STUser）、组（STGroup）、服务器（STServer）的在线状态或属性的变化。Sametime 中的用户可以随时改变自己的在线状态，也可以为用户、组、服务器设置各种属性。为了监测状态和属性的变化，必须首先在 AwarenessService 上创建监测列表 WatchList，在其中添加监测对象 STObject，即 STUser、STGroup、STServer。然后，在 WatchList 上添加 StatusListener 或 AttrListener 监听器，当监测对象的状态或属性发生变化时，系统会在监听器相关的方法中返回 STWatchedUser 或 STWatchedServer 对象。图 7-23 展示了这些相关类之间的关系，其中虚线箭头表示类的实现，实线箭头表示类的继承。

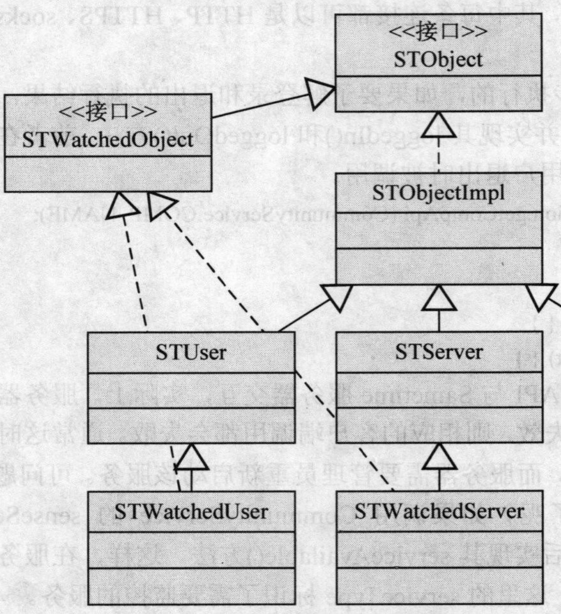

图 7-23　STObject 相关类的关系图

AwarenessService 会在监控对象的状态或属性发生变化时发送相关的事件通知，它们会调用 StatusListener 或 AttrListener 监听器的相关方法。表 7-7 列出了 STObject 对象状态或属性变化时系统调用的监听器方法。

表 7-7　AwarenessService 监控的对象

对象	状态变化通知（StatusListener）	属性变化通知（AttrListener）
STUser	userStatusChanged()	attrChanged()　// 普通属性 attrRemoved()　// 普通属性 attrContentQueried()　// heavy 属性 queryAttrContentFailed()　// heavy 属性

续表

对象	状态变化通知（StatusListener）	属性变化通知（AttrListener）
STGroup	groupCleared()	同上
STServer	无	同上

调用 AwarenessService 的 createWatchList()方法可以创建 WatchList，然后使用 addItem()、addItems()、removeItem()、removeItems()、reset()、close()方法来添加和删除 STObject 监测对象。其中，reset()用于清空 WatchList 列表，而 close()关闭后该 WatchList 不能再使用。可以多次调用 createWatchList()方法来创建多个 WatchList，这样可以同时监控多组不同的用户。假定我们知道用户在其中某一个 WatchList 中，则可以调用 AwarenessService 的 findUserStatus()方法直接查询该用户的当前状态。这个方法比监听状态事件更加直接有效，因为后者只有在用户状态发生变化时才会得到通知。

任何登录会话只能改变当前用户自己的状态和属性，而不能更改其他用户。然而，当前用户状态和属性的变化可以被其他用户所监听。可以用当前 Login 对象的 changeMyStatus()方法更改用户的在线状态，用 AwarenessService 的 changeMyAttr()和 removeMyAttr()方法来更改用户属性。如果添加了 MyAttributeListener，则可以监听到自己的属性变化。

用户可以为自己定义很多个不同的属性，然而监听方也许只关心其中一小部分的变化。所以，AwarenessService 提供了 setAttrFilter()、addToAttrFilter()、removeFromAttrFilter()方法来设置属性过滤。这样，监听方只有在预先设置的属性发生变化时才会收到事件通知。默认情况下过滤为空，所以监听方也就不会收到属性变化通知。值得注意的是，设置属性过滤必须在往 WatchList 中加入 STObject 监测对象之前。

下面的例程可以帮助我们理解监测用户状态变化的实现过程。

```
public class AwarenessServiceApplet extends Applet implements ActionListener, AwarenessServiceListener,
StatusListener
{
    private STSession m_session;
    private CommunityService m_comm;
    private AwarenessService m_awareness;
    private WatchList m_watchList;

    public void init ()
    {
        try
        {
            m_session = new STSession ("AwarenessServiceApplet " + this);
            m_session.loadAllComponents ();
            m_session.start ();

            Button b1 = new Button ("Active");
            b1.setActionCommand ("Active");
            b1.addActionListener (this);
```

```
            add (b1);
            Button b2 = new Button ("DND");
            b2.setActionCommand ("DND");
            b2.addActionListener (this);
            add (b2);
            Button b3 = new Button ("My Status");
            b3.setActionCommand ("My Status");
            b3.addActionListener (this);
            add (b3);
            Button b4 = new Button ("Tom's Status");
            b4.setActionCommand ("Tom's Status");
            b4.addActionListener (this);
            add (b4);

            m_comm = (CommunityService) m_session.getCompApi (CommunityService.COMP_NAME);
            m_comm.loginByPassword ("t43win2003.CompTech.com", "jerry DISNEY", "jerry");
            m_awareness = (AwarenessService)m_session.getCompApi(AwarenessService.COMP_NAME);
            m_awareness.addAwarenessServiceListener (this);
        }
        catch (DuplicateObjectException e)
        {
            e.printStackTrace ();
        }
    }

    public void destroy ()
    {
        m_comm.logout ();
        m_session.stop ();
        m_session.unloadSession ();
    }

    public void actionPerformed (ActionEvent event)
    {
        Login login = m_comm.getLogin ();
        if (event.getActionCommand ().equals ("Active"))
    login.changeMyStatus (new STUserStatus(STUserStatus.ST_USER_STATUS_ACTIVE,0,"准备好了"));
        else if (event.getActionCommand ().equals ("DND"))
    login.changeMyStatus (new STUserStatus(STUserStatus.ST_USER_STATUS_DND,0,"现在不方便"));
        else if (event.getActionCommand ().equals ("My Status"))
        {
            STUserStatus status = m_awareness.findUserStatus (login.getMyUserInstance ());
            System.out.println (status.getStatusDescription ());
```

```
    }
    else
    {
        STUser tom = new STUser (new STId ("CN=tom DISNEY/O=CompTech", ""), "tom", "");
        STUserStatus status = m_awareness.findUserStatus (tom);
        System.out.println (status.getStatusDescription ());
    }
}

public void serviceAvailable (AwarenessServiceEvent event)
{
    m_watchList = m_awareness.createWatchList ();
    m_watchList.addStatusListener (this);

    STUser tom = new STUser (new STId ("CN=tom DISNEY/O=CompTech", ""), "tom", "");
    STUser jerry = new STUser (new STId ("CN=jerry DISNEY/O=CompTech", ""), "jerry", "");
    STUser admin = new STUser (new STId ("CN=admin SYSTEM/O=CompTech", ""), "admin", "");
    STUser users[] = { tom, jerry, admin };
    m_watchList.addItems (users);
}
public void serviceUnavailable (AwarenessServiceEvent event) { }
public void groupCleared (StatusEvent event) { }
public void userStatusChanged (StatusEvent event)
{
    System.out.println ("userStatusChanged");
    STWatchedUser [] users = (STWatchedUser []) event.getWatchedUsers ();
    for (int i = 0; i < users.length; i ++)
        System.out.println (users[i].getDisplayName () + " : " + users[i].getStatus ().getStatusDescription ());
}
}
```

3. PlacesService

PlacesService 为管理虚拟空间提供服务。Java Toolkit 将 Place 相关的对象封装成基础类，称为 PlaceMember。Place、Section、Activity、UserInPlace、MyselfInPlace 都属于它的衍生类。其中，UserInPlace 表示 Place 中的在线用户，MyselfInPlace 表示登录用户自己，而 Activity 可以参考第 8 章的相关内容。Place 相关对象的关系如图 7-24 所示。其中，虚线箭头表示类的实现，实线箭头表示类的继承。PlaceMember 之间可以相互传递消息，比如 UserInPlace 可以发送消息给 Section，其效果是 Section 中的所有用户都会收到该消息。

每个 PlaceMemeber 对象都可以有各自的属性，可以对其任意设置或修改。然而，这些属性仅在该对象逗留在 Section 期间有效，属性的更改也只能被 Section 中的用户监听。可以调用 PlaceMemeber 对象的 changeAttribute()和 removeAttribute()方法来修改和删除属性。对于普通属性，可以调用 getAttributes()来读取属性值，对于重属性，可以调用 queryAttrContent()来异步获取属性值。为了监听 PlaceMemeber 对象属性的变化，通常需要为其添加

PlaceMemberListener 并实现相应的方法。

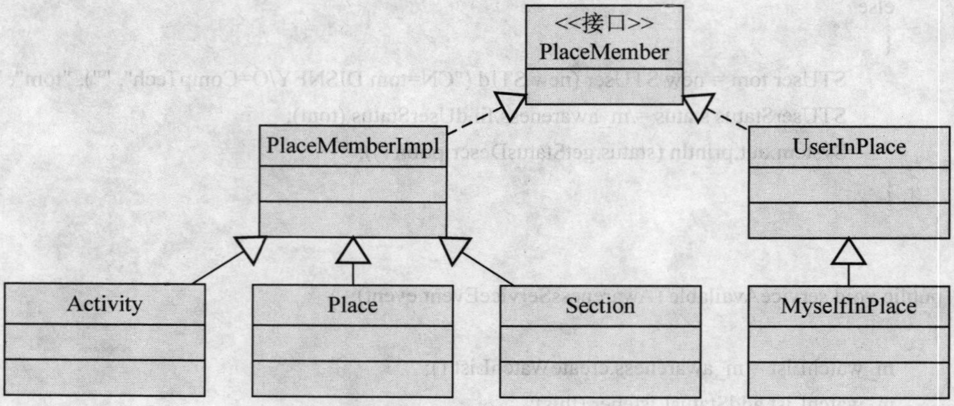

图 7-24 Place 相关类的关系图

下面来逐一介绍这些基本类的功能和使用方法。

（1）Place。

PlacesService 提供两类基本服务功能。其一，侦测 Place 服务的有效性。可以通过调用 PlacesService 对象的 isServiceAvailable()方法来检测服务是否有效，也可以调用对象的 addPlacesServiceListener()方法来加载 PlacesServiceListener，然后实现它的 serviceAvailable()和 serviceUnavailable()方法来监控 Place 服务启停的状态变化。其二，创建 Place 对象。可以通过调用 PlacesService 对象的 createPlace()方法来创建 Place。

```
m_placesService.addPlacesServiceListener (this);
void serviceAvailable (PlacesServiceEvent event) { ... }
void serviceUnavailable (PlacesServiceEvent event) { ... }
…
m_place = m_placesService.createPlace ("SamplePlaceName", "SamplePlaceDisplayName", EncLevel.ENC_
LEVEL_DONT_CARE, 0, publishMode);
```

Place 是由 placeName 和 placeType 唯一标识的。其中，placeName 可以是任意的字符串，通常使用某个讨论主题来命名。placeType 可以是任意的整数，默认用 0。注意，相同 placeName 不同 placeType 创建的是不同的 Place 空间。publishMode 参数用来控制创建后的 Place 是否会登记在统一的空间目录（PlacesDirectory）中，并由 PlacesAdminService 进行管理。publishMode 取值可以是 PlacesConstants 类中的常量：PLACE_PUBLISHED、PLACE_NOT_PUBLISHED 或 PLACE_PUBLISH_DONT_CARE。

Place 空间是可以有密码保护的。如果创建时设置了密码，则以后进入时需要密码校验，如果创建时未设置密码，则以后进入时不需要。为此，Place 类同时提供了 enter()和 enter(password,creationMode,toStage)两种进入 Place 的 API，同时也提供了 getPassword()方法来获取密码。其中后一种方式中的 creationMode 表示进入 Place 时的方式，PlacesConstants 类规定了 3 种方式，如表 7-8 所示。toStage 表示用户进入 Place 后是否留在 Stage 中，否则会由系统选择一个其他的 Section。

表 7-8 进入 Place 空间的方式

方式	常量	说明
创建空间	PLACE_CREATION_CREATE	如果 Place 空间尚不存在则创建它
加入空间	PLACE_CREATION_JOIN	只能进入已存在的 Place 空间
无所谓	PLACE_CREATION_DONT_CARE	如果不存则创建，否则进入 Place

一个用户可以进出 Place 空间任意多次，如果对 Place 对象添加了 PlaceListener，则可以通过实现其 entered()和 enterFailed()方法来监测 enter()调用是否成功。同样地，实现其 left()方法可以监测 leave()调用是否成功。如果确认不需要再使用 Place 空间，则可以在最后一个用户退出空间后调用 close()将其关闭。

```
m_place.addPlaceListener (this);
void entered (PlaceEvent event) { ... }
…
void enterFailed (PlaceEvent event) { ... }
void left (PlaceEvent event) { ... }
```

一旦用户进入 Place 后，则可以进行以下几种操作：

1）使用 addAllowedUsers()设置空间中允许进入的人员列表。如果设置失败则会执行 PlaceListener 的 addAllowedUsersFailed()。如果设置成功则会对以后试图进入的人员进行身份检查，不在列表中的人员会被挡在 Place 空间之外，并执行 PlaceListener 的 enterFailed()。注意，任何进入 Place 空间的人员都可以设置人员准入列表，这并不是创建者的特权。

```
m_place.addPlaceListener (this);
STUser tom=new STUser(new STId("CN=tom DISNEY/O=CompTech", ""),"tom","汤姆");
STUser jerry=new STUser(new STId("CN=jerry DISNEY/O=CompTech", ""),"jerry","杰里");
STUser users[] = { tom, jerry };
m_place.addAllowedUsers (users);
…
void addAllowedUsersFailed (PlaceEvent event) { ... }
```

2）使用 addActivity()为空间设置相应的 Activity 活动。设置成功或失败系统会调用 PlaceListener 的 activityAdded()和 addActivityFailed()方法。关于 Activity 的内容可以参考第 8 章的相关内容。

3）使用 getXXX 方法获取 Place 的相关信息。比如，getActivitiesNum()返回当前 Activity 的数量，getMembers()返回所有的 PlaceMember，getMyselfInPlace()和 getMySection()分别返回登录用户所在的 Section。

4）通过实现 PlaceListener 中的方法监测 Place 的活动。用户进入 Place 后，对于空间中已存在的 Section 和 Activity，系统会为每一个调用 sectionAdded()和 activityAdded()方法。以后每次变化，系统会调用相应的 sectionAdded()、sectionRemoved()、activityAdded()、activityRemoved()。注意，section 是不能在 Sametime 客户端的 Java Toolkit 应用程序中添加的，只能在服务器端的应用程序调用 m_place.addSections()完成。

（2）Section。

Section 是 Place 的一部分。每个 Section 都有各自的容量（Capacity），即可容纳人员的数量。该数值可以在服务器端创建 Place 的时候指定，也可以其后用 setCapacity()调整。Capacity 是进入该 Section 的人数上限，0 表示无限制。可以用 isStage()方法来检测 Section 是否 Stage。对于 Section，通常可以对 Section 进行以下操作：

1）与 Place 相同，Section 也可以通过调用 addAllowedUsers()设置空间中允许进入的人员列表。设置失败则会执行 PlaceListener 的 addAllowedUsersFailed()。

2）通过实现 SectionListener 中的方法监测用户的出入。对于 Section 中原先已存在的用户，系统会为每一个调用 usersEntered()方法。对此后每一次用户进出 Section 的活动，系统都会调用相应的 usersEntered()和 userLeft()。所以，可以通过计算得出当前 Section 中的准确人数。

（3）Activity。

Activity 活动指的是能被 Place 空间中所有用户共享的应用服务，一个 Place 可以有多个 Activity。通过调用 Place 对象的 addActivity()方法来添加 Activity 活动，而对于 Activity 的增减可以通过实现 PlaceListener 的 activityAdded()和 activityRemoved()方法来监测。

（4）UserInPlace。

UserInPlace 继承了 STUserInstance，而后者又继承了 STUser。所以，一个 UserInPlace 本质上就是一个在 Place 空间中的 STUser。

（5）MyselfInPlace。

MyselfInPlace 表示程序运行中当前的登录用户，可以通过 Place 的 getMyselfInPlace()来获得。通常可以对 MyselfInPlace 进行以下操作：

1）从一个 Section 转移到另一个。通过调用 changeSection(Section section)可以将自己从当前 Section 转移到指定的另一个。如果在此之前在 MyselfInPlace 上添加了 MySectionListener，则在转移成功或失败时系统会自动调用 sectionChanged()或 changeSectionFailed()。

```
m_myself = m_place.getMyselfInPlace ();
m_myself.addMySectionListener (this);
m_myself.changeSection (section);
…
public void changeSectionFailed (MyselfEvent event) { ... }
public void sectionChanged (MyselfEvent event) { ... }
```

2）接收其他用户对 Section 发送的消息。可以在 MyselfInPlace 上添加 MyMsgListener 并实现其 textReceived()和 dataReceived()方法，这时若有用户调用 section.sendText()或 section.sendData()对该 Section 发送消息，则系统会自动调用对应的方法。

```
m_myself = m_place.getMyselfInPlace ();
m_myself.addMyMsgListener (this);
…
public void textReceived (MyselfEvent event) { ... }
public void dataReceived (MyselfEvent event) { ... }
```

下面来看一个 PlacesService 的例程。将代码中的登录用户分别改成 tom 和 jerry 并运行，它们会在同一个 Section 中会面并互致问候。例程还表现了用户转移 Section，以及向不同的 PlaceMember（Place、Section、UserInPlace）发送消息的效果，如图 7-25 所示。

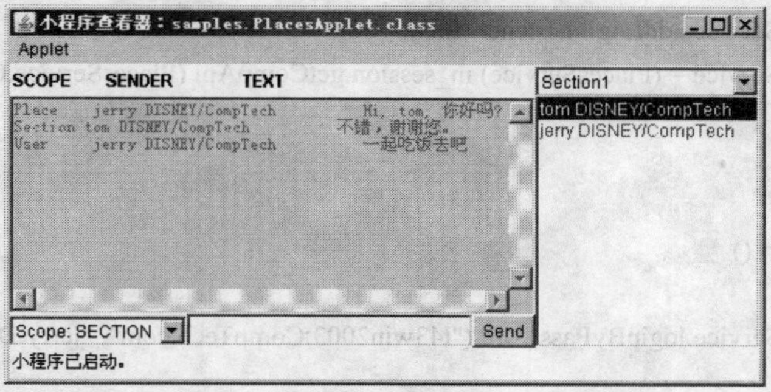

图 7-25　PlacesApplet 例程运行效果

例程代码如下，其结构与前面的例程类似：

```
public class PlacesApplet extends Applet implements LoginListener, ActionListener, ItemListener,
        SectionListener, MyMsgListener, MySectionListener
{
    private static final String PLACE_NAME = "SamplePlace";
    private STSession m_session;
    private CommunityService m_commService;
    private PlacesService m_placesService;
    private Place m_place;
    private Section m_mySection;
    private Hashtable m_sections = new Hashtable ();
    private Hashtable m_users = new Hashtable ();

    private Button m_btnSend;
    private TextField m_tfSend;
    private TextArea m_taTranscript;
    private Choice m_chSections;
    private Choice m_chScope;
    private List m_peopleList;

    public void init ()
    {
        try
        {
            m_session = new STSession ("Places Session" + this);
            m_session.loadSemanticComponents ();
            m_session.start ();
        }
        catch (DuplicateObjectException e)
        {
            e.printStackTrace ();
        }
        m_commService = (CommunityService) m_session.getCompApi (CommunityService.COMP_NAME);
```

```
        m_commService.addLoginListener (this);
        m_placesService = (PlacesService) m_session.getCompApi (PlacesService.COMP_NAME);
        initUI ();
    }

    public void start ()
    {
        m_commService.loginByPassword ("t43win2003.CompTech.com", "jerry DISNEY", "jerry");
    }

    public void destroy ()
    {
        m_commService.logout ();
        m_session.stop ();
        m_session.unloadSession ();
    }

    public void loggedIn (LoginEvent event)
    {
        System.out.println ("Sample: Logged in");
        m_place = m_placesService.createPlace (PLACE_NAME, PLACE_NAME,
                EncLevel.ENC_LEVEL_DONT_CARE, 1);
        addPlaceListener ();
        m_place.enter ();
    }

    public void loggedOut (LoginEvent event)
    {
        System.out.println ("Sample: Logged out");
    }

    private void addPlaceListener ()
    {
        m_place.addPlaceListener (new PlaceAdapter ()
        {
            public void entered (PlaceEvent event)
            {
                PlacesApplet.this.entered (event);
            }
            public void enterFailed (PlaceEvent event)
            {
                PlacesApplet.this.enterFailed (event);
            }
```

```
            public void left (PlaceEvent event)
            {
                PlacesApplet.this.left (event);
            }
            public void sectionAdded (PlaceEvent event)
            {
                PlacesApplet.this.sectionAdded (event);
            }
            public void sendFailed (PlaceMemberEvent event)
            {
                PlacesApplet.this.sendFailed (event);
            }
        });
    }

    private void entered (PlaceEvent event)
    {
        m_mySection = m_place.getMySection ();
        m_mySection.addSectionListener (this);
        MyselfInPlace myself = m_place.getMyselfInPlace ();
        myself.addMyMsgListener (this);
        myself.addMySectionListener (this);
        enableGuiItems (true);
    }

    private void enterFailed (PlaceEvent event) { }

    private void left (PlaceEvent event)
    {
        enableGuiItems (false);
    }

    public void sectionAdded (PlaceEvent event)
    {
        Section newSection = event.getSection ();
        Integer sectionId = newSection.getMemberId ();
        String sectionKey = "Section" + sectionId.toString ();
        m_sections.put (sectionKey, newSection);
        m_chSections.add (sectionKey);
    }

    public void usersEntered (SectionEvent event)
    {
```

```
        UserInPlace [] newUsers = event.getUsers ();
        for (int i = 0; i < newUsers.length; i ++)
        {
            String userName = newUsers[i].getDisplayName ();
            m_users.put (userName, newUsers[i]);
            m_peopleList.add (userName);
        }
        m_peopleList.select (0);
    }

    public void userLeft (SectionEvent event)
    {
        String userName = event.getUser ().getDisplayName ();
        m_users.remove (userName);
        m_peopleList.remove (userName);
        if (m_peopleList.getSelectedIndex () == -1)
            m_peopleList.select (0);
    }

    public void sendFailed (PlaceMemberEvent event)
    {
        m_taTranscript.append ("\n ************Failed to send the message. Reason: "
                + Integer.toHexString (event.getReason ()) + "h ************ \n\n");
    }

    public void actionPerformed (ActionEvent event)
    {
        if (event.getSource () == m_btnSend)
        {
            PlaceMember receiver;
            String text = m_tfSend.getText ();
            String scope = m_chScope.getSelectedItem ();

            if (scope.equals ("Scope: PLACE"))
                receiver = m_place;
            else if (scope.equals ("Scope: SECTION"))
                receiver = m_mySection;
            else
            {
                String selectedUser = m_peopleList.getSelectedItem ();
                receiver = (UserInPlace) m_users.get (selectedUser);
            }
            receiver.sendText (text);
```

```
            m_tfSend.setText ("");
        }
    }

    public void itemStateChanged (ItemEvent event)
    {
        if (event.getSource () == m_chSections)
        {
            String sectionKey = (String) event.getItem ();
            Section newSection = (Section) m_sections.get (sectionKey);
            MyselfInPlace myself = m_place.getMyselfInPlace ();
            myself.changeSection (newSection);
        }
    }

    public void sectionChanged (MyselfEvent event)
    {
        m_users.clear ();
        m_peopleList.removeAll ();
        m_mySection.removeSectionListener (this);
        m_mySection = event.getSection ();
        m_mySection.addSectionListener (this);
    }

    public void changeSectionFailed (MyselfEvent event) { }

    public void textReceived (MyselfEvent event)
    {
        PlaceMember sender = event.getSender ();
        if (sender instanceof UserInPlace)
        {
            String senderName = ((UserInPlace) sender).getDisplayName ();
            String scope;
            if (event.getScope () == PlacesConstants.SCOPE_PLACE)
                scope = "Place      ";
            else if (event.getScope () == PlacesConstants.SCOPE_SECTION)
                scope = "Section ";
            else
                scope = "User        ";
            m_taTranscript.append (scope + senderName + "                    ");
            m_taTranscript.append (event.getText () + "\n");
            m_tfSend.requestFocus ();
        }
```

```
}

public void dataReceived (MyselfEvent event) { }

private void initUI ()
{
    setLayout (new BorderLayout ());

    Panel sendPanel = new Panel (new BorderLayout ());
    sendPanel.add ("East", m_btnSend = new Button ("Send"));
    sendPanel.add ("Center", m_tfSend = new TextField ());
    sendPanel.add ("West", m_chScope = new Choice ());
    m_chScope.add ("Scope: PLACE");
    m_chScope.add ("Scope: SECTION");
    m_chScope.add ("Scope: USER");

    Panel chatPanel = new Panel (new BorderLayout ());
    chatPanel.add ("South", sendPanel);
    chatPanel.add ("Center", m_taTranscript = new TextArea ());
    m_taTranscript.setFont (new Font ("Courier New", Font.PLAIN, 12));
    m_taTranscript.setForeground (Color.blue);
    m_taTranscript.setEnabled (false);

    Label header = new Label ();
    header.setFont (new Font ("Dialog", Font.BOLD, 12));
    header.setText ("SCOPE            SENDER                 TEXT");
    chatPanel.add ("North", header);

    Panel listPanel = new Panel (new BorderLayout ());
    listPanel.add ("North", m_chSections = new Choice ());
    listPanel.add ("Center", m_peopleList = new List ());
    m_peopleList.setForeground (Color.magenta);

    m_btnSend.addActionListener (this);
    m_chSections.addItemListener (this);
    enableGuiItems (false);

    add ("East", listPanel);
    add ("Center", chatPanel);
}

private void enableGuiItems (boolean enable)
{
```

```
        m_btnSend.setEnabled (enable);
        m_tfSend.setEnabled (enable);
        m_peopleList.setEnabled (enable);
        m_chScope.setEnabled (enable);
        m_chSections.setEnabled (enable);
        m_tfSend.requestFocus ();
    }

    public void addAllowedUsersFailed (SectionEvent event) { }
    public void removeAllowedUsersFailed (SectionEvent event) { }
    public void removeAttributeFailed (PlaceMemberEvent event) { }
    public void attributeChanged (PlaceMemberEvent event) { }
    public void attributeRemoved (PlaceMemberEvent event) { }
    public void queryAttrContentFailed (PlaceMemberEvent event) { }
    public void changeAttributeFailed (PlaceMemberEvent event) { }
}
```

关于 PlacesService 的编程请参考前面的描述，这里不再赘述。基本上，其运行界面由左侧的交谈窗口（chatPanel）和右侧的列表窗口中（listPanel）组成，左侧窗口从上至下含有标签头（header）、交谈记录框（m_taTranscript）、发送窗口（sendPanel）3 部分，而发送窗口又由发送范围选择框（m_chScope）、发送文本域（m_tfSend）和发送键（m_btnSend）组成。右侧窗口从上至下含有 Section 选择框（m_chSections）和 Section 中的人员列表（m_peopleList）。

4. InstantMessagingService

InstantMessagingService 为 Sametime 客户端之间提供了传输字符串和二进制数据的功能。在运行时，通信双方都需要依赖 IM 对象，该对象代表了两个客户端之间的会话。

对于发送方，可以调用 InstantMessagingService 的 createIm()方法直接创建 IM 对象，这时的 IM 对象默认是关闭的，必须调用 open()将其打开。然后，就可以调用 sendText()和 sendData()来发送字符串和二进制数据了。最后，调用 close()方式将 IM 对象关闭，会话结束。如果我们为 IM 对象添加 ImListener，则可以通过相关的回调方法掌握会话中发送和接收消息的各个环节。

- dataReceived()：收到对方用 sendData()发送的二进制数据。
- textReceived()：收到对方用 sendText()发送的字符串数据。
- imOpened()：IM 会话打开成功。
- openImFailed()：IM 会话打开失败。
- imClosed()：IM 会话关闭。

对于接收方，首先需要为 InstantMessagingService 服务添加 ImServiceListener，然后调用 registerImType()将接收方愿意接收的即时消息类型注册到服务上。这样，在发送方 open()的时候，接收方会自动调用 imReceived()表示会话建立。注意，注册这一步很重要，否则接收方将收不到任何消息，发送方也会因为消息类型不匹配而返回 openImFailed()。通过 imReceived()的参数可以调用 getIm()得到 IM 对象，这时该对象默认是打开的，不需要调用 open()了。类似于发送方，如果为 IM 对象添加 ImListener，则可以掌握接收方的通信过程。

有时通信双方需要来来回回地发送消息，这时双方互为发送方和接收方，在编程时需要完整地实现双方的会话过程。

为了帮助理解，下面来看一组例程。发送方程序如下：

```
public class InstantMessagingServiceSenderApplet extends Applet implements LoginListener, ImListener
{
    private STSession m_session;
    private CommunityService m_comm;
    private InstantMessagingService m_im;

    public void init ()
    {
        try
        {
            m_session = new STSession ("InstantMessagingServiceSenderApplet " + this);
            m_session.loadAllComponents ();
            m_session.start ();
            m_comm = (CommunityService) m_session.getCompApi (CommunityService.COMP_NAME);
            m_comm.addLoginListener (this);
            m_comm.loginByPassword ("t43win2003.CompTech.com", "jerry DISNEY", "jerry");
        }
        catch (DuplicateObjectException e)
        {
            e.printStackTrace ();
        }
    }

    public void destroy ()
    {
        m_comm.logout ();
        m_session.stop ();
        m_session.unloadSession ();
    }

    public void loggedIn (LoginEvent event)
    {
    m_im = (InstantMessagingService) m_session.getCompApi (InstantMessagingService.COMP_NAME);
    m_im.registerImType (ImTypes.IM_TYPE_CHAT);

        STUser tom = new STUser (new STId ("CN=tom DISNEY/O=CompTech", ""), "", "");
        Im im = m_im.createIm (tom, EncLevel.ENC_LEVEL_NONE, ImTypes.IM_TYPE_CHAT);
        im.addImListener (this);
        im.open ();
    }
    public void loggedOut (LoginEvent event) { }
```

```
        public void imClosed (ImEvent event)
        {
            event.getIm ().close (0);
        }
        public void imOpened (ImEvent event)
        {
            event.getIm ().sendText (false, "Hello, how are you?");
        }
        public void openImFailed (ImEvent event) { }
        public void dataReceived (ImEvent event) { }
        public void textReceived (ImEvent event)
        {
            System.out.println (event.getText ());
        }
    }
```

接收方程序如下：

```
    public class InstantMessagingServiceReceiverApplet extends Applet implements ImServiceListener,
ImListener
    {
        private STSession m_session;
        private CommunityService m_comm;
        private InstantMessagingService m_im;

        public void init ()
        {
            try
            {
                m_session = new STSession ("InstantMessagingServiceReceiverApplet " + this);
                m_session.loadSemanticComponents ();
                m_session.start ();
                m_comm = (CommunityService) m_session.getCompApi (CommunityService.COMP_NAME);
                m_comm.loginByPassword ("t43win2003.CompTech.com", "tom DISNEY", "tom");

                m_im = (InstantMessagingService) m_session.getCompApi (InstantMessagingService.COMP_NAME);
                m_im.addImServiceListener (this);
                m_im.registerImType (ImTypes.IM_TYPE_CHAT);
            }
            catch (DuplicateObjectException e)
            {
                e.printStackTrace ();
            }
        }
```

```
    public void destroy ()
    {
        m_comm.logout ();
        m_session.stop ();
        m_session.unloadSession ();
    }
    public void imReceived (ImEvent event)
    {
        event.getIm ().addImListener (this);
    }
    public void imClosed (ImEvent event)
    {
        event.getIm ().close (0);
    }
    public void imOpened (ImEvent event) { }
    public void openImFailed (ImEvent event) { }
    public void dataReceived (ImEvent event) { }
    public void textReceived (ImEvent event)
    {
        System.out.println (event.getText ());
        event.getIm ().sendText (false, "Fine, thank you.");
    }
}
```

5. AnnouncementService

Announcement 类似于短消息，是一种单向推送通知信息的通信方式。利用 Announcement 服务可以向用户（STUser）或组（STGroup）发送通知消息。要使用 Announcement 服务，就必须在会话中加载 AnnouncementService。

如果需要发送通知消息，则要从会话中获取（getCompApi）刚才加载的 Announcement 服务组件，然后调用 sendAnnouncement(users, allowResponse, msg)弹出通知消息发送窗口。其中 users 是一个 STObject 数组，每一个单元都可以有用户或用户组，allowResponse 表示是否允许接收方回复。

```
m_announcement = (AnnouncementService) m_session.getCompApi (AnnouncementService.COMP_NAME);
…
STUser tom = new STUser (new STId ("CN=tom DISNEY/O=CompTech", ""), "tom", "");
STUser jerry = new STUser (new STId ("CN=jerry DISNEY/O=CompTech", ""), "jerry", "");
STUser admin = new STUser (new STId ("CN=admin SYSTEM/O=CompTech", ""), "admin", "");
STUser users[] = { tom, jerry, admin };
m_announcement.sendAnnouncement (users, true, "How are you?");
```

如果需要接收通知消息，则可以添加 AnnouncementListener 并实现其 announcementReceived()方法。这样，每次接收到通知消息都能在该方法中获得消息内容并处理。当然，可以在不再需要的情况下调用 removeAnnouncementListener()删除监听器。

```
m_announcement.addAnnouncementListener (this);
public void announcementReceived (AnnouncementEvent event) {…}
```

具体例程可以参考 AnnouncementUI。

6. PostService

PostService 使用户可以把单条消息一次发送给多个用户。如果未能成功送达，发送方会收到出错事件，如果成功送达，接收方可以选择是否回复。发送方和接收方通常需要事先约定并注册一个数值作为传送类型，它就像通信双方约定的频道，只有传送类型一致，消息才能互通。

AnnouncementService、PostService、InstantMessagingService 都可以用于消息通信，但它们通信方式各不相同，表 7-9 列出了这 3 种消息服务之间的差别。相比之下，PostService 与 AnnouncementServer 更相似些，都是请求应答方式。接收方只能回复收到的消息，也就是说，接收方不能主动发送消息。而 InstantMessagingService 则比较自由，双方一旦建立会话都可以发送和接收消息。

表 7-9　3 种消息服务的比较

功能	InstantMessagingService	AnnouncementService	PostService
通信方式	一对一	一对多	一对多
对话模式	往复	请求/应答 由发送方决定是否允许回复	请求/应答 由接收方决定是否回复
是否约定频道	是，约定 ImType 通常为 ImTypes.IM_TYPE_CHAT	否	是，约定 PostType 可以是任何整数
传送数据类型	String 或 byte[]	String	String

（1）发送消息。

1）发送方加载 PostService 服务组件后可以调用其 registerPostType(int postType)方法注册传送类型，其中 0～100000 间的数值由 Sametime 保留占用，可以使用 100000 以后的任何整数。

2）确定接收消息的各方并调用 PostService 的 createPost()方法来创建 Post 对象，调用其 send()方法发送消息。这时，消息会一次发送给所有各方。由于执行发送过程是异步的，如果为 Post 对象添加 PostListener，则会在消息发送失败时自动调用 sendToUserFailed()，若对方回复则会自动调用 userResponded()。

（2）接收消息。

1）接收方加载 PostService 服务组件后也需要调用其 registerPostType(int postType)方法注册传送类型。注意，双方的 postType 必须一致。

2）为 PostService 添加 PostServiceListener，这样外来的消息会触发 posted()方法。可以用 getPost()方法获得 Post 对象并决定是否需要调用 respond()回复。

为了方便理解，下面来看一组例程。发送方程序如下：

```
public class PostServiceSenderApplet extends Applet implements ActionListener, PostListener
{
    private STSession m_session;
    private CommunityService m_comm;
    private PostService m_post;
    private Post post;

    public void init ()
```

```
{
    try
    {
        m_session = new STSession ("PostServiceSenderApplet " + this);
        m_session.loadAllComponents ();
        m_session.start ();

        Button button = new Button ("Post");
        button.addActionListener (this);
        add (button);

        m_comm = (CommunityService) m_session.getCompApi (CommunityService.COMP_NAME);
        m_comm.loginByPassword ("t43win2003.CompTech.com", "jerry DISNEY", "jerry");
        m_post = (PostService) m_session.getCompApi (PostService.COMP_NAME);
        m_post.registerPostType (145701);
    }
    catch (DuplicateObjectException e)
    {
        e.printStackTrace ();
    }
}

public void destroy ()
{
    m_comm.logout ();
    m_session.stop ();
    m_session.unloadSession ();
}

public void actionPerformed (ActionEvent event)
{
    System.out.println ("actionPerformed");
    STUser tom = new STUser (new STId ("CN=tom DISNEY/O=CompTech", ""), "tom", "");
    STUser jerry = new STUser (new STId ("CN=jerry DISNEY/O=CompTech", ""), "jerry", "");
    STUser admin = new STUser (new STId ("CN=admin SYSTEM/O=CompTech", ""), "admin", "");
    STUser users[] = { tom, jerry, admin };
    post = m_post.createPost (145701, "Greeting", "How are you?", 2, "Detail".getBytes (), users);
    post.addPostListener (this);
    post.send ();
}
public void sendToUserFailed (PostEvent event) { }
public void userResponded (PostEvent event) { }
}
```

接收方程序如下：

```
public class PostServiceReceiverApplet extends Applet implements PostServiceListener
{
    private STSession m_session;
    private CommunityService m_comm;
    private PostService m_post;

    public void init ()
    {
        try
        {
            m_session = new STSession ("PostServiceSenderApplet " + this);
            m_session.loadAllComponents ();
            m_session.start ();

            m_comm = (CommunityService) m_session.getCompApi (CommunityService.COMP_NAME);
            m_comm.loginByPassword ("t43win2003.CompTech.com", "tom DISNEY", "tom");

            m_post = (PostService) m_session.getCompApi (PostService.COMP_NAME);
            m_post.registerPostType (145701);
            m_post.addPostServiceListener (this);
        }
        catch (DuplicateObjectException e)
        {
            e.printStackTrace ();
        }
    }
    public void destroy ()
    {
        m_comm.logout ();
        m_session.stop ();
        m_session.unloadSession ();
    }
    public void posted (PostEvent event)
    {
        Post post = event.getPost ();
        System.out.println (post.getMessage ());
        post.respond (0, "Fine, thank you.");
    }
}
```

7. MultiCastService

MultiCastService 负责将消息以多点广播的形式同时发送给多个接收者，当然前提是网络要支持多点广播。

使用 MultiCastSerivce 的过程比较简单。在加载该服务组件后，发送方调用 sendMultiCast()将消息发送给一组接收对象（STObject），通常接收对象就是群体用户（STUser）或公共组（STGroup）。接收方需要事先为 MultiCastSerivce 添加 MultiCastListener，在消息到达时会自动调用 multiCastReceived()方法。通过 getSender()、getRecipients()、getData、getType()可以得到消息的发送方、接收方、消息内容、消息类型等详细信息。

```
Button button = new Button ("MultiCast");
button.addActionListener (this);
add (button);
m_multicast = (MultiCastService) m_session.getCompApi (MultiCastService.COMP_NAME);
m_multicast.addMultiCastListener (this);
…
public void actionPerformed (ActionEvent event)
{
    STUser tom = new STUser (new STId ("CN=tom DISNEY/O=CompTech", ""), "tom", "");
    STUser jerry = new STUser (new STId ("CN=jerry DISNEY/O=CompTech", ""), "jerry", "");
    STUser admin = new STUser (new STId ("CN=admin SYSTEM/O=CompTech", ""), "admin", "");
    STUser users[] = { tom, jerry, admin };
    String str = "How are you?";
    m_multicast.sendMultiCast (users, (short) 1, str.getBytes ());
}
public void multiCastReceived (MultiCastEvent event)
{
        System.out.println (new String(event.getData ()));
}
```

8. FileTransferService

FileTransferService 为 Sametime 用户之间提供了传送文件的功能。在运行时，双方都需要依赖 FileTransfer 对象，一方创建该对象并发送文件，另一方取得该对象并选择接受或拒绝。在文件传输的过程中，双方都可以观察到传输进度，在传输完成之前双方都可以中止传输。中止后，传输了一半的文件会被自动清除。

对于发送方，在试图发送文件之前应该检查是否已经设置服务器（STServer）的存属性 AwarenessConstants.FILE_TRANSFER_MAX_FILE_SIZE。对于接收方，则必须设置用户（STUser）的存属性 AwarenessConstants.FILE_TRANSFER_SUPPORTED。当然，也可以通过 Sametime 的管理控制台设置是否允许传输文件及文件的大小限制。

发送方编程比较简单，首先要调用 createFileTransfer()来创建 FileTransfer 对象，然后可以调用其 start()和 stop()来启动和停止传输。如果为该对象添加了 FileTransferListener，则可以通过相关的回调方法掌握传输的状态。

- fileTransferDeclined()：表示对方拒绝文件传送。
- fileTransferStarted()：表示对方接受并开始传输。
- fileTransferStopped()：表示对方中止了文件传输。
- fileTransferCompleted()：表示文件传输完成。
- bytesTransferredUpdate()：默认每完成 5%调用一次，可以调用 FileTransfer 对象的

setUpdateInterval()方法改变间隔，也可以通过 getNumOfByteTransferred()调用得到当前完成传输的字节数。

接收方编程则比较复杂，首先要为 FileTransferService 添加 FileTransferServiceListener，这样在对方试图发送文件时会自动调用 FileTransferInitiated (FileTransferEvent event)，通过对事件参数调用 getFileTransfer()即可获得 FileTransfer 对象。然后，通过 FileTransfer 对象可以查得对方的用户名、文件名、文件描述、文件大小等，调用 accept()或 decline()来接受或拒绝。类似地，如果为该对象添加了 FileTransferListener，则可以通过相关的回调方法掌握传输的状态。只不过，接收方只有 fileTransferStopped()、fileTransferCompleted()、bytesTransferredUpdate()三种状态。

下面来看一组例程，也许能帮助理解。文件发送方程序如下：

```
public class FileTransferServiceSenderApplet extends Applet implements LoginListener, ResolveListener
{
    private STSession m_session;
    private CommunityService m_comm;
    private FileTransferService m_filetransfer;

    public void init ()
    {
        try
        {
            m_session = new STSession ("FileTransferServiceSenderApplet " + this);
            m_session.loadAllComponents ();
            m_session.start ();

            m_comm = (CommunityService) m_session.getCompApi (CommunityService.COMP_NAME);
            m_comm.addLoginListener (this);
            m_comm.loginByPassword ("t43win2003.CompTech.com", "jerry DISNEY", "jerry");
        }
        catch (DuplicateObjectException e)
        {
            e.printStackTrace ();
        }
    }

    public void destroy ()
    {
        m_comm.logout ();
        m_session.stop ();
        m_session.unloadSession ();
    }

    public void loggedIn (LoginEvent event)
```

```
        {
            LookupService lookupSvc = (LookupService) m_session.getCompApi (LookupService.COMP_NAME);
            Resolver resolver = lookupSvc.createResolver (true, true, true, false);
            resolver.addResolveListener (this);
            resolver.resolve ("tom DISNEY");
        }
        public void loggedOut (LoginEvent event) { }
        public void resolveConflict (ResolveEvent event) { }
        public void resolved (ResolveEvent event)
        {
            try
            {
                String filename = "c:\\source.ini";
                FileInputStream fis = new FileInputStream (filename);
                m_filetransfer=(FileTransferService)m_session.getCompApi(FileTransferService.COMP_NAME);
                FileTransfer fileTransfer=m_filetransfer.createFileTransfer((STUser) event.getResolved(), fis,
                "SourceFile.txt", "Source Description", "Text File", new Integer (1));
                fileTransfer.start ();
            }
            catch (FileNotFoundException e)
            {
                e.printStackTrace ();
            }
            catch (IOException e)
            {
                e.printStackTrace ();
            }
        }
        public void resolveFailed (ResolveEvent event) { }
    }
```

文件接收方程序如下：

```
public class FileTransferServiceReceiverApplet extends Applet implements FileTransferServiceListener,
FileTransferListener
    {
        private STSession m_session;
        private CommunityService m_comm;
        private FileTransferService m_filetransfer;

        public void init ()
        {
            try
            {
                m_session = new STSession ("FileTransferServiceReceiverApplet " + this);
```

```
            m_session.loadSemanticComponents ();
            m_session.start ();
            m_comm = (CommunityService) m_session.getCompApi (CommunityService.COMP_NAME);
            m_comm.loginByPassword ("t43win2003.CompTech.com", "tom DISNEY", "tom");
            m_filetransfer=(FileTransferService)m_session.getCompApi(FileTransferService.COMP_NAME);
            m_filetransfer.addFileTransferServiceListener (this);
        }
        catch (DuplicateObjectException e)
        {
            e.printStackTrace ();
        }
    }

    public void destroy ()
    {
        m_comm.logout ();
        m_session.stop ();
        m_session.unloadSession ();
    }

    public void FileTransferInitiated (FileTransferEvent event)
    {
        try
        {
            FileTransfer fileTransfer = event.getFileTransfer ();
            FileOutputStream fos = new FileOutputStream ("c:\\Target.ini");
            System.out.println ("FileName = " + fileTransfer.getFileName () + ", FileDesc = "
                    + fileTransfer.getFileDesc ());
            fileTransfer.addFileTransferListener (this);
            fileTransfer.setUpdateInterval (10);
            fileTransfer.accept (fos);
        }
        catch (FileNotFoundException e)
        {
            e.printStackTrace ();
        }
    }
    public void bytesTransferredUpdate (FileTransferEvent event) { }
    public void fileTransferCompleted (FileTransferEvent event) { }
    public void fileTransferDeclined (FileTransferEvent event) { }
    public void fileTransferStarted (FileTransferEvent event) { }
    public void fileTransferStopped (FileTransferEvent event) { }
}
```

9. NamesService

NamesService 负责管理在会话中对用户昵称和用户名分隔符的设置和变更。应用程序在登录后可以对其他用户设置昵称，该昵称只在当前会话中有效，不同会话可以对同一用户设置不同的昵称，相互并不干扰。

（1）用户昵称。

在会话中加载 NamesService 服务组件后，可以调用 setUserName()设置用户的昵称。由于设置过程是异步的，所以需要事先为 NamesService 添加 NamesServiceListener，这样在设置完成后会自动调用 nameChanged()方法。假定我们登录后依次将用户 tom 的昵称设置为 TOM 和 Tommy，可以在 nameChanged()中观察到设置结果。

```
m_name = (NamesService) m_session.getCompApi (NamesService.COMP_NAME);
m_name.addNamesServiceListener (this);
…
STUser tom = new STUser (new STId ("CN=tom DISNEY/O=CompTech", ""), "tom", "汤姆");
tom.setNickName ("TOM");              // 第一次将用户 tom 的昵称设置为 TOM
m_name.setUserName (tom);
tom.setNickName ("Tommy");            // 第二次将用户 tom 的昵称设置为 Tommy
m_name.setUserName (tom);
public void nameChanged (NamesEvent event)
{
    System.out.println ("NickName = " + event.getUser ().getNickName ());
}
```

（2）用户名分隔符。

调用 NamesService 服务的 setNameDelimiter()方法设置用户名分隔符。由于设置过程是异步的，所以需要事先为 NamesService 添加 NamesServiceListener，这样在设置完成后会自动调用 nameDelimiterChanged()方法。

```
m_name = (NamesService) m_session.getCompApi (NamesService.COMP_NAME);
m_name.addNamesServiceListener (this);
m_name.setNameDelimiter ("+");        // 第一次将用户名分隔符设置为“+”
m_name.setNameDelimiter ("-");        // 第二次将用户名分隔符设置为“-”
public void nameDelimiterChanged (NamesEvent event)
{
    System.out.println (event.getNameDelimiter ());
}
```

10. LookupService

LookupService 负责在 Sametime 群体中查找匹配的用户（STUser）或组（STGroup），或者查询用户组的内容。在下面分别详细介绍其编程步骤。

（1）查找用户或组。

1）为 LookupService 添加 LookupServiceListener 并实现其 serviceAvailable()方法。这样，在该服务加载并启动成功后 Java Toolkit 会自动调用该方法。

2）调用 LookupService 的 createResolver()方法，返回 Resolver 对象。调用该对象的 resolve()方法来查询用户或组。由于执行匹配过程是异步的，所以需要事先为 Resolver 对象添加

ResolveListener 对象。这样，匹配的结果返回后会自动调用 resolved()、resolveFailed()、resolveConflict()。其中，resolveConflict()表示存在多重匹配。在创建 Resolver 对象的时候可以指定是否强制唯一性检查（onlyUnique），该参数值会影响多重匹配时的返回结果。相关内容参见基本例程 Resolve 中的说明。

```
m_lookup = (LookupService) m_session.getCompApi (LookupService.COMP_NAME);
m_lookup.addLookupServiceListener (this);
…
public void serviceAvailable (LookupEvent event)
{
    Resolver resolver = m_lookup.createResolver (false, false, true, false);
    resolver.addResolveListener (this);
    resolver.resolve ("tom");
}
public void resolveConflict (ResolveEvent event)
{
    STObject objs[] = event.getResolvedList ();
    for (int i = 0; i < objs.length; i ++)
        System.out.println ((STUser) objs[i]);
}
public void resolved (ResolveEvent event)
{
    System.out.println ((STUser) event.getResolved ());
}
public void resolveFailed (ResolveEvent event)
{
    System.out.println (event.getReason ());
}
```

（2）查询用户组的内容。

假定在服务器上事先创建的一个名为 CARTOON 的公共组，其中含有 tom DISNEY、jerry DISNEY 和 snoopy DISNEY 三个用户。由于用户组的 id 是由服务器提供的随机字符串，如 CARTOON 组的 STId 为 57b51f 482573d8/CARTOON。为了得到用户组对象（STGroup），必须先解析组。注意，解析的对象必须是群体目录中的公共组而不能是联系人列表中的私有组。

1）在 LookupService 服务生效后调用 createResolver()创建 Resolver 对象，这时要注意设置最后一个参数 resolveGroups 为 true，这样就可以解析组了。在为 Resolver 对象添加了 ResolveListener 后调用其 resolve()方法解析组。假定群体中对 CARTOON 的解析不存在重名匹配，则匹配完成后会自动调用 resolved()方法。

2）调用 LookupService 的 createGroupContentGetter()方法返回 GroupContentGetter 对象，为其添加 GroupContentListener 后调用 queryGroupContent()查询用户组的内容，其参数恰好是解析组所得到的结果。

3）查询结果返回后会自动调用 groupContentQueried()和 queryGroupContentFailed()，它们分别表示查询成功和失败。在 groupContentQueried()中，通过调用 getGroupContent()来获取

STObject 数组形式的查询结果，每一个元素都可能是 STUser（用户）或 STGroup（嵌套组）。

```
m_lookup = (LookupService) m_session.getCompApi (LookupService.COMP_NAME);
m_lookup.addLookupServiceListener (this);
…
public void serviceAvailable (LookupEvent event)
{
    Resolver resolver = m_lookup.createResolver (false, false, true, true);
    resolver.addResolveListener (this);
    resolver.resolve ("CARTOON");
}
public void resolved (ResolveEvent event)
{
    GroupContentGetter groupContentGetter = m_lookup.createGroupContentGetter ();
    groupContentGetter.addGroupContentListener (this);
    groupContentGetter.queryGroupContent ((STGroup) event.getResolved ());
}
public void resolveConflict (ResolveEvent event) { }
public void resolveFailed (ResolveEvent event) { }
public void groupContentQueried (GroupContentEvent event)
{
    STObject objs[] = event.getGroupContent ();
    for (int i = 0; i < objs.length; i ++)
        System.out.println (objs[i]);
}
public void queryGroupContentFailed (GroupContentEvent event) { }
```

11．DirectoryService

DirectoryService 提供了遍历用户目录的功能，用户程序可以一次取出目录中的一段内容。当然，并不是所有的用户目录都支持遍历功能，比如 LDAP 目录就不支持。这时，应用程序可以事先判断并通过调用 LookupService 服务完成用户名解析。虽然功能受限，但多数情况下 LookupService 服务也够用了。

1）在加载了 DirectoryService 服务组件后必须为其添加 DirectoryServiceListener。这样，可以通过 serviceAvailable()和 serviceUnavailable()方法来得知当前服务是否已经启动。在确保服务启动后可以执行 DirectoryService 服务的 queryAllDirectories()方法来获取群体中的所有用户目录，其执行过程是异步的，结果会反映在 allDirectoriesQueried()和 allDirectoriesQueryFailed()中，它们分别表示执行是否成功。

2）在 allDirectoriesQueried()中调用 DirectoryEvent 参数的 getDirectories()，返回 Directory 对象数组。可以为每一个 Directory 对象添加 DirectoryListener 并调用其 open()方法打开目录。该操作的执行也是异步的，其结果会反映在 directoryOpend()和 directoryOpenFailed()中，它们分别表示执行是否成功。

3）在 directoryOpend()中调用 setMaxEntries()设置段的大小，调用 queryEntries()设置读取方向（即向前还是向后）并读取目录中的一段。分段读取是为了避免一次读取的内容太多引起容量超限和处理效率的问题。读取操作也是异步执行的，其结果会反映在 entriesQueried()和 entriesQueryFailed()中，它们分别表示执行是否成功。

4）在 entriesQueried()中调用 DirectoryEvent 参数的 getEntries()，返回目录条目数组，其每一个元素都是 STObject，可能是用户（STUser）或组（STGroup）。

前面提到，并不是所有的用户目录都支持遍历功能，可以通过以下步骤来确定：

1）针对 AwarenessService 在属性中过滤添加 AwarenessConstants.BROWSE_ENABLED

2）创建 WatchList 并添加 AttributeListener，调用 getLogin().getServer()获得当前的 STServer 对象，将 STServer 对象加入到 WatchList 中

3）如果返回 attrChanged()则 Sametime 服务器支持目录遍历，否则就不支持。

为了帮助理解，下面来看一个例程。

```
public class DirectoryServiceApplet extends Applet implements DirectoryServiceListener, DirectoryListener
{
    private STSession m_session;
    private CommunityService m_comm;
    private DirectoryService m_directory;

    public void init ()
    {
        try
        {
            m_session = new STSession ("CommunityServiceApplet " + this);
            m_session.loadAllComponents ();
            m_session.start ();

            m_comm = (CommunityService) m_session.getCompApi (CommunityService.COMP_NAME);
            m_comm.loginByPassword ("t43win2003.CompTech.com", "jerry DISNEY", "jerry");
            m_directory = (DirectoryService)m_session.getCompApi(DirectoryService.COMP_NAME);
            m_directory.addDirectoryServiceListener (this);
        }
        catch (DuplicateObjectException e)
        {
            e.printStackTrace ();
        }
    }
    public void destroy ()
    {
        m_comm.logout ();
        m_session.stop ();
        m_session.unloadSession ();
    }
    public void serviceAvailable (DirectoryEvent event)
    {
```

```
    m_directory.queryAllDirectories ();
  }
  public void serviceUnavailable (DirectoryEvent event) { }
  public void allDirectoriesQueried (DirectoryEvent event)
  {
    System.out.println ("allDirectoriesQueried");
    Directory [] directories = event.getDirectories ();
    for (int i = 0; i < directories.length; i ++)
    {
      Directory directory = directories[i];
      System.out.println (directory.getTitle ());
      directory.addDirectoryListener (this);
      directory.open ();
    }
  }
  public void allDirectoriesQueryFailed (DirectoryEvent event) { }
  public void directoryOpened (DirectoryEvent event)
  {
    System.out.println ("directoryOpened");
    System.out.println (event.getDirectorySize ());
    event.getDirectory ().queryEntries (true);
    event.getDirectory ().close ();
  }
  public void directoryOpenFailed (DirectoryEvent event) { }
  public void entriesQueried (DirectoryEvent event)
  {
    System.out.println ("entriesQueried");
    STObject [] objs = event.getEntries ();
    for (int i = 0; i < objs.length; i ++)
      System.out.println (objs[i]);
  }
  public void entriesQueryFailed (DirectoryEvent event) { }
}
```

12. StorageService

StorageService 提供了一种集中式存储的方式，它可以将用户设置的属性持久地存储在 Sametime 服务器上，在需要的时候可以由用户自己将其读取出来。由于是集中式存储，特别适合存放跨登录会话的、需要长久保存的数据，如用户的联系人列表。StorageService、AwarenessService、PlaceService 存取的属性是相互无关的，如表 7-10 所示。

在加载 StorageService 服务组件后，必须首先为其添加 StorageServiceListener 并实现 serviceAvailable()和 serviceUnavailable()方法，这样可以监听 StorageService 服务是否已经启动。然后决定是否调用 enableBuffering()设置缓冲，如果设置了缓冲，则所有相关的服务调用会自动等到服务启动后执行，否则应用程序必须确保在 serviceAvailable()之后再使用该服务。由于存取操作是异步执行的，所以每次存取属性的请求操作都会返回一个 Integer 类型的 id 用来标识本次操作。在存取操作结束后，可以在 attrStored()和 attrQueried()回调方法中使用 getRequestId()获取 id，这样请求和结果就能对应起来了。

表 7-10 3 种服务组件中属性的比较

功能	StorageService	AwarenessService	PlacesService
存储方式	持久	非持久	非持久
设置当前用户属性	用户自己	用户自己	Place 空间中的所有用户
读取当前用户属性	用户自己	群体中的所有用户	Place 空间中的所有用户

（1）存放属性。

Java Toolkit 用 STAttribute 类表示属性，它由 key 和 value 两部分组成。其中，key 是属性的唯一标识，必须是 int 类型。value 是属性值，可以是 boolean、byte[]、int、long、String 类型中的任何一种。可以调用 StorageService 服务的 storeAttr()和 storeAttrList()方法来存放属性或属性列表，在完成后 Java Toolkit 会自动调用 attrStored()。调用其参数 StorageEvent 对象的 getRequestResult()方法可以得到返回结果，ST_OK 表示存放成功，ST_FAIL 表示存放失败。无论是哪一种结果，都可以调用 getAttrList()方法来获得成功或失败的属性对象。

（2）读取属性。

调用 queryAttr()和 queryAttrList()方法来读取指定的属性，其异步执行的结果会反映在 attrQueried()回调方法中，调用其参数 StorageEvent 对象的 getRequestResult()方法可以得到返回结果。

ST_OK 表示存放成功。可以调用 getAttrList()方法来获得成功读取的属性对象。

ST_FAIL 表示存放失败。可以调用 getFailedAttrKeys()方法来获取未能读取的属性对象。

ST_ATTRS_NOT_EXIST 表示属性列表中有些属性能够找到并读取成功，有些属性因为找不到而读取失败。调用 getAttrList()和 getFailedAttrKeys()方法来获取成功和失败的属性对象。

（3）监听属性变化。

如果用户同时有多个登录会话，则一个会话对属性的修改会影响其他会话。可以在 attrUpdated()回调方法中监听到属性值的变化，如果变化十分频繁，则回调方法可能会一次返回多个属性值的变化，调用 StorageEvent 的 getUpdatedKeys()方法获得所有变化的属性主键。注意，该方法只返回属性 key，需要再次调用 queryAttr()方法来获取属性 value。

为了方便理解，下面来看一个例程。

```
public class StorageServiceApplet extends Applet implements ActionListener, StorageServiceListener
{
    private STSession m_session;
    private CommunityService m_comm;
    private StorageService m_storage;

    public void init ()
    {
        try
        {
```

```
            m_session = new STSession ("StorageServiceApplet " + this);
            m_session.loadAllComponents ();
            m_session.start ();

            Button b1 = new Button ("Store");
            b1.setActionCommand ("Store");
            b1.addActionListener (this);
            add (b1);
            Button b2 = new Button ("Query");
            b2.setActionCommand ("Query");
            b2.addActionListener (this);
            add (b2);

            m_comm = (CommunityService) m_session.getCompApi (CommunityService.COMP_NAME);
            m_comm.loginByPassword ("t43win2003.CompTech.com", "jerry DISNEY", "jerry");

            m_storage = (StorageService) m_session.getCompApi (StorageService.COMP_NAME);
            m_storage.addStorageServiceListener (this);
            m_storage.enableBuffering (true);
        }
        catch (DuplicateObjectException e)
        {
            e.printStackTrace ();
        }
    }
    public void destroy ()
    {
        m_comm.logout ();
        m_session.stop ();
        m_session.unloadSession ();
    }
    public void actionPerformed (ActionEvent event)
    {
        if (event.getActionCommand ().equals ("Store"))
        {
            STAttribute attr = new STAttribute (100, "my new value");
            m_storage.storeAttr (attr);
        }
        else
        {
            Integer id = m_storage.queryAttr (100);
            System.out.println (id);
        }
```

```
    }
    public void attrQueried (StorageEvent event)
    {
        System.out.println (event.getRequestId ());
        if (event.getRequestResult () == STError.ST_OK)
        {
            System.out.println ("ST_OK");
            Vector v = event.getAttrList ();
            for (int i = 0; i < v.size (); i ++)
            {
                STAttribute attr = (STAttribute) v.elementAt (i);
                System.out.println (attr.getKey () + " : " + attr.getString ());
            }
        }
        else if (event.getRequestResult () == STError.ST_FAIL)
            System.out.println ("ST_FAIL");
    }
    public void attrStored (StorageEvent event)
    {
        System.out.println (event.getRequestId ());
        if (event.getRequestResult () == STError.ST_OK)
            System.out.println ("ST_OK");
        else if (event.getRequestResult () == STError.ST_FAIL)
            System.out.println ("ST_FAIL");
    }
    public void attrUpdated (StorageEvent event)
    {
        int keys[] = event.getUpdatedKeys ();
        for (int i = 0; i < keys.length; i ++)
            m_storage.queryAttr (keys[i]);
    }
    public void serviceAvailable (StorageEvent event) { }
    public void serviceUnavailable (StorageEvent event) { }
}
```

13. BLService

BLService 提供了对用户联系人列表（BuddyList）的管理服务。它的工作原理是使用 StorageService 来自动存取用户的全局数据。理论上，通过对 StorageService 编程也能达到同样的效果，但使用 BLService 却方便得多，也不需要关心底层的存储方式和序列化过程。

就像所有的其他服务一样，要使用 BLService，首先需要将其载入到会话中并确保该服务生效。如果添加 BLServiceListener 并实现其 serviceAvailable()和 serviceUnavailable()方法，则可以监听到该服务当前是否已经生效。一旦服务生效，可以调用 BuddyListService 的 getBuddyList()从存储中得到用户的联系人列表。该函数是异步执行的，本身没有返回值，在试图获取用户的联系人列表后，系统会自动调用 blRetrieveSucceeded(BLEvent event)或 blRetrieveFailed (BLEvent event)表示数据获取是否成功。若成功，则 BLEvent 参数包含了联系人列表，用 getBL()方法获取，否则 BLEvent 参数包含出错原因。类似地，如果修改了联系人列表中的内容，可以用 setBuddyList()将列表写回存储中。这也是一个异步调用，其结果会出现在 blSetSucceeded()和 blSetFailed()中。此外，如果用户的其他登录会话修改了联系人列表，则会调用 blUpdated()。

```
m_buddylist = (BLService) m_session.getCompApi (BLService.COMP_NAME);
m_buddylist.addBLServiceListener (this);
…
public void serviceAvailable (BLEvent event)
{
    m_buddylist.getBuddyList ();
    …
}
public void serviceUnavailable (BLEvent event) { }
public void blRetrieveSucceeded (BLEvent event)
{
    BL bl = event.getBL ();
    …
}
public void blRetrieveFailed (BLEvent event)
{
    System.out.println ("blRetrieveFailed :" + event.getReason ());
}
public void blSetSucceeded (BLEvent event) { }
public void blSetFailed (BLEvent event) { }
public void blUpdated (BLEvent event) { }
```

联系人列表的结构与 Sametime Connect 中是一致的，列表中可以含有多个组，每个组又可以含有多个用户。Sametime Java Toolkit 用 BL 类来描述联系人列表（BuddyList），通过 getblGroups()可以获得所有的组（BLGroup），这里面可能有公共组（PublicGroup）也可能有私有组（PrivateGroup）。对于私有组可以用 getUesrsInGroup()获取组中的所有用户（BLUser），由于 BLUser 接口只有一个实现类 STBLUser，所以联系人列表中的所有用户都是该类的实例。图 7-26 描述了相关类之间的关系，其中，虚线箭头表示类的实现，实线箭头表示类的继承，菱形表示复合关系。

如果简单遍历整个联系人列表，则可以找出所有的组和用户。

```
Vector groups = bl.getblGroups ();
for (int i = 0; i < groups.size (); i ++)
{
    BLGroup group = (BLGroup) groups.elementAt (i);
    System.out.println (group);
    if (group instanceof PrivateGroup)
```

```
{
    Vector users = ((PrivateGroup) group).getUsersInGroup ();
    for (int j = 0; j < users.size (); j ++)
    {
        BLUser user = (BLUser) users.elementAt (j);
        System.out.println ("        " + user);
    }
  }
}
```

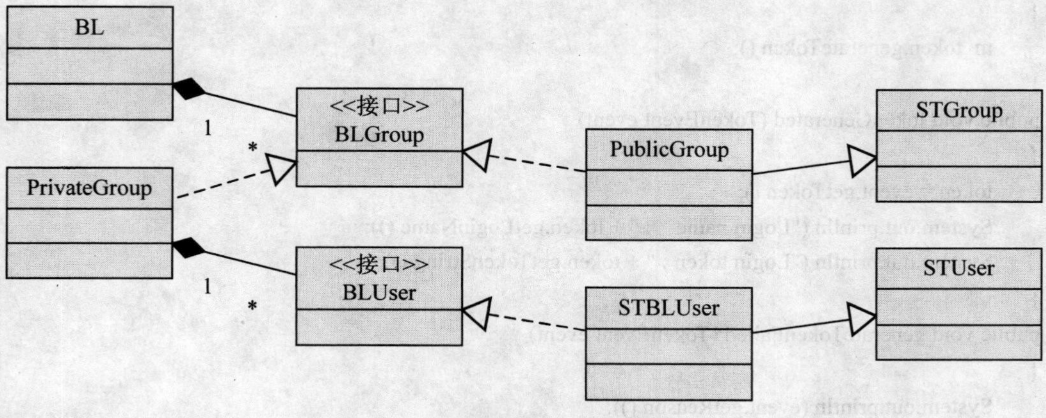

图 7-26 BL 相关类的关系图

联系人列表 BL 对象除了隐式地对应到存储中之外，还可以与字符串对应。为此，BLService 提供了 buddyListToString()和 stringToBuddyList()方法实现 BL 与 String 之间的映射。下面举一个例子，假定联系人列表中有“工作”和 Tom_And_Jerry 两个组，其映射得到的字符串的格式如下：

```
Version=3.1.3
G 工作 2 工作 O
U CN=jerry;DISNEY/O=CompTech1:: jerry;DISNEY/CompTech,
U CN=snoopy;DISNEY/O=CompTech1:: snoopy;DISNEY/CompTech,
U CN=tom;DISNEY/O=CompTech1:: tom;DISNEY/CompTech,
U CN=admin;SYSTEM/O=CompTech1:: admin;SYSTEM/CompTech,
G Tom_And_Jerry2 Tom_And_Jerry C
U CN=tom;DISNEY/O=CompTech1:: tom;DISNEY/CompTech,
U CN=jerry;DISNEY/O=CompTech1:: jerry;DISNEY/CompTech,
```

14. TokenService

Sametime 可以用密码方式认证，也可以用令牌（Token）方式认证。Token 是由服务器产生的一个字符串，它有一定的时效性，有效期限由管理员在服务器上设置。登录的用户可以通过 TokenService 来产生自身的 Token，在 Token 有效期内再次登录可以不用输入密码。如果有一组应用程序需要以相同的身份登录到 Sametime 服务器，使用 Token 可以避免多次重复输入密码或者在程序之间传递密码。由于 Token 隔一段时间会失效，所以这种方式兼具方便和安全。

首先，必须加载 TokenService 服务组件并为其添加 TokenServiceListener，在服务成功启动后会自动调用 serviceAvailable()。然后，通过调用 TokenService 对象的 generateToken()方法来产生当前登录会话的 Token，由于该执行过程是异步的，结束后会根据执行结果调用 tokenGenerated()或 generateTokenFailed()。最后，可以在 tokenGenerated()中通过调用参数 TokenEvent 的 getToken()获得 Token。这样，下次就可以用 loginByToken()来登录了。

```
m_token = (TokenService) m_session.getCompApi (TokenService.COMP_NAME);
m_token.addTokenServiceListener (this);
…
public void serviceAvailable (TokenEvent event)
{
    m_token.generateToken ();
}
public void tokenGenerated (TokenEvent event)
{
    token = event.getToken ();
    System.out.println ("Login name    : " + token.getLoginName ());
    System.out.println ("Login token : " + token.getTokenString ());
}
public void generateTokenFailed (TokenEvent event)
{
    System.out.println (event.getReason ());
}
…
m_comm.loginByToken ("t43win2003.CompTech.com", token.getLoginName (), token.getTokenString ());
```

7.4.2 Meeting 服务

通过 Meeting 服务可以使客户端的 Java 应用参加在线会议并具有共享应用、白板讨论、音频视频控制等功能。由于 Meeting 服务在 Sametime 7.5 版本以后将逐渐被淘汰，因此这里只做简单介绍。

1. MeetingFactoryService

MeetingFactoryService 负责在 Sametime 会议服务之间建立会话连接，在创建具体的会议组件（AppShare、Whiteboard、A/V）之前必须首先创建 MeetingFactoryComp 对象。如果为其添加 MeetingFactoryListener，则可以监听会话及组件的状态。

2. ApplicationSharingService

ApplicationSharingService 允许在同一个 Place 空间中的用户间共享应用，即用户可以观察甚至遥控远程另一个用户桌面上的应用。一般可以用作远程诊断、遥控演示、运行维护。

3. WhiteboardService

WhiteboardService 允许在同一个 Place 空间中的用户都能共同操作一块白板，这时任何一个用户在白板上的涂鸦都能被其他用户看见，这种共同参与的方式是一种有效的沟通手段。白板上预置的内容默认为空页面，但可以将其设置为 PPT、DOC、TXT 等各种文件页面，参加讨论的用户可以随意在白板上添加直线、方格、圆圈、字符串等元素。

4. StreamedMediaService

StreamedMediaService 为客户端提供了会议的音频视频的接入功能，可以控制静音或者暂停视频图像，可以控制设备的状态，也可以控制单向或双向传输流媒体数据。具体说来，StreamedMediaService 可以分为 Interactive Service 和 Broadcast Service。

（1）StreamedMediaInteractiveService。提供 Place 空间用户之间的双向 A/V 交流，以及多用户之间的多路 IP A/V 交流。使用该服务的用户需要登录到 Place 空间中。

（2）StreamedMediaBroadcastService。提供众多的用户接收 A/V 数据流的单向传输。用户可以不必登录到 Place 空间中，也不必创建 MeetingFactoryComp 对象。StreamedMediaBroadcastService 比较适合众多听众的大型会议。

第 8 章　Community Server Toolkit

在前面的章节中已经详细描述了 Sametime 客户端的各种编程方法，本章开始介绍 Sametime 服务器端的开发方法与技巧。

8.1　运行环境

完整的 Sametime 群体是由 Client、Multiplexer、Community Hub、Server Application 组成的，如图 8-1 所示。其中 Community Hub 是整个 Sametime 群体的核心，Server Application 可以通过编程或连接外部的应用系统（如数据库或目录服务器）提供额外的功能。

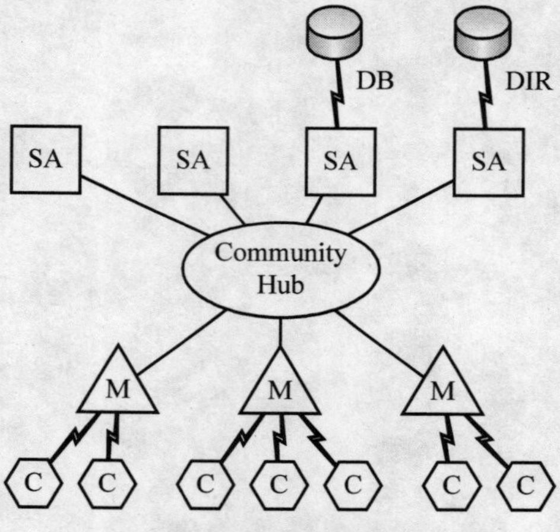

图 8-1　Sametime 群体的结构

正如在前面章节中介绍的，Client 端与 Server 端的运行环境各自独立，对于 Client 端的开发可以使用多种方法完成。比如使用 Connect Toolkit 可以在 Sametime Connect 客户端工具中定制插件，使用 Links Toolkit 可以在网页中添加 Sametime 功能，使用 Java Toolkit 可以编写具有 Sametime 功能的 Java 应用。类似地，可以用 COM Toolkit 和 C++ Toolkit 完成 Java Toolkit 相同的功能。

相对于 Client 端丰富的开发方式，Server 端的编程方式则相对单一，即使用 Community Server Toolkit 开发 Server Application、Multiplexer 或其他管理类应用。通过开发 Server Application 可以为 Sametime 添加新的服务功能，如在线游戏。通过开发 Multiplexer 可以优化网络传输或增添新的接入协议。通过开发管理类应用可以监控并记录群体的任何事件，如用户在线或服务启停。

Community Server Toolkit 与 Java Toolkit 十分类似，可以使用相同的 Eclipse 开发环境，只是项目的库路径需要改为<SametimeSdkPath>\server\commserver\bin 目录下的 CommRes.jar 和 stcommsrvrtk.jar。由于 Community Server Toolkit 是用来开发服务端应用程序的，虽然有些类

名与 Java Toolkit 中的相同，但包名往往以 sa 结尾以示区别（sa 表示 Server Application）。如 com.lotus.sametime.places 和 com.lotus.sametime.placessa 包中都有 Place 类，但分别为 Client 和 Server 端应用程序服务。

8.2 服务组件

就像客户端编程一样，Sametime 服务端的功能也是通过服务来组织的，需要在使用这些功能调用之前加载相应的服务组件。通过 Community Server Toolkit 可以调用这些服务组件来完成相应的功能，如表 8-1 所示。

表 8-1 使用 Community Server Toolkit 开发的服务

服务组件	功能说明
Server Application	使应用程序作为服务程序登录或退出，注册服务类型
Channel	为应用程序提供与其他群体参与者之间通信的能力
Community Event	可以监听群体服务器中发生的各种通信事件
General Awareness	用于更改服务器在线属性
Place Admin	提供管理 Place 的功能
Place Activity	用于开发服务类型对应的应用程序
Light Login	使 MUX 应用程序多路复用目前的连接
Server Application Token	用于生成登录用的 token 令牌
Server Application Storage	提供在 Sametime 服务器上存取用户属性的功能
Online Directory	用于查询群体中的用户或组

8.2.1 Server Application 服务

Server Application 服务用来帮助服务端程序（SA）登录或退出。为了使用该服务，必须首先加载 ServerAppService 组件，然后调用 loginAsServerApp (host, loginType, appName, serviceTypes)登录并注册服务。其中，host 为该服务程序连接的 Sametime 服务器，loginType 可以是 STUserInstance.LT_SERVER_APP 或 STUserInstance.LT_MUX_APP，分别对应于 SA 和 MUX 应用程序，appName 可以是任何字符串表示该服务程序的名称，serviceType 是一个整型数组，表示需要注册的服务类型。SA 程序一旦注册了服务，则意味着该程序负责相关服务的处理过程，群体内其他程序对该服务的请求则会被自动送来。如果 serviceType 为 null，表示该 SA 程序与服务无关。

Sametime 中每一种服务都有一个唯一的服务类型标识，在注册和使用时要避免冲突。一般来说，以 1 打头的标识（如 0x80000010）表示全局服务，即对整个群体有效，以 0 打头的标识（如 0x00001234）表示本地服务，即仅对其所连接的服务器有效。通常约定 1～100000 段的标识为 Sametime 自身使用。可以调用 ServerAppService 的 loginAsServerApp()在登录时注册服务，也可以事后调用其 serviceUp()和 serviceDown()来注册和注销服务。

目前，服务端程序需要通过 1516 端口直接连接 Sametime 服务器，所以在登录前必须调用 setConnectivity()来设置网络连接参数。一旦登录，则可以调用 adminMsg()来发送管理员通知消息。

```
public void run ()
{
    m_session = new STSession ("My App " + this);
    String [] compNames = { ServerAppService.COMP_NAME };
    m_session.loadComponents (compNames);
    m_session.start ();
    m_saService = (ServerAppService) m_session.getCompApi (ServerAppService.COMP_NAME);
    m_saService.addLoginListener (this);
    Connection [] connections = { new SocketConnection (1516, 5000) };
    m_saService.setConnectivity (connections);
    m_saService.loginAsServerApp ("t43win2003.CompTech.com",
        STUserInstance.LT_SERVER_APP, "My App", null);
}
public void loggedIn (LoginEvent event)
{
    m_saService.adminMsg ("My Admin Msg");
}
public void loggedOut (LoginEvent event) { }
```

8.2.2 Channel 服务

在前面的 Java Toolkit 中介绍了 InstantMessaging 服务、Announcement 服务、Post 服务，它们都是 Sametime 客户端之间的通信方式，而 Sametime 服务器端群体参与者之间的通信则需要通过 Channel 服务来实现。也就是说，客户端到服务端或者服务端到服务端之间的通信由 Channel 服务完成。Channel 服务提供了创建和关闭通道、监听通道事件、发送接收数据等功能。

（1）通信双方都需要在会话中加载 ChannelService 组件。

```
m_session = new STSession ("ChannelService " + this);
String [] compNames = { ChannelService.COMP_NAME, … };
m_session.loadComponents (compNames);
m_session.start ();
m_channelService = (ChannelService) m_session.getCompApi (ChannelService.COMP_NAME);
```

（2）主动方利用 Channel 服务的 createChannel()创建通道。createChannel()有多个类似的方法，其中最完整的为 createChannel(int serviceType, int protocolType, int protocolVersion, EncLevel encLevel, byte[] data, STId toId, byte priority, STUserInstance creator)。可以用服务类型（serviceType）、用户或登录标识（toId）来定位通道对方的参与者，由于一个用户可以同时有多个登录会话，所以如果赋予 toId 用户标识，则 Sametime 会自动选择其中一个登录会话建立通道。此外，还可以指定通道的协议类型、协议版本、加密级别、握手数据、创建用户等。新创建的通道需要调用 open()将其打开并建立连接。

```
// 创建对方为服务类型（0x80001234）的通道
m_channel = m_channelService.createChannel (0x80001234, 0, 0, EncLevel.ENC_LEVEL_ALL, null, null);
m_channel.open ();
```

```
// 创建对方为用户标识（tom DISNEY）的通道
m_channel = m_channelService.createChannel (0, 0, 0, EncLevel.ENC_LEVEL_ALL, null, new STId
("CN=tom DISNEY/O=CompTech", ""));
m_channel.open ();
```

被动方可以使用 addChannelServiceListener()添加监听器。当主动方调用 open()的时候，会自动调用 channelReceived()方法，根据情况决定接受（accept）、关闭（close）或挂起（pend）通道。挂起的通道可以通过后续调用 accept()或 close()来打开或关闭。调用 getCreateData()方法可以获得主动方创建通道时的握手数据。

```
m_channelService.addChannelServiceListener (this);
public void channelReceived (ChannelEvent event)
{
    Channel channel = event.getChannel ();
    if (…)
        channel.accept (EncLevel.ENC_LEVEL_ALL, null);
    else
        channel.close (STError.ST_OK, null);
    byte [] data = channel.getCreateData ();
}
```

（3）通道一旦建立则以全双工的方式运行，双方都可以作为发送方也可以作为接收方。对于发送方，需要调用通道对象的 sendMsg(short msgType, byte[] data, boolean encrypt)来发送消息数据，其中，msgType 是通信双方约定的消息类型，用来解决通道复用时多路消息相互干扰的问题。data 是传送的数据，encrypt 指定是否加密传输。当然，前提条件是创建通道时指定了加密级别。

```
m_channel.sendMsg ((short) 1, "My message".getBytes (), true);
```

对于接收方，则需要事先为通道对象添加 ChannelListener。这样，在通道打开、关闭、收到消息的时候都会自动调用相关的方法。可以在 channelMsgReceived()中检查收到的消息内容。

```
channel.addChannelListener (this);
public void channelMsgReceived (ChannelEvent event)
{
    System.out.println ("MsgType = " + event.getMessageType ());
    System.out.println ("Data = " + new String (event.getData ()));
}
public void channelOpened (ChannelEvent event) { }
public void channelOpenFailed (ChannelEvent event) { }
public void channelClosed (ChannelEvent event) { }
```

为了加深理解，下面来看一个例程。发送方以客户端方式登录，其界面上有两个按钮，分别用来建立通道和发送消息，双方约定的服务类型为 0x80001234。在调用 createChannel()后 open 通道，然后调用 sendMsg()发送消息。

```
public class ChannelServiceServiceClientApplet extends Applet implements ActionListener
{
```

```
    private static final int    SERVICE_TYPE = 0x80001234;
    private STSession m_session;
    private ChannelService m_channelService;
    private CommunityService m_communityService;
    private Channel m_channel;

    public void init ()
    {
        try
        {
            m_session = new STSession ("ChannelServiceClientApplet " + this);
            String [] compNames =
            { ChannelService.COMP_NAME, CommunityService.COMP_NAME };
            m_session.loadComponents (compNames);
            m_session.start ();

            Button b1 = new Button ("Open Channel");
            b1.addActionListener (this);
            add (b1);
            Button b2 = new Button ("Send Message");
            b2.addActionListener (this);
            add (b2);

            m_channelService = (ChannelService) m_session.getCompApi (ChannelService.COMP_NAME);
            m_communityService = (CommunityService) m_session.getCompApi (CommunityService.
            COMP_NAME);
            m_communityService.loginByPassword ("t43win2003.CompTech.com", "jerry DISNEY", "jerry");
        }
        catch (DuplicateObjectException e)
        {
            e.printStackTrace ();
        }
    }
    public void destroy ()
    {
        m_communityService.logout ();
        m_session.stop ();
        m_session.unloadSession ();
    }
    public void actionPerformed (ActionEvent event)
    {
        if (event.getActionCommand ().equals ("Open Channel"))
        {
```

```
            m_channel = m_channelService.createChannel (SERVICE_TYPE, 0, 0, EncLevel.ENC_
            LEVEL_ALL, null, null);
            m_channel.open ();
        }
        else if (event.getActionCommand ().equals ("Send Message"))
        {
            m_channel.sendMsg ((short) 1, "My message".getBytes (), true);
        }
    }
}
```

接收方以服务应用的方式登录，注册服务类型为 0x80001234。在 channelReceived()中接受（accept）通道连接，在 channelMsgReceived()中显示收到的消息。

```
public class ChannelServiceServiceServerApplet extends Applet implements ChannelListener,
ChannelServiceListener
{
    private static final int   SERVICE_TYPE = 0x80001234;
    private STSession m_session;
    private ChannelService m_channelService;
    private ServerAppService m_saService;

    public void init ()
    {
        try
        {
            m_session = new STSession ("ChannelServiceServerApplet " + this);
            String [] compNames = { ChannelService.COMP_NAME, ServerAppService.COMP_NAME };
            m_session.loadComponents (compNames);
            m_session.start ();
            Connection [] connections = { new SocketConnection (1516, 5000) };
            int [] serviceTypes = { SERVICE_TYPE };
            m_saService = (ServerAppService) m_session.getCompApi (ServerAppService.COMP_NAME);
            m_saService.setConnectivity (connections);
            m_saService.loginAsServerApp("t43win2003.CompTech.com", STUserInstance.LT_SERVER
            _APP, "Channel Service Server", serviceTypes);
            m_channelService = (ChannelService) m_session.getCompApi (ChannelService.COMP_NAME);
            m_channelService.addChannelServiceListener (this);
        }
        catch (DuplicateObjectException e)
        {
            System.out.println ("STSession or Components created twice.");
        }
    }
    public void destroy ()
```

```
{
        m_saService.logout ();
        m_session.stop ();
        m_session.unloadSession ();
    }
    public void channelReceived (ChannelEvent event)
    {
        Channel channel = event.getChannel ();
        channel.addChannelListener (this);
        if (channel.getServiceType () == SERVICE_TYPE)
            channel.accept (EncLevel.ENC_LEVEL_ALL, null);
        else
            channel.close (STError.ST_OK, null);
    }
    public void channelMsgReceived (ChannelEvent event)
    {
        System.out.println ("MsgType = " + event.getMessageType ());
        System.out.println ("Data = " + new String (event.getData ()));
    }
    public void channelOpened (ChannelEvent event) { }
    public void channelOpenFailed (ChannelEvent event) { }
    public void channelClosed (ChannelEvent event) { }
}
```

8.2.3 Community Events 服务

Community Events 服务用来监听群体服务器中发生的各种事件，如某个服务的启停、某个应用是否准备好、某个用户是否在线或状态是否发生了变化等，具体监听范围如表 8-2 所示。如果为 CommunityEventsService 组件添加各种监听器（Listener），则可以监听到相关的事件。

表 8-2 Community Events 服务的监听范围

监听器	监听方法	监听事件说明
CommunityEventsServiceListener	serviceAvailable()	CommunityEvents 服务生效
	serviceUnavailable()	CommunityEvents 服务无效
SALoginListener	saLoggedIn()	某个 SA 应用登录到群体中
	saLoggedOut()	某个 SA 应用退出群体
ServiceAvailableListener	servicesAvailable()	某个服务启动（Up）
	servicesUnavailable()	某个服务停止（Down）
UserLoginFailedListener	userLoginFailed()	某个用户登录过程失败
UserLoginListener	userLoggedIn()	某个用户登录到群体中
	userLoggedOut()	某个用户退出群体
UserOnlineListener	userOnline()	某个用户上线，即第一个应用登录
	userOffline()	某个用户离线，即最后一个应用退出

续表

监听器	监听方法	监听事件说明
UserPrivacyListener	userPrivacyListChanged()	某个用户的私人列表发生了变化
UserStatusListener	userStatusChanged()	某个用户的在线状态发生了变化
UserStorageListener	userStorageChanged()	某个用户的存储属性发生了变化

注意，UserLoginListener 和 UserOnlineListener 概念上稍有不同。由于一个用户可以使用不同的应用产生多个登录会话，当用户的第一个会话登录到群体的时候，会同时调用 userLoggedIn()和 userOnline()方法。而接着的第二个会话登录时（假定第一个会话仍然有效），则只会调用 userLoggedIn()方法。类似地，每次会话退出时会调用 userLoggedOut()，而只有最后一个会话退出时，才会调用 userOffline()。

编程时，首先加载 CommunityEventsService 组件，以服务端应用（SA）的方式登录，调用 CommunityEventsService 组件的 addXXXListener()来添加各种监听器，然后通过实现相关的监听方法即可监听到相应通信事件。

```
ces=(CommunityEventsService)m_session.getCompApi(CommunityEventsService.COMP_NAME);
    ces.addCommunityEventsServiceListener (this);
    ces.addXXXListener (this);
    public void serviceAvailable (CommunityEventsServiceEvent event) { }
    public void serviceUnavailable (CommunityEventsServiceEvent event) { }
    …
```

8.2.4 General Awareness 服务

General Awareness 服务可以为服务端程序（SA）提供修改服务器在线属性的能力。服务程序可以调用 GeneralAwarenessService 的 changeAttr()和 removeAttr()方法来修改或删除属性，其执行结果可以由 GeneralAwarenessListener 的方法监听到。对于客户端程序，可以将服务器对象（STServer）加入监视列表（WatchList）并监听属性的变化。

无论是服务端还是客户端程序，都有以下两种获取服务器对象（STServer）的方法：

（1）通过添加 LoginListener，在登录 loggedIn()方法中获取服务器对象。

```
STServer server = loginEvent.getLogin().getServer();
```

（2）通过 new STServer()方法创建服务器对象。

```
STId serverId = new STId ("t43win2003.CompTech.com", "");
STServer server = new STServer(serverId, "t43win2003.CompTech.com", "")
```

为了易于理解，下面来看一组例程。服务端程序（SA）通过登录的回调方法 loggedIn()获得该 SA 连接的服务器对象（STServer），在 SA 程序的界面上有一个按钮，每次会将服务器对象的属性（Key 为 123456）值改成当前时间。

```
public class GeneralAwarenessServiceServerApplet extends Applet implements GeneralAwarenessListener, LoginListener, ActionListener
{
    private STSession m_session;
```

```
private STServer m_server;
private ServerAppService m_saService;
private GeneralAwarenessService m_generalAwarenessService;

public void init ()
{
    try
    {
        m_session = new STSession ("GeneralAwarenessServiceServerApplet " + this);
        String [] compNames =
        { ServerAppService.COMP_NAME, GeneralAwarenessService.COMP_NAME };
        m_session.loadComponents (compNames);
        m_session.start ();

        Button button = new Button ("Change Attribute");
        button.addActionListener (this);
        add (button);
        m_saService = (ServerAppService) m_session.getCompApi (ServerAppService.COMP_NAME);
        m_saService.addLoginListener (this);
        m_saService.loginAsServerApp ("t43win2003.CompTech.com", STUserInstance.LT_SERVER_
        APP, "General Awareness", null);
        m_generalAwarenessService = (GeneralAwarenessService) m_session.getCompApi
        (GeneralAwarenessService.COMP_NAME);
        m_generalAwarenessService.addGeneralAwarenessListener (this);
    }
    catch (DuplicateObjectException e)
    {
        System.out.println ("STSession or Components created twice.");
    }
}
public void destroy ()
{
    m_saService.logout ();
    m_session.stop ();
    m_session.unloadSession ();
}
public void actionPerformed (ActionEvent event)
{
    STAttribute attribute = new STAttribute (123456, "Date: " + new java.util.Date ());
    m_generalAwarenessService.changeAttr (m_server, attribute);
}
public void attrChanged (AttributeEvent event)
{
```

```
        System.out.println ("Attribute = " + event.getAttr ());
    }
    public void loggedIn (LoginEvent event) { m_server = event.getLogin ().getServer (); }
    public void loggedOut (LoginEvent event) { }
    public void attrRemoved (AttributeEvent event) { }
    public void changeAttrFailed (AttributeEvent event) { }
    public void removeAttrFailed (AttributeEvent event) { }
    public void serviceAvailable (GeneralAwarenessServiceEvent event) { }
    public void serviceUnavailable (GeneralAwarenessServiceEvent event) { }
}
```

客户端程序创建一个 WatchList 并将服务器对象（STServer）放入其中。这样，当服务端程序更改属性值的时候，客户端程序会自动调用 attrChanged()方法。注意，为 AwarenessService 设置的过滤必须与属性键值（123456）对应。

```
public class GeneralAwarenessServiceClientApplet extends Applet implements LoginListener, AttributeListener
{
    private STSession m_session;
    private CommunityService m_communityService;
    private AwarenessService m_awarenessService;

    public void init ()
    {
        try
        {
            m_session = new STSession ("GeneralAwarenessServiceClientApplet " + this);
            String [] compNames = { CommunityService.COMP_NAME, AwarenessService.COMP_NAME };
            m_session.loadComponents (compNames);
            m_session.start ();
            m_communityService = (CommunityService) m_session.getCompApi (CommunityService.
            COMP_NAME);
            m_communityService.addLoginListener (this);
            m_communityService.loginByPassword ("t43win2003.CompTech.com", "jerry DISNEY", "jerry");
            m_awarenessService = (AwarenessService) m_session.getCompApi (AwarenessService.COMP_NAME);
        }
        catch (DuplicateObjectException e)
        {
            e.printStackTrace ();
        }
    }
    public void destroy ()
    {
        m_communityService.logout ();
        m_session.stop ();
        m_session.unloadSession ();
```

```
    }
    public void loggedIn (LoginEvent event)
    {
        int [] attrFilter = { 123456 };
        m_awarenessService.addToAttrFilter (attrFilter);
        WatchList watchList = m_awarenessService.createWatchList ();
        watchList.addAttrListener (this);
        watchList.addItem (event.getLogin ().getServer ());
    }
    public void loggedOut (LoginEvent event) { }
    public void attrChanged (AttributeEvent event)
    {
        STExtendedAttribute[] extAttributes = event.getAttributeList ();
        for (int i = 0; i < extAttributes.length; i++)
            System.out.println (extAttributes[i]);
    }
    public void attrContentQueried (AttributeEvent event) { }
    public void attrRemoved (AttributeEvent event) { }
    public void queryAttrContentFailed (AttributeEvent event) { }
}
```

8.2.5 Places Admin 服务

Places Admin 服务用来在服务端管理 Place 空间及其属性。在 Java Toolkit 中介绍过使用客户端 PlacesService 服务的 createPlace()方法可以创建一个 Place 空间并进入其中，但这样的 Place 空间是临时的。当最后一个用户离开时，该 Place 空间会自动关闭。如果要创建一个跨会话的 Place 空间（如留言板），则必须借助持久化空间（Persistent Place）。它一旦创建，会长期保留在服务端，直到被手工删除或者服务应用重启。如果把持久内容写入数据库保存，则持久化空间会更加稳定可靠。

通过 Place Admin 服务，可以创建持久化空间、为 Place 添加 Activity 活动、设置 Place 的 Section 数量和容量等。此外，系统中所有 Place 的增、删、改都由统一的空间目录（Place Directory）维护。注意，客户端程序在 createPlace()时可以由 publishMode 参数控制创建的 Place 是否登记到目录中。为了掌握 Place 的动态情况，Place Admin 服务提供了 PlacesAdminListener 和 PlacesDirectoryListener。前者可以监听对某个 Persistent Place 空间的操作是否成功，后者可以监听整个系统中是否发生 Place 的增、删、改操作，具体如表 8-3 所示。

表 8-3　Place Admin 服务的监听范围

监听器	监听方法	监听事件说明
PlacesAdminListener	activityAdded()	addActivity 操作成功
	addActivityFailed()	addActivity 操作失败
	activityRemoved()	removeActivity 操作成功
	removeActivityFailed()	removeActivity 操作失败

续表

监听器	监听方法	监听事件说明
PlacesAdminListener	placeCreated()	createPersistentPlace 操作成功
	createPersistentPlaceFailed()	createPersistentPlace 操作失败
	placeDestroyed()	destroyPlace 操作成功
	destroyPlaceFailed()	destroyPlace 操作失败
	defaultActivitySet()	setDefaultActivity 操作成功
	setDefaultActivityFailed()	setDefaultActivity 操作失败
	defaultSectionsSet()	setDefaultSections 操作成功
	setDefaultSectionsFailed()	setDefaultSections 操作失败
	serviceAvailable()	PlaceAdmin 服务生效
	serviceUnavailable()	PlaceAdmin 服务无效
PlacesDirectoryListener	placesCreated()	某个 Place 被创建
	placeUpdated()	某个 Place 的参数被更改
	placeDestroyed()	某个 Place 被删除

在编程时，服务端程序首先要加载 PlacesAdminService 服务组件并以服务端应用（SA）的方式登录。

```
m_session = new STSession ("PlacesAdminServiceServerApplet " + this);
String [] compNames = { ServerAppService.COMP_NAME, PlacesAdminService.COMP_NAME };
m_session.loadComponents (compNames);
m_session.start ();
m_saService = (ServerAppService) m_session.getCompApi (ServerAppService.COMP_NAME);
m_saService.loginAsServerApp ("t43win2003.CompTech.com", STUserInstance.LT_SERVER_APP, "Places
Admin", null);
m_placesAdminService = (PlacesAdminService) m_session.getCompApi (PlacesAdminService.COMP_NAME);
m_placesAdminService.addPlacesAdminListener (this);
m_placesAdminService.addPlacesDirectoryListener (this);
```

然后，调用 createPersistentPlace()方法创建持久化空间，根据其执行结果会自动调用相关的监听方法。注意，创建持久化空间时必须提供密码。

```
m_placesAdminService.createPersistentPlace ("PersistentPlaceName", "CompTech", "PersistentPlaceDisplay-
Name", 0, "password", EncLevel.ENC_LEVEL_DONT_CARE);
public void placesCreated (PlacesDirectoryEvent event) { }
public void createPersistentPlaceFailed (PlacesAdminEvent event) { }
```

这时，其他客户端程序可以使用 PlacesService 服务的 createPlace()方法得到该 Place 对象，并调用 enter()进入。注意，进入时使用的密码必须与创建时一致。

```
Place place = m_placesService.createPlace ("PersistentPlaceName", "PersistentPlaceDisplayName", EncLevel.
ENC_LEVEL_DONT_CARE, 0);
place.enter ("password", PlacesConstants.PLACE_CREATION_JOIN, true);
```

服务端程序还可以使用 setDefaultSections()为 Place 设置默认的 Section 数量和容量，客户端程序在进入 Place 后也可以调用 setCapacity()调整容量值。

8.2.6 Activity 服务

Activity 指的是能被 Place 中所有用户共享的服务功能。实际上，Activity 服务与 Place 空间之间是多对多的关系，服务端程序可以利用 Activity 服务创建各种 Activity 的服务程序，每个客户端程序可以为自己创建的 Place 选择添加多个 Activity，每个 Activity 可以同时被多个客户端程序共享。

每个 Activity 都有自己唯一的标识，称为服务类型。Sametime 中内置的服务类型如表 8-4 所示。其中，类型为 37137 的 Activity 为默认活动，每个客户端创建的 Place 中会包含它。

表 8-4　Sametime 中内置的 Activity 服务类型

类型	名称	说明
37121	Whiteboard	白板功能
37122	Appshare	应用共享
37123	Audio	音频功能
37124	Video	视频功能
37125	Reserved	保留
37126	Chat	在线交谈
37127	Web Collaboration	Web 协作
37128	Reserved	保留
37129	URL Push	URL 推送
37130	Question and Answer	问卷调查
37131	Shared Objects	共享对象
37132	Moderation (user roles)	主持人功能
37137	default	默认

（1）服务端程序需要加载 ActivityService 服务组件并以服务程序（SA）的方式登录到 Sametime 服务器。这时，必须指定支持的 Activity 服务类型，这一点与 Server Application 服务一样。

```
private static final int ACTIVITY_TYPE = 12345;
…
int [] supportedServices = { ACTIVITY_TYPE };
m_saService = (ServerAppService) m_session.getCompApi (ServerAppService.COMP_NAME);
m_saService.loginAsServerApp ("t43win2003.CompTech.com", STUserInstance.LT_SERVER_APP, "Activity Service", supportedServices);
```

（2）客户端程序可以在创建并进入 Place 后调用 addActivity()申请添加相关的 Activity 活动。注意，两者的 Activity 服务类型必须一致。

```
private static final int ACTIVITY_TYPE = 12345;
m_place = m_placesService.createPlace ("PlaceName", "PlaceDisplayName", EncLevel.ENC_LEVEL_DONT_CARE, 0);
```

```
m_place.enter ();
m_place.addActivity (ACTIVITY_TYPE, null);
```

（3）由于服务端程序在登录时注册了支持的服务类型，客户端的 addActivity()调用会使服务端自动调用 activityRequested()方法，需要在该方法中使用 acceptActivity()或 declineActivity()接受或拒绝申请。一旦接受，则双方会建立起服务的提供方和调用方关系。客户端或服务端程序可以调用 sendText()或 sendData()向 Activity 发送文本或二进制消息，该消息会自动路由到服务端。如果在服务器端为 Activity 添加 IncomingMessageListener 和 OutgoingMessageListener，则可以监听到发送和接收到的消息。

为了加深理解，下面来看一组例程。服务端程序（SA）注册支持 Activity，约定类型为 12345。当客户端申请添加时，在回调方法中使用 acceptActivity()接受申请。同时，通过设置 IncomingMessageListener 和 OutgoingMessageListener，在服务端监听该 Activity 收发的所有消息。服务端程序界面上有一个 Send Text 按钮，用来向 Activity 服务发送消息。事实上，该消息会被服务端程序自己接收到。

```
public class ActivityServiceServerApplet extends Applet implements PlacesAdminListener, PlaceListener,
ActivityServiceListener, IncomingMessageListener, OutgoingMessageListener, ActionListener
{
    private static final int    ACTIVITY_TYPE = 12345;
    private STSession m_session;
    private ServerAppService m_saService;
    private Place m_place;
    private PlacesAdminService m_placesAdminService;
    private ActivityService m_activityService;
    private MyActivity m_myActivity;

    public void init ()
    {
        try
        {
            m_session = new STSession ("ActivityServiceServerApplet " + this);
            String [] compNames = { ServerAppService.COMP_NAME, PlacesAdminService.COMP_
            NAME, ActivityService.COMP_NAME };
            m_session.loadComponents (compNames);
            m_session.start ();
            Button button = new Button ("Send Text");
            button.addActionListener (this);
            add (button);
            int [] supportedServices = { ACTIVITY_TYPE };
            m_saService = (ServerAppService) m_session.getCompApi (ServerAppService.COMP_NAME);
            m_saService.loginAsServerApp ("t43win2003.CompTech.com", STUserInstance.LT_SERVER_
            APP, "Activity Service", supportedServices);
            m_placesAdminService = (PlacesAdminService) m_session.getCompApi (PlacesAdminService.
            COMP_NAME);
```

```
            m_placesAdminService.addPlacesAdminListener (this);
            m_activityService = (ActivityService) m_session.getCompApi (ActivityService.COMP_NAME);
            m_activityService.addActivityServiceListener (this);
        }
        catch (DuplicateObjectException e)
        {
            System.out.println ("STSession or Components created twice.");
        }
    }
    public void destroy ()
    {
        m_saService.logout ();
        m_session.stop ();
        m_session.unloadSession ();
    }
    public void activityRequested (ActivityServiceEvent event)
    {
        m_place = event.getPlace ();
        m_place.addPlaceListener (this);
        m_myActivity = event.getMyActivity ();
        m_myActivity.addIncomingMessageListener (this);
        m_myActivity.addOutgoingMessageListener (this);
        m_activityService.acceptActivity (m_myActivity, null);
    }
    public void actionPerformed (ActionEvent event)
    {
        m_myActivity.sendText ("Hello from SA.");
    }
    public void serviceAvailable (PlacesAdminEvent event)
    {
        m_placesAdminService.setDefaultActivity (0, ACTIVITY_TYPE, null);
    }
    …
    public void dataReceived (MessageEvent event) { }
    public void textReceived (MessageEvent event)
    {
        System.out.println (event.getText ());
    }
    public void dataSent (MessageEvent event) { }
    public void textSent (MessageEvent event)
    {
        System.out.println (event.getText ());
    }
}
```

客户端程序界面上有 3 个按钮，分别是 Create Place、Add Activity、Send Text。第一个按钮用来创建 Place 并进入，第二个用来添加 Activity，第三个用来向 Activity 服务发送消息。由于第一个按钮创建并进入 Place 时可能会引发自动添加多个 Section 和 Activity，在 activityAdd() 中暂时将所有成功添加的 Activity 收集到 Hashtable 中，在第三个按钮时选择事先约定的 Activity 发送消息。

事实上，为 Place 添加 Activity 有以下 3 种方法，一旦添加成功，随后重复的添加操作会被忽略：

（1）在服务端使用 PlacesAdminService 的 addActivity()方法为某个 Place 添加指定的 Activity。当然，也可以用 removeActivity()将其删除。

（2）在服务端使用 PlacesAdminService 的 setDefaultActivity()指定默认的 Activity，这时客户端创建 Place 时会自动添加该 Activity。

（3）在客户端使用 addActivity()方法手工添加。

```
public class ActivityServiceClientApplet extends Applet implements ActionListener, PlaceListener,
ActivityListener
{
    private static final int ACTIVITY_TYPE = 12345;
    private STSession m_session;
    private CommunityService m_communityService;
    private PlacesService m_placesService;
    private Place m_place;
    private Hashtable<Integer, Activity> m_activities = new Hashtable<Integer, Activity> ();

    public void init ()
    {
        try
        {
            m_session = new STSession ("ActivityServiceClientApplet " + this);
            String [] compNames = { CommunityService.COMP_NAME, PlacesService.COMP_NAME };
            m_session.loadComponents (compNames);
            m_session.start ();
            Button b1 = new Button ("Create Place");
            b1.addActionListener (this);
            add (b1);
            Button b2 = new Button ("Add Activity");
            b2.addActionListener (this);
            add (b2);
            Button b3 = new Button ("Send Text");
            b3.addActionListener (this);
            add (b3);
            m_communityService = (CommunityService) m_session.getCompApi (CommunityService.
            COMP_NAME);
            m_communityService.loginByPassword ("t43win2003.CompTech.com", "jerry DISNEY", "jerry");
```

```
            m_placesService = (PlacesService) m_session.getCompApi (PlacesService.COMP_NAME);
        }
        catch (DuplicateObjectException e)
        {
            e.printStackTrace ();
        }
    }
    public void destroy ()
    {
        m_communityService.logout ();
        m_session.stop ();
        m_session.unloadSession ();
    }
    public void actionPerformed (ActionEvent event)
    {
        if (event.getActionCommand ().equals ("Create Place"))
        {
            m_place = m_placesService.createPlace ("PlaceName", "PlaceDisplayName", EncLevel.ENC_
            LEVEL_DONT_CARE, 0);
            m_place.addPlaceListener (this);
            m_place.enter ();
        }
        else if (event.getActionCommand ().equals ("Add Activity"))
        {
            m_place.addActivity (ACTIVITY_TYPE, null);
        }
        else if (event.getActionCommand ().equals ("Send Text"))
        {
            Activity activity = (Activity) m_activities.get (ACTIVITY_TYPE);
            activity.sendText ("Hello from client.");
        }
    }
    public void activityAdded (PlaceEvent event)
    {
        Activity activity = event.getActivity ();
        activity.addActivityListener (this);
        m_activities.put (activity.getActivityType (), activity);
    }
    …
}
```

这里值得提醒的是，客户端和服务端程序都涉及 Place 和 Activity 的相关类，但两者是不同的，分属 com.lotus.sametime.places 和 com.lotus.sametime.placessa 包，加载（import）时需要特别注意。

8.2.7 Light Login 服务

Light Login 服务使 MUX 应用程序能够复用当前的链路连接，使后继的登录运行在同一条连接上，所以称为轻量级登录（Light Login）。

（1）MUX 应用程序加载服务组件后以服务应用（SA）的方式登录到服务器上，只不过登录类型为 STUserInstance.LT_MUX_APP。对于每个后继的轻量级登录，必须单独创建一个会话（STSession）并加载 LightLoginService 组件。值得提醒的是，在使用之前必须将登录类型改为 STUserInstance.LT_LIGHT_CLIENT_USER。

（2）调用 loginXXX()方法登录到服务器上，这时的登录会复用原有 MUX 应用的连接。LightLoginService 共提供了 4 种登录方式 loginAsAnon()、loginByPassword()、loginByToken()、loginWithoutCredentials()，分别表示匿名登录、口令验证登录、令牌验证登录、无验证登录。其中无验证登录不需要提供口令或令牌，只在服务端应用（SA）中可行。

为了便于理解，下面给出一个例程。

```
public class LightLoginServiceApplet extends Applet implements AdminMsgListener, LoginListener,
ServiceListener, ActionListener
{
    private STSession m_saSession;
    private STSession m_llSession;
    private ServerAppService m_saService;
    private LightLoginService m_lightLoginService;

    public void init ()
    {
        try
        {
            m_saSession = new STSession ("LightLoginServiceApplet " + this);
            String [] compNames = { ServerAppService.COMP_NAME };
            m_saSession.loadComponents (compNames);
            m_saSession.start ();
            Button b1 = new Button ("Prepare Service");
            b1.addActionListener (this);
            add (b1);
            Button b2 = new Button ("Light Login");
            b2.addActionListener (this);
            add (b2);
            m_saService = (ServerAppService) m_saSession.getCompApi (ServerAppService.COMP_NAME);
            m_saService.loginAsServerApp ("t43win2003.CompTech.com", STUserInstance.LT_MUX_APP,
            "Light Login Service", null);
        }
        catch (DuplicateObjectException e)
        {
            System.out.println ("STSession or Components created twice.");
```

```
        }
    }
    public void destroy ()
    {
        m_saService.logout ();
        m_saSession.stop ();
        m_saSession.unloadSession ();
    }
    public void actionPerformed (ActionEvent event)
    {
        if (event.getActionCommand ().equals ("Prepare Service"))
        {
            try
            {
                m_llSession = new STSession ("Session" + this);
                String [] compNames = { LightLoginService.COMP_NAME };
                m_llSession.loadComponents (compNames);
                m_llSession.start ();
                m_lightLoginService = (LightLoginService) m_llSession.getCompApi (LightLoginService.
                COMP_NAME);
                m_lightLoginService.addAdminMsgListener (this);
                m_lightLoginService.addLoginListener (this);
                m_lightLoginService.addServiceListener (this);
                m_lightLoginService.setLoginType (STUserInstance.LT_LIGHT_CLIENT_USER);
            }
            catch (DuplicateObjectException e)
            {
                System.out.println ("STSession or Components created twice.");
            }
        }
        else if (event.getActionCommand ().equals ("Light Login"))
        {
            m_lightLoginService.loginByPassword ("jerry DISNEY", "jerry", m_saService, null);
        }
    }
    public void serviceAvailable (ServiceEvent event) { }
    public void loggedIn (LoginEvent event) { }
    public void loggedOut (LoginEvent event)
    {
        m_llSession.stop ();
        m_llSession.unloadSession ();
    }
    public void adminMsgReceived (AdminMsgEvent event)
```

```
        {
            System.out.println ("      MsgText = " + event.getMsgText ());
        }
    }
```

8.2.8 Server Application Token 服务

Server Application Token 服务能够使服务端应用程序（SA）产生某个用户的令牌，可以使用该令牌通过 Light Login 服务登录到服务器上。通常令牌具有有效期，其时间长短由管理员设定。通过这种方式，可以让服务端程序临时以某个用户的身份登录并实现相应的操作。

编程时，首先需要加载 SATokenService 服务组件并以服务端应用（SA）的方式登录。不妨为该服务添加 TokenServiceListener，这样在调用 generateToken()产生某个用户的临时令牌（token）时，其操作结果会反映在 tokenGenerated()或 generateTokenFailed()中。通过调用 getToken()获得该令牌，最后调用 loginByToken()登录。

为了便于理解，下面给出一个例程。

```
public class SATokenServiceApplet extends Applet implements TokenServiceListener, LoginListener,
ActionListener
{
    private STSession m_saSession;
    private STSession m_llSession;
    private ServerAppService m_saService;
    private SATokenService m_saTokenService;
    private LightLoginService m_lightLoginService;

    public void init ()
    {
        try
        {
            m_saSession = new STSession ("SATokenServiceApplet " + this);
            String [] compNames = { ServerAppService.COMP_NAME, LightLoginService.COMP_NAME,
                SATokenService.COMP_NAME };
            m_saSession.loadComponents (compNames);
            m_saSession.start ();
            Button button = new Button ("Generate Token & Light Login");
            button.addActionListener (this);
            add (button);
            m_saTokenService = (SATokenService) m_saSession.getCompApi (SATokenService.COMP_NAME);
            m_saTokenService.addTokenServiceListener (this);
            m_saService = (ServerAppService) m_saSession.getCompApi (ServerAppService.COMP_NAME);
            m_saService.addLoginListener (this);
            m_saService.loginAsServerApp ("t43win2003.CompTech.com", STUserInstance.LT_SERVER_
                APP, "SA Token Service", null);
        }
```

```
        catch (DuplicateObjectException e)
        {
            System.out.println ("STSession or Components created twice.");
        }
    }
    public void destroy ()
    {
        m_saService.logout ();
        m_saSession.stop ();
        m_saSession.unloadSession ();
    }
    public void actionPerformed (ActionEvent event)
    {
        STUser jerry = new STUser (new STId ("CN=jerry DISNEY/O=CompTech", ""), "jerry", "");
        m_saTokenService.generateToken (jerry);
    }
    public void tokenGenerated (TokenEvent event)
    {
        try
        {
            Token token = event.getToken ();
            m_llSession = new STSession ("LightLoginSession" + this);
            String [] compNames = { LightLoginService.COMP_NAME };
            m_llSession.loadComponents (compNames);
            m_llSession.start ();
            m_lightLoginService = (LightLoginService) m_llSession.getCompApi (LightLoginService.
            COMP_NAME);
            m_lightLoginService.addLoginListener (this);
            m_lightLoginService.setLoginType (STUserInstance.LT_LIGHT_CLIENT_USER);
            m_lightLoginService.loginByToken (token.getLoginName (), token.getTokenString (),
            m_saService, null);
        }
        catch (DuplicateObjectException e)
        {
            System.out.println ("STSession or Components created twice.");
        }
    }
    public void generateTokenFailed (TokenEvent event) { }
    public void serviceAvailable (TokenEvent event) { }
    public void loggedIn (LoginEvent event) { }
    public void loggedOut (LoginEvent event)
    {
        m_llSession.stop ();
```

```
        m_llSession.unloadSession ();
    }
}
```

8.2.9 Server Application Storage 服务

Server Application Storage 服务提供了在服务端存取用户属性的功能，它对应的服务组件是 STAppStorageService，其功能与客户端的 StorageService 类似。在客户端，登录用户只能存取自己的属性。而在服务端，服务程序（SA）可以存取任何用户的属性。

（1）加载 STAppStorageService 服务组件。由于该组件依赖于 ServerAppService 和 OnlineDirectoryService，需要一起加载。

```
m_session = new STSession ("SAppStorageServiceServerApplet " + this);
String [] compNames = { ServerAppService.COMP_NAME, OnlineDirectoryService.COMP_NAME,
SAppStorageService.COMP_NAME };
m_session.loadComponents (compNames);
m_session.start ();
…
m_saStorageService = (SAppStorageService) m_session.getCompApi (SAppStorageService.COMP_NAME);
m_saStorageService.addStorageServiceListener (this);
```

（2）调用 storeAttr()和 queryAttr()来存取某个用户的属性，用户的属性（STAttribute）分为键（key）和值（value）两部分。由于存取操作是异步的，每次操作都会直接返回一个 Integer 类型的操作号，而操作结果会反映在回调方法中，调用 getRequestId()能得到对应的请求号。通过这个方法，可以将操作和结果对应起来。

存取操作可以针对单个属性 storeAttr()和 queryAttr()，也可以批量地针对多个属性 storeAttrList()和 queryAttrList()。操作结果通常有 ST_OK 和 ST_FAIL 两种，分别表示成功与失败。对于单个或批量读取操作还可能返回 STORAGE_ATTRIB_NOT_EXIST，表示部分属性不存在。可以用 getAttrList()和 getFailedAttrKeys()操作将操作成功与失败的属性找出来。

```
STUser jerry = new STUser (new STId ("CN=jerry DISNEY/O=CompTech", ""), "jerry", "杰瑞");
…
// 存用户属性
    STAttribute attr = new STAttribute (100, "my value");
    Integer id = m_saStorageService.storeAttr (jerry, attr);
    System.out.println ("      id = " + id);
// 取用户属性
    Integer id = m_saStorageService.queryAttr (jerry, 100);
    System.out.println ("      id = " + id);
// 存属性回调方法
public void attrStored (StorageEvent event)
{
    System.out.println ("      id = " + event.getRequestId ());
    if (event.getRequestResult () == STError.ST_OK)
        System.out.println ("ST_OK");
```

```
        else if (event.getRequestResult () == STError.ST_FAIL)
                System.out.println ("ST_FAIL");
    }
    // 取属性回调方法
    public void attrQueried (StorageEvent event)
    {
        System.out.println ("        id = " + event.getRequestId ());
        if (event.getRequestResult () == STError.ST_OK)
        {
                System.out.println ("ST_OK");
                Vector v = event.getAttrList ();
                for (int i = 0; i < v.size (); i ++)
                {
                        STAttribute attr = (STAttribute) v.elementAt (i);
                        System.out.println (attr.getKey () + " : " + attr.getString ());
                }
        }
        else if (event.getRequestResult () == STError.ST_FAIL)
                System.out.println ("ST_FAIL");
    }
```

（3）客户端（StorageService）和服务端（STAppStorageService）可以针对同一个用户的同一个属性进行存取属性，其操作结果相互可见。

8.2.10 Online Directory 服务

Online Directory 服务可以使服务端程序（SA）在群体目录中寻找用户和组。尽管类似的功能可以由 LookupService 中的 resolve()完成，但 Online Directory 服务可以定位用户和组的接入位置，即接入的服务器。为此，必须在 OnlineDirectoryService 上创建 Locator，然后添加 LocateListener 并调用 Locator 对象的 locateUser()或 locateGroup()，定位后会自动调用 userLocated()或 groupLocated()方法。

Online Directory 服务还可以用来监视某个用户是否在线。尽管类似的功能可以由 CommunityEventService 完成，但 Online Directory 服务监视的是指定用户而不是群体中所有的登录和退出事件。注意，如果某个用户（如 tom）已经登录了，这时通过 CommunityEventService 是无法观测到他之前的登录事件的，也就是说，无法知道 tom 目前是否在线，而通过 OnlineDirectoryService 则可以监测出来。编程时，需要在 OnlineDirectoryService 上创建 Alerter，然后添加 AlertListener 并调用 Alerter 对象的 alertWhenOnline()。如果这时用户在线，则会自动调用 userOnline()方法。

为了便于理解，下面给出一个例程。

```
    public class OnlineDirectoryServiceApplet extends Applet implements OnlineDirectoryServiceListener,
LocateListener, AlertListener
    {
        private STSession m_saSession;
```

```
    private ServerAppService m_saService;
    private OnlineDirectoryService m_onlineDirectoryService;
    private Locator m_locator;
    private Alerter m_alerter;
    private STUser tom = new STUser (new STId ("CN=tom DISNEY/O=CompTech", ""), "tom", "");
    private STUser jerry = new STUser (new STId ("CN=jerry DISNEY/O=CompTech", ""), "jerry", "");

    public void init ()
    {
        try
        {
            m_saSession = new STSession ("OnlineDirectoryServiceApplet " + this);
            String [] compNames = { ServerAppService.COMP_NAME, OnlineDirectoryService.COMP_
            NAME };
            m_saSession.loadComponents (compNames);
            m_saSession.start ();
            m_saService = (ServerAppService) m_saSession.getCompApi (ServerAppService.COMP_NAME);
            m_saService.loginAsServerApp ("t43win2003.CompTech.com", STUserInstance.LT_SERVER_
            APP, "Online Directory Service", null);
            m_onlineDirectoryService = (OnlineDirectoryService) m_saSession.getCompApi
             (OnlineDirectoryService.COMP_NAME);
            m_onlineDirectoryService.addOnlineDirectoryServiceListener (this);
        }
        catch (DuplicateObjectException e)
        {
            System.out.println ("STSession or Components created twice.");
        }
    }
    public void destroy ()
    {
        m_saService.logout ();
        m_saSession.stop ();
        m_saSession.unloadSession ();
    }
    public void serviceAvailable (OnlineDirectoryServiceEvent event)
    {
        m_locator = m_onlineDirectoryService.createLocator ();
        m_locator.addLocateListener (this);
        m_locator.locateUser (jerry);

        m_alerter = m_onlineDirectoryService.createAlerter ();
        m_alerter.addAlertListener (this);
        m_alerter.alertWhenOnline (tom);
```

```
    }
    public void serviceUnavailable (OnlineDirectoryServiceEvent event) { }
    public void locateFailed (LocateEvent event) { }
    public void groupLocated (LocateEvent event) { }
    public void userLocated (LocateEvent event)
    {
        displayLocatedUser (event.getLocatedUser ());
    }
    public void alertFailed (AlertEvent event) { }
    public void userOnline (AlertEvent event)
    {
        System.out.println ("userOnline");
        displayLocatedUser (event.getLocatedUser ());
    }
    public void displayLocatedUser (LocatedUser locatedUser)
    {
        System.out.println ("LocatedUser :");
        System.out.println ("            " + locatedUser.getServerId ());
        System.out.println ("            " + locatedUser.getUserId ());
        System.out.println ("            " + locatedUser.isOnline ());
    }
}
```

8.3 例程解析

在 Sametime 的 SDK 安装介质中提供了多个 Community Server Toolkit 的例程，我们选取其中涉及多个服务组件合用的 SportsUpdater 和 OfflineMessages 进行解析，帮助大家理解。

8.3.1 SportsUpdater

SportsUpdater 分为服务端和客户端两部分。服务端维护了一张比赛记分表（如图 8-2 所示），分别注明各场次中主队和客队的名称、比分、关注本场比赛的客户端。为了简单起见，服务端程序（SA）将比赛记分表放在内存 Vector 变量中，其中每一个元素都是比赛对象（Match），而每一个对象中又含一个 Vector 变量，标识关注该比赛的多个客户端（MatchListener）。服务端线程会定时地随机刷新比分，以此模拟比赛的过程。

客户端程序（C）连接到 Sametime 服务器后会使用 ChannelService 主动访问 SA 服务，一旦建立通道（Channel），服务端程序（SA）会将整个比赛记分表打包下传。这时，客户端程序（C）会弹出窗口供用户选择，用户每次双击其中某场比赛，就会弹出一个监听窗口并不断刷新当前的比分。同时，服务端程序（SA）在通道（Channel）上得知用户对比赛的订阅消息，将其记录在记分表中的关注客户端一栏。每次比分刷新时会给所有的相关客户端发送记分表。

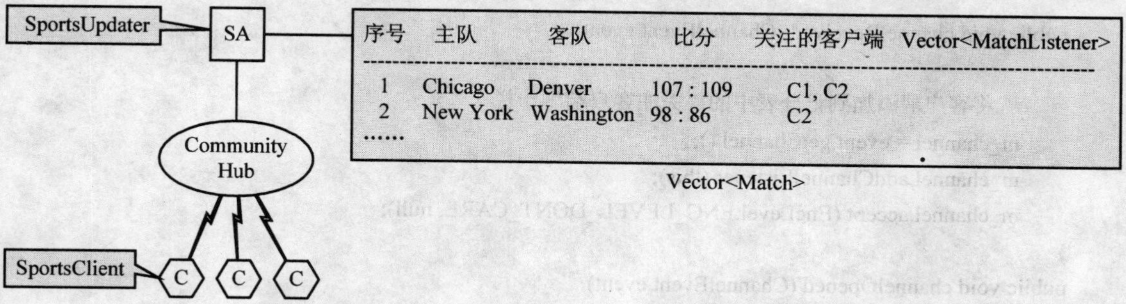

图 8-2 SportsUpdater 例程工作原理

下面来看一看例程的代码框架。由于源代码比较长（参考 SDK 中的 java 文件），在这里只关注与服务组件相关的部分。

服务端程序注册了一个服务（类型为 0x64），它以 SA 方式登录后加载比赛记分表并添加 ChannelServiceListener。这样，当客户端访问该服务时会自动调用 channelReceived()方法。在该方法中将客户端添加到“关注客户端”，为每一条通道添加 ChannelListener 并接受通道的建立申请，在 channelOpened()方法中向新接入的客户端下传比赛记分表，在 channelOpenFailed() 和 channelClosed()方法中将客户端从“关注客户端”中删除。客户端可以主动发送订阅和退订消息，服务端在 channelMsgReceived()中处理，即在“关注的客户端”中添加或删除当前客户端。每隔一秒钟，服务端程序会自动刷新所有比赛的比分，并向所有关注的客户端发送记分表。

```
private STSession m_session;
private ServerAppService m_saService;
private Channel m_channel;

m_session = new STSession ("SportsUpdater" + this);
String [] compNames = { ServerAppService.COMP_NAME };
m_session.loadComponents (compNames);
m_session.start ();

int [] supportedServices = { 0x64 };
Connection [] connections = { new SocketConnection (1516, 17000), };
m_saService = (ServerAppService) m_session.getCompApi (ServerAppService.COMP_NAME);
m_saService.addLoginListener (this);
m_saService.setConnectivity (connections);
m_saService.loginAsServerApp ("t43win2003.CompTech.com", STUserInstance.LT_SERVER_APP, "Sports Updater", supportedServices);

public void loggedIn (LoginEvent event)
{
    // 加载比赛记分表
    ChannelService channelService = (ChannelService) m_session.getCompApi (ChannelService.COMP_NAME);
    channelService.addChannelServiceListener (this);
}
```

```
public void channelReceived (ChannelEvent event)
{
    // 将客户端添加到记分表中的“关注客户端”一栏
    m_channel = event.getChannel ();
    m_channel.addChannelListener (this);
    m_channel.accept (EncLevel.ENC_LEVEL_DONT_CARE, null);
}
public void channelOpened (ChannelEvent event)
{
    // m_channel.sendMsg () 下传比赛记分表
}
public void channelOpenFailed (ChannelEvent event)
{
    // 将客户端从记分表中的“关注客户端”一栏中删除
}
public void channelClosed (ChannelEvent event)
{
    // 将客户端从记分表中的“关注客户端”一栏中删除
}
public void channelMsgReceived (ChannelEvent event)
{
    // 根据订阅消息的内容更新记分表中的“关注客户端”一栏
}
public void run ()
{
    while (true)
    {
        // 刷新比赛记分，向所有关注的客户端下发比赛记分表
        sleep (1000);
    }
}
```

客户端程序在登录到 Sametime 后创建通道访问服务端程序（类型为 0x64），为通道对象添加 ChannelListener 后可以监听到通道的各种事件，在 channelOpened()方法中弹出比赛监听窗口，在 channelMsgReceived()中解析服务端程序发来的比赛记分表并刷新窗口中的比分。

```
private STSession m_session;
Channel m_channel;
try
{
    m_session = new STSession ("SportsUpdaterClient");
    m_session.loadAllComponents ();
    m_session.start ();
    CommunityService commService = (CommunityService) m_session.getCompApi
    (CommunityService.COMP_NAME);
    commService.addLoginListener (this);
```

```
    commService.loginByPassword ("t43win2003.CompTech.com", "jerry DISNEY", "jerry");
  }
  catch (DuplicateObjectException e)
  {
    e.printStackTrace ();
    System.exit (1);
  }
  public void loggedIn (LoginEvent event)
  {
    ChannelService channelService = (ChannelService) m_session.getCompApi
    (ChannelService.COMP_NAME);
    m_channel = channelService.createChannel (0x64,0,0,EncLevel.ENC_LEVEL_ALL,null,null);
    m_channel.addChannelListener (this);
    m_channel.open ();
  }
  public void channelOpened (ChannelEvent event)          { // 弹出窗口显示比赛进程 }
  public void channelOpenFailed (ChannelEvent event)      { // 退出程序 }
  public void channelClosed (ChannelEvent event)          { // 退出程序 }
  public void channelMsgReceived (ChannelEvent event)     { // 刷新窗口中的比分 }
```

8.3.2 OfflineMessages

OfflineMessages 也分为服务端和客户端两部分。客户端程序界面可以发送离线消息，每次操作都会通过 ChannelService 创建 Channel 来访问指定的服务，将消息内容打包写入 NDR 流并以握手数据的形式送达服务端程序。服务端程序通过 ChannelService 接受来自客户端的通道创建申请，解析 NDR 数据流并为每一条离线消息创建 UsersHandler 对象，该对象会保持消息的发送方、接收方、消息内容，当接收方上线时会以发送方身份轻量级登录并发送 IM 消息。这时，接收方会弹出 IM 窗口并显示发送方留下的离线消息。OfflineMessages 例程工作原理如图 8-3 所示。

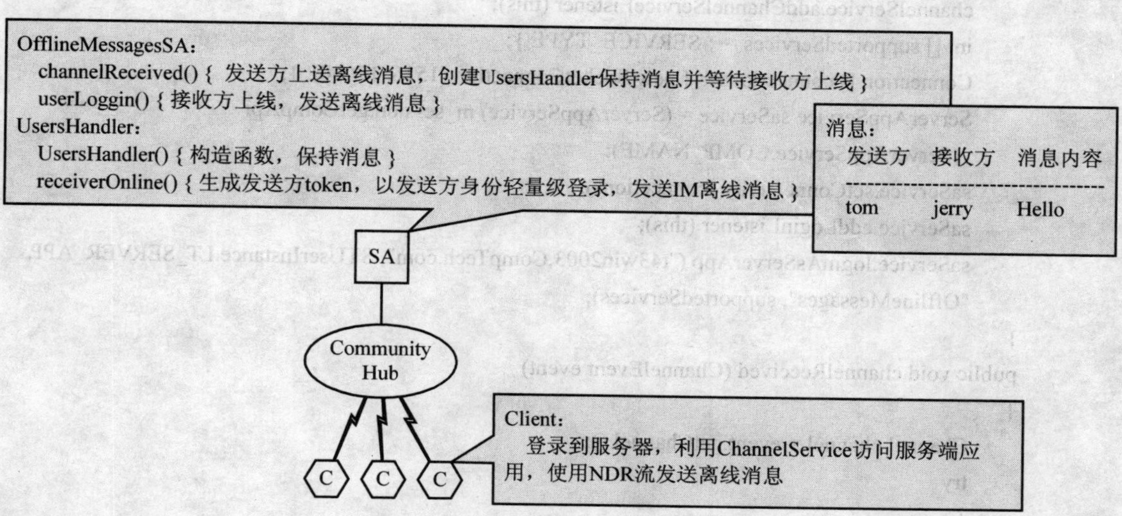

图 8-3　OfflineMessages 例程工作原理

下面来看一看例程的代码框架。其完整的源代码请参考 SDK 中的 java 文件，在这里只关注与服务组件相关的部分。

OfflineMessageSA 是服务端程序的主体，它以 SA 方式登录并注册服务（0x80000055），通过为 ChannelService 添加 ChannelServiceListener 可以监听并接受来自客户端的通道创建申请，在 channelReceived()中解析 NDR 数据流，创建 UsersHandler 对象并记录到 Hashtable 中。通过为 CommunityEventsService 添加 UserLoginListener 可以监听到所有用户登录的事件，如果该用户能够在 Hashtable 中找到，说明接收方上线了，这时调用 UsersHandler 对象的 receiverOnline()方法将离线消息送出。

```
public class OfflineMessagesSA implements LoginListener, UserLoginListener, ChannelServiceListener
{
    static final int SERVICE_TYPE      = 0x80000055;
    private STSession m_session;
    private CommunityEventsService m_commEvents;
    private Hashtable m_watchedUsers = new Hashtable ();
    public OfflineMessagesSA ()
    {
        String [] compNames = { ServerAppService.COMP_NAME, CommunityEventsComp.COMP_
        NAME, SATokenComp.COMP_NAME };
        m_session = new STSession ("OfflineMessages");
        m_session.loadComponents (compNames);
        m_session.start ();
        m_commEvents = (CommunityEventsService) m_session.getCompApi
         (CommunityEventsService.COMP_NAME);
        m_commEvents.addUserLoginListener (this);
        ChannelService channelService = (ChannelService) m_session.getCompApi
         (ChannelService.COMP_NAME);
        channelService.addChannelServiceListener (this);
        int [] supportedServices = { SERVICE_TYPE };
        Connection [] connections = { new SocketConnection (1516, 17000), };
        ServerAppService saService = (ServerAppService) m_session.getCompApi
         (ServerAppService.COMP_NAME);
        saService.setConnectivity (connections);
        saService.addLoginListener (this);
        saService.loginAsServerApp ("t43win2003.CompTech.com", STUserInstance.LT_SERVER_APP,
        "OfflineMessages", supportedServices);
    }
    public void channelReceived (ChannelEvent event)
    {
        Channel channel = event.getChannel ();
        try
        {
            if (channel.getServiceType () == SERVICE_TYPE)
```

```
        {
            NdrInputStream inStream = new NdrInputStream (channel.getCreateData ());
            STId receiverId = new STId (inStream);
            String receiverName = inStream.readUTF ();
            String message = inStream.readUTF ();
            STUser receiver = new STUser (receiverId, receiverName, "");
            UsersHandler handler = new UsersHandler (m_session, channel.getRemoteInfo (), receiver,
            message);
            m_watchedUsers.put (receiverId.getId (), handler);
        }
    }
    catch (IOException e)
    {
        channel.close (STError.ST_INVALID_DATA, null);
        return;
    }
    channel.close (STError.ST_OK, null);
  }
  public void userLoggedIn (UserLoginEvent event)
  {
    STUser user = event.getUserInstance ();
    Object o = m_watchedUsers.remove (user.getId ().getId ());
    if (o != null)
        ((UsersHandler) o).receiverOnline ();
  }
}
```

UsersHandler 记录了消息的发送方、接收方、消息内容，在 receiverOnline()方法中创建新的会话（STSession），以发送方身份轻量级登录并以 IM 方式发送消息。

```
public class UsersHandler implements LoginListener, TokenServiceListener
{
    private STSession m_session;
    private LightLoginService m_loginService;
    private SATokenService    m_tokenService;
    private InstantMessagingService m_imService;
    private STUser m_sender;
    private STUser m_receiver;
    private String    m_message;
    ServerAppService m_mainLogin;

    public UsersHandler (STSession saSession, STUser sender, STUser receiver, String message)
    {
        m_sender = sender;
        m_receiver = receiver;
```

```
        m_message = message;
        m_tokenService = (SATokenService) saSession.getCompApi (SATokenService.COMP_NAME);
        m_tokenService.addTokenServiceListener (this);
        m_mainLogin = (ServerAppService) saSession.getCompApi (ServerAppService.COMP_NAME);
    }
    void receiverOnline ()
    {
        try
        {
            m_session = new STSession ("OfflineMessageUser" + this);
            new STBase (m_session);
            new ImComp (m_session);
            m_session.start ();
            m_loginService = (LightLoginService) m_session.getCompApi (LightLoginService.COMP_NAME);
            m_imService = (InstantMessagingService) m_session.getCompApi
            (InstantMessagingService.COMP_NAME);
            m_tokenService.generateToken (m_sender);
        }
        catch (DuplicateObjectException e)
        {
            e.printStackTrace ();
            return;
        }
    }
    public void tokenGenerated (TokenEvent event)
    {
        m_loginService.setLoginType (STUserInstance.LT_LIGHT_CLIENT_USER);
        m_loginService.addLoginListener (this);
        Token token = event.getToken ();
        m_loginService.loginByToken (token.getLoginName (), token.getTokenString (), m_mainLogin, null);
    }
    public void loggedIn (LoginEvent event)
    {
        Im im = m_imService.createIm (m_receiver, EncLevel.ENC_LEVEL_ALL, 1);
        im.addImListener (new ImHandler ());
        im.open ();
    }
    class ImHandler extends ImAdapter
    {
        public void imOpened (ImEvent event)
        {
            event.getIm ().sendText (true, m_message);
            m_loginService.logout ();
```

```
            cleanUp ();
        }
    }
}
```

客户端程序登录到 Sametime 服务器上，通过 ChannelService 访问指定的服务（0x80000055），通过操作界面上的菜单项，将离线消息的发送方、接收方、消息内容写入 NDR 数据流中并在创建通道双方握手时发送到服务器上。

```
public class Client extends Frame implements LoginListener, ActionListener, ResolveViewListener
{
    static final int SERVICE_TYPE = 0x80000055;
    private STSession m_session;
    private ChannelService m_channelService;
    public Client ()
    {
        m_session = new STSession ("OfflineMessagesClient");
        m_session.loadAllComponents ();
        m_session.start ();
        m_channelService = (ChannelService) m_session.getCompApi (ChannelService.COMP_NAME);
        CommunityService commService = (CommunityService) m_session.getCompApi
        (CommunityService.COMP_NAME);
        commService.addLoginListener (this);
        commService.loginByPassword ("t43win2003.CompTech.com", "jerry DISNEY", "jerry");
    }
    void sendOfflineMessage (STUser user, String message)
    {
        NdrOutputStream outStream = new NdrOutputStream ();
        user.getId ().dump (outStream);
        outStream.writeUTF (user.getName ());
        outStream.writeUTF (message);
        Channel channel = m_channelService.createChannel (SERVICE_TYPE, 0, 0,
        EncLevel.ENC_LEVEL_ALL, outStream.toByteArray (), null);
        channel.open ();
    }
}
```

以上两个例程中都使用了 NdrInputStream 和 NdrOutputStream，它们分别是 DataInputStream 和 DataOutputStream 的衍生类，是 Sametime Java Toolkit 中常用的工具类，经常用于 Java 对象的序列化过程。

第 9 章　Directory and Database Access Toolkit

Service Provider Interface（SPI）本质上是服务端应用的用户出口程序，它会在用户在线交流、文件传输、令牌认证、获取用户信息的时候被调用。每个 SPI 都含有一组 API 函数，它们会在特定的时候被调用。默认情况下，SPI 接口函数都是空置的，但如果按接口规范实现了自己的逻辑，则可以参与并控制其中的各个重要环节，从而衍生出一些新的功能。

由于 SPI 在服务端被加载并调用，所以一旦更新 SPI 函数或者配置，则必须重启相关的服务才会生效。Sametime 在分布式多机环境中可能有多个服务器（如图 9-1 所示），这时不同的客户端可能需要跨不同的服务器实时沟通（如在线交流、文件传输等），有些 SPI 发生在发送端，有些则发生在接收端。一般来说，要求所有 Sametime 服务器中关于 SPI 的设置必须相同。

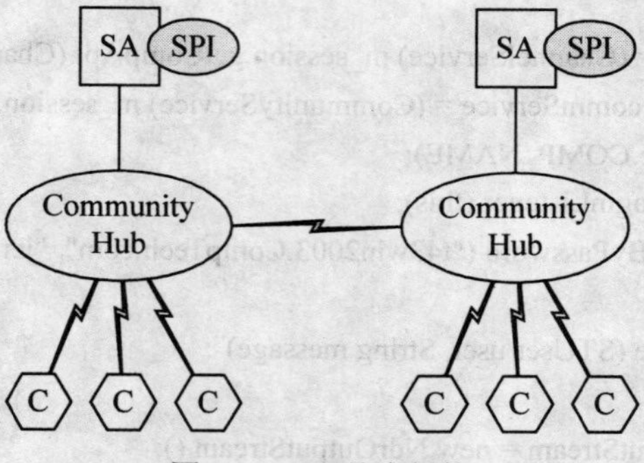

图 9-1　SPI 基本架构

9.1　Chat Logging SPI

本质上，Chat Logging SPI 是系统操作中的一个动态链接库，在 Sametime 服务器启动后会随服务端应用加载，如图 9-2 所示。在 IM 或 Meeting 的会话过程中，服务端应用（SA）会调用其中的 API。通过实现这组 API，可以掌握并干预用户之间交谈的全过程，比如记录任意用户之间的交谈内容、控制用户之间创建会话、监控和过滤交谈内容等。

在分布式多机环境中，会话的发送方和接收方也许会登录在不同的 Sametime 服务器上。对于多路交谈（N-way Chat）和会议（Meeting），SPI 调用发生在运行 Place 的服务器上。对于普通的在线交谈（IM Chat），SPI 调用只发生在会话接收方。注意，多机环境中各个服务器对于 Chat Logging 的设置必须一致。

Chat Logging 共有 3 种工作模式：Strict、Relaxed 和 Off。其中 Strict 表示当任何一个 API 返回失败时，会话立即结束。Relaxed 表示当 API 返回失败后，Chat Logging 功能被自动关闭，但会话仍然可以继续。Off 是默认值，表示关闭 Chat Logging 功能。

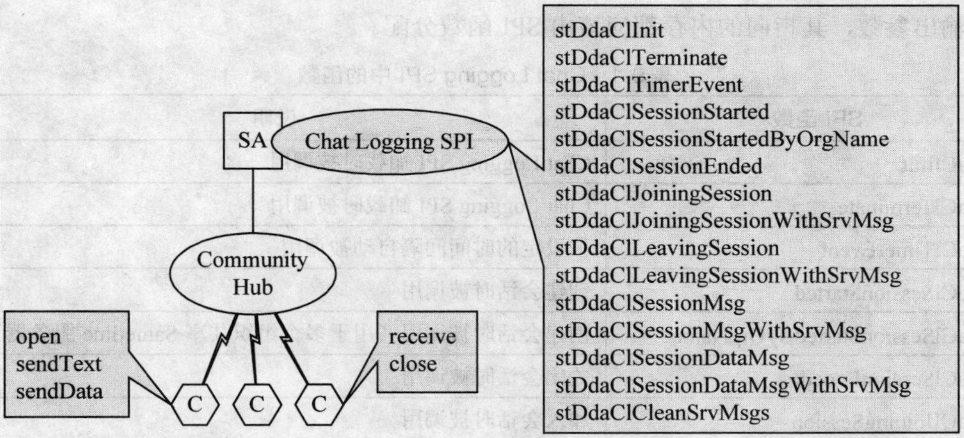

图 9-2　Chat Logging SPI 在系统架构中的位置

可以通过以下步骤打开 Sametime 服务器的 Chat Logging 功能：

（1）使用 Domino Admin 客户端打开 STConfig.nsf。

（2）编辑 CommunityServices 文档中的 Chat Logging Flag 选项，选择 Strict 或 Relaxed 工作模式。

（3）修改 Capture Service Type，对于 Strict 模式设置为 0x1000，对于 Relaxed 模式设置为 0。

（4）重启 Sametime Server。

以 Windows 平台为例，Chat Logging SPI 是 Domino 目录下的 StChatLog.dll 文件，如果将自己的 SPI 实现程序编译并覆盖该文件，重启 Sametime 服务器后即会被加载。这样，SPI 程序就可以发挥作用了。

Chat Logging SPI 的例程在<SametimeSdkPath>\server\dda\samples\chatlogging 中，可以按照需要将其改成自己的程序，如 ChatLogging.cpp。假定采用 Visual C++作为编译器，使用以下命令可以将 ChatLogging.cpp 编译成 StChatLog.dll 并拷贝到相应的目录。

```
cl.exe -MT -GX -c -I. -I../../inc/chatlogging -I../../inc/common ChatLogging.cpp
link.exe -dll -def:ChatLogging.def -out:StChatLog.dll $(OBJ) kernel32.lib user32.lib
copy StChatLog.dll "C:\Program Files\IBM\Lotus\Domino\StChatLog.dll"
```

9.1.1　Chat Logging SPI 函数说明

Chat Logging SPI 共有 15 个 API 函数，如表 9-1 所示。其中，stDdaClInit 和 stDdaClTerminate 分别在 SPI 加载和卸载时被调用，它们通常负责环境的设置与清除工作。stDdaClSessionStarted 和 stDdaClSessionEnded 分别在创建和关闭 IM 或 Meeting 会话时被调用，而 stDdaClJoiningSession 和 stDdaClLeavingSession 分别在加入和退出会话时被调用。会话消息按内容可以分为文本（如文字输入）和二进制数据（如屏幕拷贝）两种，在收到消息时会分别调用 stDdaClSessionMsg 和 stDdaClSessionDataMsg。

Chat Logging SPI 可以创建一个服务消息（Server Message）数组随 SPI 函数返回给通信双方，服务消息不会出现在正常的交谈内容中，但被双方接收后可以起到通知的作用。比如在服务消息中放入出错信息。对于 Sametime 8.0，通常调用的是含服务消息的函数。注意，对于服务消息输出参数，其指向的内存都应该由 SPI 函数分配。

表 9-1　Chat Logging SPI 中的函数

SPI 函数	说明
stDdaClInit	Chat Logging SPI 加载时被调用
stDdaClTerminate	Chat Logging SPI 卸载时被调用
stDdaClTimerEvent	按设定的时间间隔自动被调用
stDdaClSessionStarted	创建会话时被调用
stDdaClSessionStartedByOrgName	创建会话时被调用（用于多个组织共享 Sametime 服务器）
stDdaClSessionEnded	关闭会话时被调用
stDdaClJoiningSession	加入会话时被调用
stDdaClJoiningSessionWithSrvMsg	加入会话时被调用（含 SvrMsg）
stDdaClLeavingSession	退出会话时被调用
stDdaClLeavingSessionWithSrvMsg	退出会话时被调用（含 SvrMsg）
stDdaClSessionMsg	收到文本消息时被调用
stDdaClSessionMsgWithSrvMsg	收到文本消息时被调用（含 SvrMsg）
stDdaClSessionDataMsg	收到数据消息时被调用
stDdaClSessionDataMsgWithSrvMsg	收到数据消息时被调用（含 SvrMsg）
stDdaClCleanSrvMsgs	清除 SvrMsg 时被调用

下面通过一个例子来体验一下在 tom 和 jerry 的交谈过程中对 Chat Logging SPI 的调用，如表 9-2 所示。我们可以观察到 tom 和 jerry 之间交谈的整个过程和全部内容，双方传输的文本消息格式如 <span style="font-size:9pt;font-family: 宋体;color:#000000;" class="left">TEXT</span>。

表 9-2　tom 和 jerry 的交谈过程

函数调用	相关参数
第一步：启动 Sametime 服务器。Chat Logging SPI 库会随之加载	
stDdaClInit	prVersion = [14], initializedOutside = [0]
第二步：tom 双击 Sametime Connect 联系人列表中的 jerry（假定在线），弹出对话窗口	
stDdaClSessionStartedByOrgName	sessionId = [5], organization = []
stDdaClJoiningSession-WithSrvMsg	sessionId = [5], scope = NULL entity->id = [CN=jerry DISNEY/O=CompTech], entity->type = [1]
stDdaClJoiningSession-WithSrvMsg	sessionId = [5], scope = NULL entity->id = [CN=tom DISNEY/O=CompTech], entity->type = [1]
stDdaClSessionDataMsg-WithSrvMsg	sessionId = [5], dataType = [27191], dataSubType = [0] sender->id = [CN=tom DISNEY/O=CompTech], sender->type = [1] receiver->id = [CN=jerry DISNEY/O=CompTech], receiver->type = [1] 0000: 00 04 64 61 74 61 00 08 72 69 63 68 74 65 78 74　..data..richtext 0010: EE

续表

函数调用	相关参数
stDdaClSessionDataMsg-WithSrvMsg	sessionId = [5], dataType = [27191], dataSubType = [0] sender->id = [CN=jerry DISNEY/O=CompTech], sender->type = [1] receiver->id = [CN=tom DISNEY/O=CompTech], receiver->type = [1] 0000: 00 04 64 61 74 61 00 08 72 69 63 68 74 65 78 74　..data..richtext 0010: EE
第三步：tom 在对话窗口中输入 aa 并发送给 jerry	
stDdaClSessionDataMsg-WithSrvMsg	sessionId = [5], dataType = [1], dataSubType = [0] sender->id = [CN=tom DISNEY/O=CompTech], sender->type = [1] receiver->id = [CN=jerry DISNEY/O=CompTech], receiver->type = [1]
stDdaClSessionMsg-WithSrvMsg	sessionId = [5] sender->id = [CN=tom DISNEY/O=CompTech], sender->type = [1] receiver->id = [CN=jerry DISNEY/O=CompTech], receiver->type = [1] 0000: 3C 73 70 61 6E 20 73 74 79 6C 65 3D 22 66 6F 6E　<span style="fon 0010: 74 2D 73 69 7A 65 3A 39 70 74 3B 66 6F 6E 74 2D　t-size:9pt;font- 0020: 66 61 6D 69 6C 79 3A E5 AE 8B E4 BD 93 3B 63 6F　family:......;co 0030: 6C 6F 72 3A 23 30 30 30 30 30 30 3B 22 20 63 6C　lor:#000000;" cl 0040: 61 73 73 3D 22 6C 65 66 74 22 3E 61 61 3C 2F 73　ass="left">aa</s 0050: 70 61 6E 3E　pan>
stDdaClSessionDataMsg-WithSrvMsg	sessionId = [5], dataType = [1], dataSubType = [1] sender->id = [CN=tom DISNEY/O=CompTech], sender->type = [1] receiver->id = [CN=jerry DISNEY/O=CompTech], receiver->type = [1]
第四步：jerry 在对话窗口中回应 bb 并发送给 tom	
stDdaClSessionDataMsg-WithSrvMsg	sessionId = [5], dataType = [1], dataSubType = [0] sender->id = [CN=jerry DISNEY/O=CompTech], sender->type = [1] receiver->id = [CN=tom DISNEY/O=CompTech], receiver->type = [1]
stDdaClSessionMsg-WithSrvMsg	sessionId = [5] sender->id = [CN=jerry DISNEY/O=CompTech], sender->type = [1] receiver->id = [CN=tom DISNEY/O=CompTech], receiver->type = [1] 0000: 3C 73 70 61 6E 20 73 74 79 6C 65 3D 22 66 6F 6E　<span style="fon 0010: 74 2D 73 69 7A 65 3A 39 70 74 3B 66 6F 6E 74 2D　t-size:9pt;font- 0020: 66 61 6D 69 6C 79 3A E5 AE 8B E4 BD 93 3B 63 6F　family:......;co 0030: 6C 6F 72 3A 23 30 30 30 30 30 30 3B 22 20 63 6C　lor:#000000;" cl 0040: 61 73 73 3D 22 6C 65 66 74 22 3E 62 62 3C 2F 73　ass="left">bb</s 0050: 70 61 6E 3E　pan>
stDdaClSessionDataMsg-WithSrvMsg	sessionId = [5], dataType = [1], dataSubType = [1] sender->id = [CN=jerry DISNEY/O=CompTech], sender->type = [1] receiver->id = [CN=tom DISNEY/O=CompTech], receiver->type = [1]

续表

函数调用	相关参数
第五步：tom 和 jerry 关闭对话窗口	
stDdaClLeavingSession-WithSrvMsg	sessionId = [5] entity->id = [CN=tom DISNEY/O=CompTech], entity->type = [1]
stDdaClLeavingSession-WithSrvMsg	sessionId = [5] entity->id = [CN=jerry DISNEY/O=CompTech], entity->type = [1]
stDdaClSessionEnded	sessionId = [5]
第六步：停止 Sametime 服务器。Chat Logging SPI 库会随之卸载	
stDdaClTerminate	无

9.1.2 Chat Logging SPI 函数参考

1. 参数类型

（1）StDdaClEntity。

```
struct StDdaClEntity
{
    char id [ST_DDA_MAX_NAME_LENGTH];
    StClEntityType type;
};
```

StDdaEntry 描述会话中的参与者。其中，id 记录参与者的用户标识，如 CN=jerry DISNEY/O=CompTech。type 是枚举类型，取值可以是 ST_DDA_CL_NO_TYPE、ST_DDA_CL_USER、ST_DDA_CL_SECTION、ST_DDA_CL_ACTIVITY、ST_DDA_CL_SESSION、ST_DDA_CL_EXTERNAL_USER 之一，通常表示参与者加入的范围。

（2）StDdaClSrvMsg。

```
struct StDdaClSrvMsg
{
  StClSrvMsgType srvMsgType;
  StClSrvMsgDestination srvMsgDestination;
  unsigned long msgLen;
  char* msg;
};
```

StDdaClSrvMsg 描述一条服务器消息。其中，srvMsgType 是枚举类型，表示消息的类型，取值可以是 ST_DDA_CL_TEXT_MSG、ST_DDA_CL_DATA_MSG、ST_DDA_CL_SRV_MSG 之一。srvMsgDestination 也是枚举类型，表示消息的去向，取值可以是 ST_DDA_CL_SENDER、ST_DDA_CL_RECEIVER 之一。msg 和 msgLen 分别表示消息的内容和长度。

2. stDdaClInit

（1）语法格式。

```
int ST_DDA_API stDdaClInit (
        int* prVersion,                 // in out
        int   initializedOutside,       // in
```

```
int* initializedInside,          // out
char* dirType,                   // out
char* libVersion,                // out
StDdaRetVal* appRetCode,         // out
char* appRetMsg)                 // out
```

（2）功能说明。

该函数在 Chat Logging SPI 加载时（如 Sametime 服务器启动）被调用。通常可以在函数中执行相关的初始化工作，如申请内存、打开句柄、建立连接等。可以在函数中初始化全局运行环境或检查运行版本，如果执行成功，系统会在 sametime.log 文件中记录加载结果。

```
I ChatLoggin 24/Apr/08, 21:58:32 Started, version 8.0.0.0
I ChatLoggin 24/Apr/08, 21:58:32 ChatLoggingMgr::setMode: mode <1>
```

该函数的返回值如表 9-3 所示，在函数中如果发现传入的 prVersion 与本身库版本不匹配，则返回 ST_DDA_API_VERSION_MISMATCH，在初始化成功后结果返回 ST_DDA_API_OK。

表 9-3　stDdaClInit()的返回值

返回值	数值	说明
ST_DDA_API_OK	0x0000	初始化成功
ST_DDA_API_VERSION_MISMATCH	0x0001	Chat Logging 库不支持调用方（SA）的版本
ST_DDA_API_INTERNAL_ERROR	0x0003	初始化失败
ST_DDA_API_NOT_SUPPORTED	0x0004	Chat Logging 库不支持目前的 SPI 版本

参数 prVersion 表示所支持的 SPI 的版本，在该函数被调用时会传入服务端应用（Chat Logging SA）的版本值（如 14），需要将其与 Chat Logging 库版本（即 Sametime 服务器版本，如 8.0）比较，如果两者一致则返回成功；如果不一致，则需要对其进行调整或者返回失败，停止加载。比如 Sametime 2.6 对应的 prVersion 值可以是 11 和 12，Sametime 8.0 对应的值可以是 11、12、13、14。如果 prVersion 值为 12，则必须实现 stDdaClSessionStartedByOrgName()方法，如果 prVersion 值大于等于 13，则必须实现 stDdaClSessionDataMsg()。

在调用该函数之前，服务端应用（SA）也会实现一些初始化工作，参数 initializedOutSide 和 initializedInside 分别表示调用前后完成的部分。比如，initializedOutSide 的输入值为 ST_DDA_API_NOTES，表示需要调用之前 SA 已经对 Notes 的接口初始化，而 initializedInside 的输出值为 ST_DDA_API_NOTES + ST_DDA_API_LDAP，表示函数完成了对 LDAP 的接口初始化。

参数 dirType 和 libVersion 分别指定 Chat Logging 库的类型及版本，理论上它们可以是任意的字符串，但通常将其设置为 dummy 和 8.0.0.0。appRetCode 和 appRetMsg 分别指向相关 API 的返回值和返回消息的地址，函数在执行过程中需要为它们申请空间，通常将它们指向全局变量。

（3）使用举例。

```
int ST_DDA_API stDdaClInit (int* prVersion, int initializedOutside,int* initializedInside, char* dirType,
char* libVersion, StDdaRetVal* appRetCode, char* appRetMsg)
{
    PRINT ("stDdaClInit");
```

```
    PRINT ("      prVersion = [%d], *perversion");  // 对于 Sametime 8.0，默认为 14
    PRINT ("      initializedOutside = [%d], initializedOutside");  // 默认为 0
    if (dirType && libVersion)
    {
        strcpy (dirType, "dummy");
        strcpy (libVersion, "8.0.0.0");
    }
    globalRetCode = appRetCode;
    globalRetMsg = appRetMsg;
    *globalRetCode = ST_DDA_OK;
    if (*prVersion < ST_DDA_CL_LIB_VERSION)
    {
        *globalRetCode = ST_DDA_ERROR;
        sprintf (globalRetMsg, "Version   - %d is not supported", *prVersion);
        return ST_DDA_API_VERSION_MISMATCH;
    }
    *prVersion = ST_DDA_CL_LIB_VERSION;
    (*initializedInside) |= initializedOutside;
    return        ST_DDA_API_OK;
}
```

3. stDdaClTerminate

（1）语法格式。

```
void ST_DDA_API stDdaClTerminate ()
```

（2）功能说明。

该函数在 Chat Logging SPI 卸载时（Sametime 服务器关闭）被调用。通常可以在函数中执行相关的清理工作，如释放内存、关闭句柄、断开连接等。

（3）使用举例。

```
void ST_DDA_API stDdaClTerminate ()
{
    PRINT ("stDdaClTerminate");
}
```

4. stDdaClTimerEvent

（1）语法格式。

```
void ST_DDA_API stDdaClTimerEvent ()
```

（2）功能说明。

服务端应用（SA）可以调用 stDdaClTimer()，使 SA 每隔一段时间与 SPI 之间自动交互一次。对应地，SPI 程序会自动调用该函数，可以用它来刷新内存数据。事实上，使用该函数的机会很少。

（3）使用举例。

```
void ST_DDA_API stDdaClTimerEvent ()
{
    PRINT ("stDdaClTimerEvent");
}
```

5. stDdaClSessionStarted

（1）语法格式。

```
int ST_DDA_API stDdaClSessionStarted (
        const char* sessionId)              // in
```

（2）功能说明。

该函数在创建新的会话时会被调用，比如在 IM 或 Place 中用 API 创建与指定用户之间的会话，或者在 Sametime Connect 中双击某个在线用户弹出会话窗口，这时都会调用该函数。可以在该函数中实现对新会话的相关准备工作，如添加到会话表中。该函数的返回值如表 9-4 所示，如果 Chat Logging 设置为 Strict 模式且返回失败，则会话结束。

表 9-4　stDdaClSessionStarted()的返回值

返回值	数值	说明
ST_DDA_API_OK	0x0000	函数执行成功
ST_DDA_CL_SESSION_ALREADY_EXIST	0x1002	SessionId 已存在
ST_DDA_CL_DB_ERROR	0x1004	写入数据库时出错

在会话创建后，系统会为每个会话指定一个唯一标识，参数 sessionId 就是这个会话标识，该参数会被后继的函数反复引用。

（3）使用举例。

```
int ST_DDA_API stDdaClSessionStarted (const char* sessionId)
{
    PRINT ("stDdaClSessionStarted");
    PRINT ("      sessionId = [%s]", sessionId);      // 如 5
    return        ST_DDA_API_OK;
}
```

6. stDdaClSessionStartedByOrgName

（1）语法格式。

```
int ST_DDA_API stDdaClSessionStartedByOrgName (
        const char* sessionId,              // in
        const char* organization)           // in
```

（2）功能说明。

与 stDdaClSessionStarted()类似，该函数在创建新的会话时会被调用，可以用来实现对新会话相关的准备工作。函数返回值如表 9-4 所示，如果 Chat Logging 设置为 Strict 模式且返回失败，则会话结束。

参数 sessionId 为会话 Id，organization 为组织名称。在多个组织共享一个 Sametime 服务器时，该参数可以用来区别不同的组织。对于默认安装环境，该参数值常为空。

（3）使用举例。

```
int ST_DDA_API stDdaClSessionStartedByOrgName (const char* sessionId, const char* organization)
{
    PRINT ("stDdaClSessionStartedByOrgName");
    PRINT ("      sessionId = [%s], organization = [%s]", sessionId, organization);
```

```
    return        ST_DDA_API_OK;
}
```

7. stDdaClSessionEnded

（1）语法格式。

```
int ST_DDA_API stDdaClSessionEnded (
        const char* sessionId)              // in
```

（2）功能说明。

该函数在会话结束时会被调用，比如在 IM 或 Place 中用 API 结束与指定用户之间的会话，或者在 Sametime Connect 中关闭与某个在线用户的会话窗口，这时都会调用该函数。可以在该函数中实现会话相关的清理工作，如从会话表中删除。函数值回值如表 9-5 所示，如果 Chat Logging 设置为 Strict 模式且返回失败，则会话结束。

表 9-5 stDdaClSessionEnded()的返回值

返回值	数值	说明
ST_DDA_API_OK	0x0000	函数执行成功
ST_DDA_CL_SESSION_NOT_EXIST	0x1003	SessionId 不存在

（3）使用举例。

```
int ST_DDA_API stDdaClSessionEnded (const char* sessionId)
{
    PRINT ("stDdaClSessionEnded");
    PRINT ("        sessionId = [%s]", sessionId);
    return ST_DDA_API_OK;
}
```

8. stDdaClJoiningSession

（1）语法格式。

```
int ST_DDA_API stDdaClJoiningSession (
        const char* sessionId,              // in
        const StDdaClEntity* entity,        // in
        const StDdaClEntity* scope)         // in
```

（2）功能说明。

该函数在 IM 或 Place 的参与者加入到会话时被调用，参与者可以是 user、section、activity 三者之一，加入会话后可以向其他的参与者发送或接收消息。函数返回值如表 9-6 所示，如果 Chat Logging 设置为 Strict 模式且返回失败，则会话结束。

表 9-6 stDdaClJoiningSession()的返回值

返回值	数值	说明
ST_DDA_API_OK	0x0000	函数执行成功
ST_DDA_CL_SESSION_NOT_EXIST	0x1003	SessionId 不存在
ST_DDA_CL_DB_ERROR	0x1004	写入数据库时出错

entity 和 scope 都是 StDdaClEntity 类型的输入参数，分别表示参与者的身份和加入的范围。

比如 entity.id 为 CN=jerry DISNEY/O=CompTech 且 entity.type 为 ST_DDA_CL_USER，表示加入的是用户 jerry。

（3）使用举例。

```
int ST_DDA_API stDdaClJoiningSession (const char* sessionId, const StDdaClEntity *entity, const StDdaClEntity *scope)
{
    PRINT ("stDdaClJoiningSession");
    PRINT ("      sessionId = [%s]", sessionId);
    if (entity != NULL)
        PRINT ("      entity->id = [%s], entity->type = [%d]", entity->id, entity->type);
    else
        PRINT ("      entity = NULL");
    if (scope != NULL)
        PRINT ("      scope->id = [%s], scope->type = [%d]", scope->id, scope->type);
    else
        PRINT ("      scope = NULL");
    return ST_DDA_API_OK;
}
```

9. stDdaClJoiningSessionWithSrvMsg

（1）语法格式。

```
int ST_DDA_API stDdaClJoiningSessionWithSrvMsg (
        const char* sessionId,                  // in
        const StDdaClEntity* entity,            // in
        const StDdaClEntity* scope,             // in
        StDdaClSrvMsg** srvMessages,            // out
        unsigned long* srvMessagesLen)          // out
```

（2）功能说明。

与 stDdaClJoiningSession()相同，该函数也是在 IM 或 Place 的参与者加入到会话时被调用，比如使用 Sametime Connect 交谈时，弹出对话窗口即会调用该函数。函数返回值如表 9-7 所示，如果 Chat Logging 设置为 Strict 模式且返回失败，则会话结束。

表 9-7　stDdaClJoiningSessionWithSrvMsg ()的返回值

返回值	数值	说明
ST_DDA_API_OK	0x0000	函数执行成功
ST_DDA_CL_SESSION_NOT_EXIST	0x1003	SessionId 不存在
ST_DDA_CL_DB_ERROR	0x1004	写入数据库时出错
ST_DDA_SESSION_CREATION_DECLINED	0x1006	拒绝创建会话

当函数返回值为 ST_DDA_SESSION_CREATION_DECLINED 时，参数 srvMessages 和 srvMessagesLen 指明返回给会话发起端的消息数组及其元素个数。srvMessages 结构中的 srvMsgType 通常取值为 ST_DDA_CL_SRV_MSG，而 srvMsgDestination 可以是 ST_DDA_CL_SENDER 或 ST_DDA_CL_RECEIVER。注意，srvMessages 对应的内存会在调用后被 SA 释放。

（3）使用举例。

```
int ST_DDA_API stDdaClJoiningSessionWithSrvMsg (const char* sessionId, const StDdaClEntity* entity,
const StDdaClEntity* scope, StDdaClSrvMsg** srvMessages, unsigned long* srvMessagesLen)
{
    PRINT ("stDdaClJoiningSessionWithSrvMsg");
    PRINT ("     sessionId = [%s]", sessionId);
    if (entity != NULL)
        PRINT ("     entity->id = [%s], entity->type = [%d]", entity->id, entity->type);
    else
        PRINT ("     entity = NULL");
    if (scope != NULL)
        PRINT ("     scope->id = [%s], scope->type = [%d]", scope->id, scope->type);
    else
        PRINT ("     scope = NULL");
    return ST_DDA_API_OK;
}
```

10. stDdaClLeavingSession

（1）语法格式。

```
int ST_DDA_API stDdaClLeavingSession (
        const char* sessionId,              // in
        const StDdaClEntity* entity)        // in
```

（2）功能说明。

该函数在参与者离开 IM 或 Place 时被调用，参与者可以是 user、section、activity 三者之一。参数 entity 表示参与者的身份，比如 entity.id 为 CN=tom DISNEY/O=CompTech 且 entity.type 为 ST_DDA_CL_USER，表示离开的是用户 tom。函数返回值如表 9-6 所示。

（3）使用举例。

```
int ST_DDA_API stDdaClLeavingSession (const char* sessionId, const StDdaClEntity *entity)
{
    PRINT ("stDdaClLeavingSession");
    PRINT ("     sessionId = [%s]", sessionId);
    if (entity != NULL)
        PRINT ("     entity->id = [%s], entity->type = [%d]", entity->id, entity->type);
    else
        PRINT ("     entity = NULL");
    return ST_DDA_API_OK;
}
```

11. stDdaClLeavingSessionWithSrvMsg

（1）语法格式。

```
int ST_DDA_API stDdaClLeavingSessionWithSrvMsg (
        const char* sessionId,              // in
        const StDdaClEntity* entity,        // in
        StDdaClSrvMsg** srvMessages,        // out
```

```
unsigned long* srvMessagesLen)      // out
```

（2）功能说明。

与 stDdaClLeavingSession()相同，该函数在参与者离开 IM 或 Place 时被调用，比如关闭 Sametime Connect 对话窗口即会调用该函数。参数 entity 表示参与者的身份，srvMessages 和 srvMessagesLen 指明返回给会话双方的消息数组及其元素个数，srvMessages 指向的内存会被 SA 释放。函数返回值如表 9-6 所示。

（3）使用举例。

```
int ST_DDA_API stDdaClLeavingSessionWithSrvMsg (const char* sessionId, const StDdaClEntity* entity,
StDdaClSrvMsg** srvMessages, unsigned long* srvMessagesLen)
{
    PRINT ("stDdaClLeavingSessionWithSrvMsg");
    PRINT ("      sessionId = [%s]", sessionId);
    if (entity != NULL)
        PRINT ("      entity->id = [%s], entity->type = [%d]", entity->id, entity->type);
    else
        PRINT ("      entity = NULL");
    return ST_DDA_API_OK;
}
```

12．stDdaClSessionMsg

（1）语法格式。

```
int ST_DDA_API stDdaClSessionMsg (
        const char* sessionId,             // in
        const StDdaClEntity* sender,       // in
        unsigned long msgLen,              // in
        const char* msg,                   // in
        const StDdaClEntity* receiver)     // in
```

（2）功能说明。

该函数在会话参与者收到文本消息后被调用。参数 sender 和 receiver 分别指明消息的发送方和接收方，msg 和 msgLen 指明消息内容及长度。该函数的返回值如表 9-8 所示。

表 9-8　stDdaClSessionMsg ()的返回值

返回值	数值	说明
ST_DDA_API_OK	0x0000	函数执行成功
ST_DDA_CL_SESSION_NOT_EXIST	0x1003	SessionId 不存在
ST_DDA_CL_DB_ERROR	0x1004	写入数据库时出错
ST_DDA_MSG_TOO_LONG	0x1005	消息长度超限

（4）使用举例。

```
int ST_DDA_API stDdaClSessionMsg (const char* sessionId, const StDdaClEntity* sender, unsigned long
msgLen, const char* msg, const StDdaClEntity* receiver)
{
    PRINT ("stDdaClSessionMsg");
```

```
    PRINT ("        sessionId = [%s]", sessionId);
    PRINT ("        sender->id = [%s], sender->type = [%d]", sender->id, sender->type);
    PRINT ("        receiver->id = [%s], receiver->type = [%d]", receiver->id, receiver->type);
    DUMP    ("                    ", msg, msgLen);
    return ST_DDA_API_OK;
}
```

13. stDdaClSessionMsgWithSrvMsg

（1）语法格式。

```
int ST_DDA_API stDdaClSessionMsgWithSrvMsg (
        const char* sessionId,                    // in
        const StDdaClEntity *sender,              // in
        unsigned long msgLen,                     // in
        const char *msg,                          // in
        const StDdaClEntity *receiver,            // in
        StDdaClSrvMsg** srvMessages,              // out
        unsigned long* srvMessagesLen)            // out
```

（2）功能说明。

与 stDdaClSessionMsg()类似，该函数在会话参与者收到文本消息后被调用。参数 sender 和 receiver 分别指明消息的发送方和接收方，msg 和 msgLen 指明消息内容及长度。srvMessages 和 srvMessagesLen 指明返回给会话双方的消息数组及其元素个数，srvMessages 指向的内存会被 SA 释放。该函数的返回值如表 9-9 所示。

表 9-9　stDdaClSessionMsgWithSrvMsg ()的返回值

返回值	数值	说明
ST_DDA_API_OK	0x0000	函数执行成功
ST_DDA_CL_SESSION_NOT_EXIST	0x1003	SessionId 不存在
ST_DDA_CL_DB_ERROR	0x1004	写入数据库时出错
ST_DDA_MSG_TOO_LONG	0x1005	消息长度超限
ST_DDA_SESSION_CLOSED_BY_SERVER	0x1007	会话被服务器关闭
ST_DDA_MSG_CHANGED	0x1008	原有消息被改变，所以无法发送

（3）使用举例。

```
int ST_DDA_API stDdaClSessionMsgWithSrvMsg (const char* sessionId, const StDdaClEntity* sender,
unsigned long msgLen, const char* msg, const StDdaClEntity *receiver, StDdaClSrvMsg** srvMessages,
unsigned long* srvMessagesLen)
{
    PRINT ("stDdaClSessionMsgWithSrvMsg");
    PRINT ("        sessionId = [%s]", sessionId);
    PRINT ("        sender->id = [%s], sender->type = [%d]", sender->id, sender->type);
    PRINT ("        receiver->id = [%s], receiver->type = [%d]", receiver->id, receiver->type);
    DUMP    ("                    ", msg, msgLen);
    return ST_DDA_API_OK;
}
```

14. stDdaClSessionDataMsg

（1）语法格式。

```
int ST_DDA_API stDdaClSessionDataMsg (
        const char* sessionId,              // in
        const StDdaClEntity* sender,        // in
        unsigned long dataType,             // in
        unsigned long dataSubType,          // in
        unsigned long msgLen,               // in
        const char* msg,                    // in
        const StDdaClEntity *receiver)      // in
```

（2）功能说明。

与 stDdaClSessionMsg()类似，该函数在会话参与者收到数据消息后被调用。在 stDdaClInit()初始化过程中 prVersion 至少为 13。参数 dataType 和 dataSubType 表示数据的类型和子类型。该函数的返回值如表 9-8 所示。

（3）使用举例。

```
int ST_DDA_API stDdaClSessionDataMsg (const char* sessionId, const StDdaClEntity* sender, unsigned long
dataType, unsigned long dataSubType, unsigned long msgLen, const char* msg, const StDdaClEntity*
receiver)
{
    PRINT ("stDdaClSessionDataMsg");
    PRINT ("      sessionId = [%s]", sessionId);
    PRINT ("      sender->id = [%s], sender->type = [%d]", sender->id, sender->type);
    PRINT ("      receiver->id = [%s], receiver->type = [%d]", receiver->id, receiver->type);
    PRINT ("      dataType = [%d], dataSubType = [%d]", dataType, dataSubType);
    DUMP   ("                 ", msg, msgLen);
    return ST_DDA_API_OK;
}
```

15. stDdaClSessionDataMsgWithSrvMsg

（1）语法格式。

```
int ST_DDA_API stDdaClSessionDataMsgWithSrvMsg (
        const char* sessionId,                // in
        const StDdaClEntity* sender,          // in
        unsigned long dataType,               // in
        unsigned long dataSubType,            // in
        unsigned long msgLen,                 // in
        const char* msg,                      // in
        const StDdaClEntity* receiver,        // in
        StDdaClSrvMsg** srvMessages,          // out
        unsigned long* srvMessagesLen)        // out
```

（2）功能说明。

与 stDdaClSessionMsg()类似，该函数在会话参与者收到数据消息后被调用。在 stDdaClInit()初始化过程中 prVersion 应该为 14。参数 sender 和 receiver 分别指明消息的发送方和接收方，

msg 和 msgLen 指明消息内容及长度。srvMessages 和 srvMessagesLen 指明返回给会话双方的消息数组及其元素个数，srvMessages 指向的内存会被 SA 释放。参数 dataType 和 dataSubType 表示数据的类型和子类型。该函数的返回值如表 9-9 所示。

（3）使用举例。

```
int ST_DDA_API stDdaClSessionDataMsgWithSrvMsg (
        const char* sessionId,              // in
        const StDdaClEntity* sender,        // in
        unsigned long dataType,             // in
        unsigned long dataSubType,          // in
        unsigned long msgLen,               // in
        const char* msg,                    // in
        const StDdaClEntity* receiver,      // in
        StDdaClSrvMsg** srvMessages,        // out
        unsigned long* srvMessagesLen)      // out
{
    PRINT ("stDdaClSessionDataMsgWithSrvMsg");
    PRINT ("      sessionId = [%s]", sessionId);
    PRINT ("      sender->id = [%s], sender->type = [%d]", sender->id, sender->type);
    PRINT ("      receiver->id = [%s], receiver->type = [%d]", receiver->id, receiver->type);
    PRINT ("      dataType = [%d], dataSubType = [%d]", dataType, dataSubType);
    DUMP  ("                  ", msg, msgLen);
    return ST_DDA_API_OK;
}
```

16. stDdaClCleanSrvMsgs

（1）语法格式。

```
int ST_DDA_API stDdaClCleanSrvMsgs (
        StDdaClSrvMsg* srvMessages,         // in
        unsigned long srvMessagesLen)       // in
```

（2）功能说明。

该函数在 SA 试图删除 srvMessages 时被调用。参数 srvMessages 指向待删除的消息结构数组，srvMessagesLen 指明数组中的元素。函数体中可以实现相关的清理工作，如释放内存。该函数的返回值如表 9-10 所示。

表 9-10 stDdaClCleanSrvMsgs()的返回值

返回值	数值	说明
ST_DDA_API_OK	0x0000	函数执行成功
ST_DDA_ERROR	0x1003	函数执行失败

（3）使用举例。

```
int ST_DDA_API stDdaClCleanSrvMsgs (StDdaClSrvMsg* srvMessages, unsigned long srvMessagesLen)
{
    PRINT ("stDdaClCleanSrvMsgs");
```

```
    if (srvMessages != NULL)
        PRINT (" srvMessages->srvMsgType = [%s], srvMessages->srvMsgDestination = [%s], srvMessagesLen
        = [%s]", srvMessages->srvMsgType, srvMessages->srvMsgDestination, srvMessagesLen);
    else
        PRINT ("        srvMessages = NULL");
    return ST_DDA_API_OK;
}
```

9.2 Token Authentication SPI

Sametime 的用户认证机制中除了验证口令外还可以验证令牌（token），令牌是一种临时通行证，由 Sametime 服务器生成并管理。服务器可以设置令牌的有效期限，一旦超时则立即失效。应用程序可以需要调用一些独立工作的模块登录到 Sametime，出于安全考虑不希望把口令传入该模块，这时可以考虑使用令牌。

Token Authentication SPI 是 Sametime 服务器自动加载的动态链接库，其中含一组 API 函数，会在服务器生成和验证令牌时被调用。通过实现这组 API，可以掌握用户通过令牌登录的全过程，可以拒绝某些用户生成或验证令牌，甚至可以结合第三方软件建立自己的令牌机制。

Token Authentication SPI 的例程在<SametimeSdkPath>\server\dda\templates\authtoken 中，可以按照需要将其改成自己的程序，如 AuthToken.cpp。假定采用 Visual C++作为编译器，使用以下命令可以将 AuthToken.cpp 编译成 StAuthToken.dll 并拷贝到相应的目录中。

```
cl.exe -MT -GX -c -I. -I../../inc/authtoken -I../../inc/common AuthToken.cpp
link.exe -dll -def:AuthToken.def -out:StAuthToken.dll $(OBJ) kernel32.lib user32.lib
copy StAuthToken.dll "C:\Program Files\IBM\Lotus\Domino\StAuthToken.dll"
```

9.2.1 Token Authentication SPI 函数说明

Token Authentication SPI 共有 4 个 API 函数，如表 9-11 所示。其中 stTokenInit 和 stTokenTerminate 分别在 SPI 初始化和结束时被调用。与 Chat Logging SPI 不同，Token Authentication SPI 的初始化并不随 Sametime 服务器启动，通常在第一次调用相关 SPI 函数时才启动。

表 9-11 Token Authentication SPI 中的函数

SPI 函数	说明
stTokenInit	Token Authentication SPI 初始化时被调用
stTokenTerminate	Token Authentication SPI 结束时被调用
stGetToken	生成令牌时被调用
stVerifyToken	验证令牌时被调用

下面通过一个例子来体验一下 Token Authentication SPI 的调用过程，如表 9-12 所示。假定用户 jerry（CN=jerry DISNEY/O=CompTech）的令牌为(5B2BE31E7CC0CA5BD96D2DE75BDEF554)。应用程序首先通过 generateToken()产生令牌，再通过 loginByToken()使用该令牌登录，具体程序可以参考第 8 章。

表 9-12　tom 和 jerry 的交谈过程

函数调用	相关参数
第一步：用户 jerry 登录后第一次使用 TokenService 的 generateToken()	
stTokenInit	initializedOutside = [2]
stGetToken	userId = [CN=jerry DISNEY/O=CompTech]，返回令牌 (5B2BE31E7CC0CA5BD96D2DE75BDEF554)
第二步：jerry 在得到 token 后使用 LightLoginService 的 loginByToken ()实现轻量级登录	
stVerifyToken	loginName = [CN=jerry DISNEY/O=CompTech] token = [(5B2BE31E7CC0CA5BD96D2DE75BDEF554)], tokenLength = [34]
第三步：jerry 再次使用 TokenService 的 generateToken()	
stGetToken	userId = [CN=jerry DISNEY/O=CompTech]，返回令牌 (5B2BE31E7CC0CA5BD96D2DE75BDEF554)
第四步：关闭 Sametime 服务器	
stTokenTerminate	无

注意，由于令牌的生成和验证都由 SPI 函数完成，所以理论上令牌可以是任意字符串（如 "myTokenString"），只要 stGetToken()签发的令牌 stVerifyToken()验证通过即可。这样一来，我们也可以用第三方算法返回的加密字符串作为令牌，从而实现自己的令牌机制。

9.2.2　Token Authentication SPI 函数参考

1. stTokenInit

（1）语法格式。

```
int ST_DDA_API stTokenInit (
        int initializedOutside,         // in
        int* initializedInside)         // out
```

（2）功能说明。

该函数在 Token Authentication SPI 初始化时被调用，在第一次使用 SPI 相关函数时会自动引发初始化。通常可以在函数中执行相关的初始化工作，如申请内存、打开句柄、建立连接等。

在调用该函数之前，服务端应用（SA）也会实现一些初始化工作，参数 initializedOutSide 和 initializedInside 分别表示调用前后完成的部分。默认情况下，initializedOutSide 的输入值可以是 ST_DDA_API_SYBASE、ST_DDA_API_NOTES、ST_DDA_API_LDAP、ST_DDA_API_DB2 的组合，表示需要调用之前 SA 已经实现的初始化工作，而 initializedInside 的输出值可以在此基础上添加自己完成的部分。

函数的返回值如表 9-13 所示，分别表示初始化是否成功。

表 9-13　stTokenInit()的返回值

返回值	数值	说明
ST_DDA_API_OK	0x0000	初始化成功
ST_DDA_API_INTERNAL_ERROR	0x0003	内部错误，失败

（3）使用举例。

```
int ST_DDA_API stTokenInit (
        int initializedOutside,          // in
        int* initializedInside)          // out
{
    PRINT ("stTokenInit");
    PRINT ("     initializedOutside = [%d]", initializedOutside);
    (*initializedInside) |= initializedOutside;
    return ST_DDA_API_OK ;
}
```

2. stTokenTerminate

（1）语法格式。

```
void ST_DDA_API stTokenTerminate ()
```

（2）功能说明。

该函数在 Token Authentication SPI 结束时（如 Sametime 服务器关闭）被调用。通常可以在函数中执行相关的清理工作，如释放内存、关闭句柄、断开连接等。

（3）使用举例。

```
void ST_DDA_API stTokenTerminate ()
{
    PRINT ("stTokenTerminate");
}
```

3. stGetToken

（1）语法格式。

```
int ST_DDA_API stGetToken (
        const char* userId,              // in
        char* token,                     // out
        int* tokenLength)                // out
```

（2）功能说明。

该函数在应用程序请求生成令牌（generateToken）时被调用。输入参数 userId 为用户在 Domino 或 LDAP 中的标识，如 CN=jerry DISNEY/O=CompTech。输出参数 token 和 tokenLength 分别指向分配给该用户的令牌字符串及长度，它们指向的内存由服务端程序（SA）在调用前预先分配。比如，用户 jerry 的令牌可能是(5B2BE31E7CC0CA5BD96D2DE75BDEF554)。

函数返回值如表 9-13 所示。

（3）使用举例。

```
int ST_DDA_API stGetToken (
        const char* userId,              // in
        char* token,                     // out
        int* tokenLength)                // out
{
    PRINT("stGetToken");
    PRINT("     userId = [%s]", userId);        // CN=jerry DISNEY/O=CompTech
```

```
    strcpy(token, "(5B2BE31E7CC0CA5BD96D2DE75BDEF554)");
    *tokenLength = strlen (token);
    return ST_DDA_API_OK ;
}
```

4. stVerifyToken

（1）语法格式。

```
int ST_DDA_API stVerifyToken (
        const char* loginName,          // in
        const char* token,              // in
        int tokenLength)                // in
```

（2）功能说明。

该函数在应用程序请求验证令牌（loginByToken）时被调用。参数 loginName、token、tokenLength 分别表示登录用户、令牌及长度。函数的返回值如表 9-14 所示。

表 9-14 stVerifyToken()的返回值

返回值	数值	说明
ST_DDA_API_OK	0x0000	初始化成功
ST_DDA_AUTH_BAD_LOGIN	0x0002	验证不通过，登录失败
ST_DDA_API_INTERNAL_ERROR	0x0003	内部错误，失败

（3）使用举例。

```
int ST_DDA_API stVerifyToken (
        const char* loginName,          // in
        const char* token,              // in
        int tokenLength)                // in
{
    PRINT("stVerifyToken");
    PRINT("      loginName = [%s], token = [%s], tokenLength = [%d]", loginName, token, tokenLength);
    return ST_DDA_API_OK ;
}
```

9.3 File Transfer SPI

File Transfer SPI 是 Sametime 服务器上加载的动态链接库，在文件传输的过程中被调用。传统上用 File Transfer SPI 使发送方可以在文件传输之前扫描病毒，但有时也可以用它来记录文件传输、检查过滤文件内容等。每次传输文件，Sametime 服务器会单独生成一个线程来调用该函数。对于分布式多机环境，文件的发送方和接收方可能连接在两个不同的 Sametime 服务器上，这时文件扫描发生在发送方所连接的服务器上，且在真正的网络传输之前。

File Transfer SPI 共有 3 种工作模式：Always、WhenAvailable、Never。其中，Always 也称为 Strict 模式，表示只有当扫描文件且未发现病毒时开始传输，若未实现 SPI 则传输失败，若扫描过程发现病毒传输也失败。WhenAvailable 也称为 Relax 模式，表示如果未实现 SPI 则不进行扫描，传输照常进行，若实现了 SPI 且发现病毒，则传输失败。Never 也称为 Off 模式，表示关闭 SPI 检查，文件传输照常。

可以通过以下步骤打开 Sametime 服务器的 File Transfer 功能：

（1）使用 Domino Admin 客户端打开 STConfig.nsf。

（2）编辑 CommunityClient 文档中的 Allow File Transfer 选项，选择 true。

（3）编辑 Maximum transfer file size 域，设置文件的最大长度，默认为 1000，单位为 KB。

（4）编辑 When to perform virus scan of transferred files 选项，选择 Always、WhenAvailable 或 Never 工作模式。

（5）为了避免在传输服务失效时进行文件传输，可以将 Capture Service Type 修改为 0x00000038。

（6）重启 Sametime Server 或 HTTP Server 和 Configuration Service。

通过浏览器访问 stcenter.nsf（如 http://t43win2003.comptech.com/stcenter.nsf），通过管理服务器配置群体服务（Community Services），其效果也是一样的。在浏览器中，还可以设置 Sametime 服务器的策略。其中，默认策略和匿名策略中有一些选项也可以约束文件传输的行为，如是否允许传输文件、是否允许客户端之间传输文件、文件的最大长度、不允许传输的文件后缀等。也可以创建自己的策略并应用到指定的用户上。注意，在分布式多机环境中，所有的 Sametime 服务器设置必须相同。

以 Windows 平台为例，File Transfer SPI 是 Domino 目录下的 StFileTransfer.dll 文件，其例程在<SametimeSdkPath>\server\dda\sample\filetransfer 中，如果我们将自己的 SPI 程序实现接口，经过编译后覆盖该文件，重启 Sametime 服务器后即会被加载。这样，SPI 程序就可以发挥作用了。假定采用 Visual C++作为编译器，使用以下命令可以将 FileTransfer.cpp 编译成 StFileTransfer.dll 并拷贝到相应的目录中：

```
cl.exe -MT -GX -c -I. -I../../inc/common FileTransfer.cpp
link.exe -dll -def:FileTransfer.def -out:StFileTransfer.dll $(OBJ) kernel32.lib user32.lib
copy StFileTransfer.dll "C:\Program Files\IBM\Lotus\Domino\StFileTransfer.dll"
```

9.3.1 File Transfer SPI 函数说明

File Transfer SPI 共有 3 个函数，如表 9-15 所示。其中，stDdaFtInit 和 stDdaFtTerminate 分别在 SPI 初始化和结束时被调用，而 stDdaFtScanFile 在传送文件时被调用。

表 9-15　File Transfer SPI 中的函数

SPI 函数	说明
stDdaFtInit	File Transfer SPI 初始化时被调用
stDdaFtTerminate	File Transfer SPI 结束时被调用
stDdaFtScanFile	在传送文件时被调用

下面通过一个例子来体验一下 File Transfer SPI 的调用过程，如表 9-16 所示。假定用户 tom 登录后通过 Sametime Connect 向 jerry 发送文件 abc.txt，系统会自动弹出对话框提示 jerry 是否接受该文件。若接受则文件开始传送，这时会调用 stDdaFtScanFile 函数。

表 9-16　tom 向 jerry 发送文件的过程

函数调用	相关参数
第一步：启动 Sametime 服务器，File Transfer SPI 会随之加载	
stDdaFtInit	prVersion = [12]
第二步：tom 登录后向 jerry 发送文件 abc.txt	
stDdaFtScanFile	fileName = [C:\\-2147483645abc.txt], fileSize = [573], session_id = [5]
	sender = [CN=tom DISNEY/O=CompTech], receiver = [CN=jerry DISNEY/O=CompTech]
第三步：关闭 Sametime 服务器	
stDdaFtTerminate	无

注意，fileName 中所含的-2147483645 实际上是双字整数 80000003，它是一个文件传输的序号，每次传输会自动递增。fileSize 表示文件的长度。

9.3.2　File Transfer SPI 函数参考

1. stDdaFtInit

（1）语法格式。

```
typedef struct _ScanDiskInitParams
{
    int prVersion;
} ScanDiskInitParams;

int ST_DDA_API stDdaFtInit (
        ScanDiskInitParams* params)        // in
```

（2）功能说明。

该函数在 File Transfer SPI 初始化时被调用，通常 Sametime 服务器启动时会加载各种服务，这时引发 SPI 初始化。通常可以在函数中执行相关的初始化工作，如申请内存、打开句柄、建立连接等。参数 params 是一个结构指针，其中只有一个成员变量 prVersion，它表示所支持的 SPI 的版本。通常函数返回 RC_OK（值为 0）表示初始化成功，其他数值表示执行失败。

（3）使用举例。

```
int ST_DDA_API stDdaFtInit (
        ScanDiskInitParams* params)     // in
{
    PRINT("stDdaFtInit");
    PRINT("      prVersion = [%d]", params -> prVersion);
    return RC_OK;
}
```

2. stDdaFtTerminate

（1）语法格式。

```
void ST_DDA_API stDdaFtTerminate()
```

（2）功能说明。

该函数在 File Transfer SPI 结束（如 Sametime 服务器关闭）时被调用。通常可以在函数中执行相关的清理工作，如释放内存、关闭句柄、断开连接等。

（3）使用举例。

```
void ST_DDA_API stDdaFtTerminate ()
{
    PRINT ("stDdaFtTerminate");
}
```

3. stDdaFtScanFile

（1）语法格式。

```
typedef struct _STSession
{
    char sender_usename [MAX_USER_NAME_LENGTH];
    char receiver_username [MAX_USER_NAME_LENGTH];
    unsigned long session_id;
} STSession;

typedef struct _ScanDiskInfo
{
    std::fstream* file;
    char fileName [MAX_PATH_NAME_SIZE];
    int fileSize;
    int fstreamSize;
    int virustype;
    char virustypedescription [MAX_BUF_SIZE];
    STSession session;
} ScanParaInfo;

int ST_DDA_API stDdaFtScanFile (
        ScanParaInfo* info)                    // in out
```

（2）功能说明。

该函数在每次文件传送时被调用。确切地说，是在接收方确认接收文件时，在发送方连接的服务器上被调用。通常在该函数中可以调用第三方病毒清除工具对文件进行扫描，如果发现病毒，则可以设置输入参数 info 中的 virustype 和 virustypedescription 来标识病毒类型和描述。

传入参数中的 fileName 和 fileSize 表示文件名和文件大小，文件名中通常含传输序号，如 C:\\-2147483645abc.txt，-2147483645 实际上是双字整数 80000003，每次传输会自动递增。参数中的 STSession 结构描述了文件的发送方、接收方和本次文件传送的会话号。尽管在 Connect 对话窗口中可以将文字和文件混在一起，但每次文件传送时 Sametime 会单独分配一个会话，与文字会话是分开的。函数的返回值如表 9-17 所示，分别表示初始化的结果。

表 9-17 stDdaFtScanFile()的返回值

返回值	数值	说明
RC_OK	0x0000	函数执行成功
SCAN_ERR	0x0001	扫描无法完成
VIRUS_FOUND	0x0001	发现病毒
NO_NEED_SCAN	0x0003	不需要扫描

（3）使用举例。

```
int ST_DDA_API stDdaFtScanFile (
        ScanParaInfo* info)                    // in
{
    PRINT ("stDdaFtScanFile");
    PRINT ("      fileName = [%s], fileSize = [%d]", info -> fileName, info -> fileSize);
    STSession session = info -> session;
    PRINT ("      sender = [%s], receiver = [%s], session_id = [%d]", session.sender_usename,
    session.receiver_username, session.session_id);

    string filename    = info -> fileName;
    string extension = filename.substr (strlen (info -> fileName) - 3, 3);

    if (!extension.compare ("err"))
        return SCAN_ERR;
    if (!extension.compare ("vir"))
        return VIRUS_FOUND;
    if (!extension.compare ("non"))
        return NO_NEED_SCAN;

    return RC_OK;
}
```

9.4 User Information SPI

Sametime 的 HTTP 服务中有一个名叫 UserInfo 的 Servlet 应用，它会随 HTTP 服务启动而加载。每次客户端应用需要获取用户信息的时候，都可以向 UserInfo 发出请求，而它会向后台多个含有用户信息的数据源查询，再将结果汇总返回给客户端。比如，在 Java Toolkit 中使用 UserInfoService 查询某人的职位、电话、地址等，或者在 Sametime Connect 中将鼠标移至某个用户上从而自动弹出名片窗口，这些操作都会显式或隐式地向 UserInfo 发送请求，而 UserInfo 再查询后台的用户信息。

User Information SPI 实际上就是后台用户信息的调用接口。与前面 3 个 SPI 不同的是，User Information SPI 是用 Java 编程的。默认情况下，Sametime 支持两种存放用户信息的数据源：Domino Directory 和 LDAP。如果有用户自定义的数据源，则需要使用 User Information SPI

来编写接口。实际上，通常建议将所有的用户信息存放在一个数据源中集中式管理，但在实际的应用场景中，用户的某些敏感信息可能会存放在某些专属系统中，从而使情况变得复杂。比如，用户的婚姻状况、保险号码、家庭地址、薪水收入等。当 Sametime 需要查询这些信息时，会依次向所有的数据源调用 User Information SPI，然后汇总它们的反馈。如果多个数据源有针对同一个属性信息（如电话）的反馈，则以第一个为准。

可以通过 HTTP 或 Sametime Channel 来请求 UserInfo Servlet 的服务，查询结果以 XML 方式返回。具体说来，操作的方式共有 3 种，如表 9-18 所示。

表 9-18　UserInfo Servlet 的操作方式

操作方式	输入参数	说明	举例
第 1 种	operation=1 userId=<userId> FIELD1=<fieldname> FIELDn=<fieldname>	获取指定用户的指定细节信息。这时输入用户 ID 和相关的细节名，返回该用户这些细节的内容	userId = "tom DISNEY", Field1 = "Title", Field2 = "Telephone" 表示查询 tom 的职位和电话
第 2 种	operation=2 setId=<setId>	获取指定集合中的细节名称。这时输入集合 ID，该集合由管理预先设定，返回该集合包含的细节名称	setId="1" 表示查询集合 1 中的细节名称，根据事先的设置可能返回 "MailAddress, Name, Title, Location, Telephone, Photo, Company"
第 3 种	operation=3 userId=<userId> setId=<setId>	获取指定集合或指定用户的所有细节内容。这时输入用户 ID 和集合 ID，返回该用户该集合所含细节的内容	userId = "tom DISNEY", setId="1" 表示查询 tom 的邮件地址、姓名、职位、位置、电话、照片、公司

9.4.1　User Information SPI 介绍

每次 HTTP 服务启动时会顺序加载多个 Servlet，其中 UserInfo 对应的运行文件为 Domino 目录下的 UserInfo.jar，当它被加载时会完整地读入该目录下的 UserInfoConfig.xml 文件，即 User Information SPI 的配置文件，所以 UserInfoConfig.xml 文件改动后必须重启 HTTP 服务才会生效。

下面来看一个典型的 UserInfoConfig.xml 配置文件。它的 Resource 段中可以有多个 Storage 段，分别表示用户的详细信息。由于通常用户管理是集中式的，所以多数情况下 Storage 段只会有一个。type 为 NOTES 或 LDAP 分别表示以 Domino Directory 或 LDAP 作为用户目录管理。Detail 表示用户的信息细节。其中 Id 为标识，需要与客户端操作时的输入参数一致；FieldName 为域名，需要与数据源（Domino Directory 或 LDAP）中的用户属性域一致；Type 为 MIME 类型，如 text/plain、image/gif、image/jpeg 等。在多个用户信息数据源的场景中，需要有一个域能够在各个数据源中唯一地标识用户，它就是 CommonField。比如约定在 NOTES 中的 CommonField 是 MailAddress，在 LDAP 中是 mail，只要它们的值相同（如 tom@comptech.com）则认为是同一个用户 tom。

有时为了表达上比较简洁，可以预先将多个细节组成一个集合，这样客户端就可以将用户和集合组合进行查询。ParamSets 段描述了所有的预定义集合，其中集合 0 为所有 Detail 之合，集中 1 被名片功能使用。

由于各数据源的 SPI 接口界面一致，但其实现却各不相同且对外透明，所以有时也被称为

“黑盒”（BlackBox）。BlackBoxConfiguration 规定了各数据源的调用接口和次序。对于 Domino Directory（NOTES）的 User Information SPI 接口类为 com.ibm.sametime.userinfobb.UserInfoNotesBB，对于 LDAP 则为 com.ibm.sametime.userinfobb.UserInfoLdapBB。如果我们有自己的数据源，则可以在这里添加自己的 SPI 接口类。MaxInstances 表示最多可以同时启动的接口实例数量。

```
<UserInformation>
    <Resources>
        <Storage type="NOTES">
            <CommonField    CommonFieldName="MailAddress"/>
            <Details>
            <Detail Id="Location" FieldName="Location" Type="text/plain"/>
            <Detail Id="Title" FieldName="JobTitle" Type="text/plain"/>
            <Detail Id="MailAddress" FieldName="InternetAddress" Type="text/plain"/>
            <Detail Id="Telephone" FieldName="OfficePhoneNumber" Type="text/plain"/>
            <Detail Id="Company" FieldName="CompanyName" Type="text/plain"/>
            <Detail Id="Name" FieldName="FirstName,MiddleInitial,LastName" Type="text/plain"/>
            </Details>
        </Storage>
    </Resources>
    <ParamsSets>
        <Set SetId="0" params="MailAddress,Name,Title,Location,Telephone,Photo,Company"/>
        <Set SetId="1" params="MailAddress,Name,Title,Location,Telephone,Photo,Company"/>
    </ParamsSets>
    <BlackBoxConfiguration>
        <BlackBox type="NOTES" name="com.ibm.sametime.userinfo.userinfobb.UserInfoNotesBB"
        MaxInstances="4"/>
    </BlackBoxConfiguration>
</UserInformation>
```

基本上，可以继承并实现 UserInfoBlackBoxAPI 来编写 User Information SPI。其中，init() 函数表示 SPI 的初始化，它会在第一次使用 SPI 查询时被调用，由于 UserInfoConfig.xml 文件中的 MaxInstances 规定了 SPI 接口的实例数量，所以 init()可能会被连续调用多次。terminate() 在 SPI 结束时被调用，调用次数与 init()相同。processRequest()函数在每次查询用户信息时被调用，每次调用可能是表 9-18 中的 3 种操作中的一种。RequestContext 为输入参数，其中可以含有多个细节请求。Response 为输出参数，含有这些细节的内容。

```
public class MyDemoBB implements UserInfoBlackBoxAPI
{
        public void init () throws UserInfoException { … }
        public Response processRequest (RequestContext req) throws UserInfoException { … }
        public void terminate () { … }
}
```

9.4.2 User Information SPI 实例

User Information SPI 的例程在<SametimeSdkPath>\server\dda\sample\UserInformation 中，可以按以下步骤自己编写一个完整的实例，它可以帮助我们直观地体会 SPI 的工作原理和调用过程：

（1）在 Eclipse 中创建一个 Java 项目（假定为 C:\ST\Sametime_workspace\DirDataAccess），添加 Domino 目录下的 UserInfo.jar 为外部库。然后在 Java 项目中创建 SPI 接口类 com.demo.userinfo.MyDemoBB。

```
package com.demo.userinfo;
…
public class MyDemoBB implements UserInfoBlackBoxAPI
{
    public void init() throws UserInfoException
    {
        System.out.println ("MyDemoBB init");
    }
    public Response processRequest (RequestContext requestContext) throws UserInfoException
    {
        System.out.println ("MyDemoBB processRequest");
        if (requestContext == null)
            throw new UserInfoException ("Invalid request - null value");
        Response response = new Response (requestContext.getRequestID ());
        String requestDetails[] = requestContext.getReqDetails ();
        for (int i = 0; i < requestDetails.length; i ++)
        {
            String detailName = requestDetails[i];
            String detailValue = null;
            if (detailName.toLowerCase ().equals ("name"))
                detailValue = "Demo Name";
            else if (detailName.toLowerCase ().equals ("telephone"))
                detailValue = "Demo Phone";
            else if (detailName.toLowerCase ().equals ("location"))
                detailValue = "Demo Location";
            else if (detailName.toLowerCase ().equals ("mailaddress"))
                detailValue = "demo@mail.com";
            else if (detailName.toLowerCase ().equals ("birthday"))
                detailValue = "2000-01-01";
            System.out.println ("detailName = " + detailName + ", detailValue = " + detailValue);
            if (detailValue != null)
            {
                DetailItem detailItem = new DetailItem ();
                detailItem.setId (detailName);
```

```
                    detailItem.setName (detailName);
                    detailItem.setType ("text/plain");
                    detailItem.setTextValue (detailValue);
                    response.setRetrievedDetail (detailItem.getId (), detailItem);
                }
            }
            if (response.getNumOfRetrievedDetails () > 0)
                response.setUserFound (true);
            else
                System.out.println ("MyDemoBB no available data found for requested details");
            return response;
        }
        public void terminate ()
        {
            System.out.println ("MyDemoBB terminate");
        }
    }
```

（2）在 notes.ini 中将该接口类路径加入到 JavaUserClassesExt 参数中。

```
LSTJava8=C:\ST\Sametime_workspace\DirDataAccess
JavaUserClassesExt=…,LSTJava8
```

（3）在 UserInfoConfig.xml 配置文件的 BlackBoxConfiguration 中添加一条 BlackBox 条目指向接口类，假定只需要启动一个实例。

```
<BlackBox type="NOTES" name="com.ibm.sametime.userinfo.userinfobb.UserInfoNotesBB"
MaxInstances="4"/>
<BlackBox type="DEMO" name="com.demo.userinfo.MyDemoBB" MaxInstances="1"/>
```

（4）重启 Sametime 的 HTTP 服务，在 Domino Console 中可以使用以下命令：

```
restart task http
```

（5）编写客户端程序，请求用户 tom 的姓名、生日、电话 3 个细节信息。注意，用户的姓名和电话在 NOTES 和 DEMO 中都有，且配置文件中 NOTES 排列在前，所以这两个细节信息以 NOTES 中的内容为准，生日是 DEMO 中独有的内容，以 DEMO 为准。

```
public class UserInfoServiceApplet extends Applet implements UserInfoListener, ActionListener
{
    private STSession m_session;
    private CommunityService m_comm;
    private UserInfoService m_userInfo;

    public void init ()
    {
        try
        {
            m_session = new STSession ("UserInfoServiceApplet " + this);
            m_session.loadAllComponents ();
```

```
            m_session.start ();

            Button button = new Button ("Query User Info");
            button.addActionListener (this);
            add (button);

            m_comm = (CommunityService) m_session.getCompApi (CommunityService.COMP_NAME);
            m_comm.loginByPassword ("t43win2003.CompTech.com", "jerry DISNEY", "jerry");
            m_userInfo = new UserInfoComp (m_session);
            m_userInfo.addUserInfoListener (this);
        }
        catch (DuplicateObjectException e)
        {
            e.printStackTrace ();
        }
    }
    public void destroy ()
    {
        m_comm.logout ();
        m_session.stop ();
        m_session.unloadSession ();
    }
    public void actionPerformed (ActionEvent event)
    {
        STUser tom = new STUser (new STId ("CN=tom DISNEY/O=CompTech", ""), "", "");
        String fieldNames[] = { "Name", "Birthday", "Telephone" };
        m_userInfo.queryUser (tom, fieldNames);
    }
    public void userInfoQueried (UserInfoEvent event)
    {
        System.out.println ("      UserId = " + event.getUserId ());
        if (event.getQueryResult () != null)
        {
            UserInfoField[] userInfoFields = event.getQueryResult ();
            for (int i = 0; i < userInfoFields.length; i ++)
                System.out.println ("Query Result [" + i + "] = " + ((UserInfoStringField) userInfoFields
                [i]).getContentAsString ());
        }
    }
    public void userInfoQueryFailed (UserInfoEvent event) { }
}
```

客户端程序界面中有一个 Query User Info 按钮，第一次单击时会调用 MyDemoBB 的 init() 和 processRequest()，以后每次单击则只会调用 processRequest()。在重启或停止 HTTP 服务时调用 terminate()。执行该客户端程序返回如下，其中姓名和电话是 Domino Directory（NOTES）中的内容，生日则是 DEMO 中的内容：

```
Query Result [0] = tom DISNEY
Query Result [1] = 2000-01-01
Query Result [2] = 123-456-1001
```

第 10 章　Online Meeting Toolkit

Sametime Server 提供了一组管理会议的 servlet 服务，应用程序可以通过 HTTP 调用这些服务来管理会议，这就称为 Online Meeting Toolkit。

可以用 IE 浏览器来访问 Sametime 的这些 servlet 服务，从而实现对会议的远程管理。本质上说，通过 HTTP POST、PUT、GET、DELETE 请求来控制 servlet 启动相应的管理命令。比如，可以访问 http://t43win2003.comptech.com/servlet/meeting/来列出当前的所有会议，返回的结果是 XML 格式的报文。假定当前没有会议，返回报文如下：

```
<?xml version="1.0" encoding="UTF-8" ?>
<response>
<meeting />
</response>
```

10.1　HTTP 操作

Online Meeting Toolkit 可以对会议实施不同的管理操作，如创建会议、更新会议、删除会议、查询会议等，每个会议操作的 URL 和 HTTP 操作是各不相同的，而 URL 中的参数可以视为相关操作的参数。会议管理的 servlet 服务可以部署在 WebSphere Application Server（WAS）上，也可以部署在 Domino Server 上，两者对外提供服务的 URL 稍有不同，前者为 http://server/iwc/sametime/meeting...，后者为 http://server/servlet/meeting...。表 10-1 列出了各种 HTTP 会议操作的详细调用方式。

表 10-1　Online Meeting Toolkit 中的 HTTP 操作

操作	HTTP	平台	URL
创建会议	POST	WAS	http://server/iwc/sametime/meeting?{meetingParameters}
		Domino	http://server/servlet/meeting?{meetingParameters}
创建循环会议	POST	WAS	http://server/iwc/sametime/meeting?{meetingParameters}[1]
		Domino	http://server/servlet/meeting?{meetingParameters}[1]
更新会议	PUT	WAS	http://server/iwc/sametime/meeting/{meetingID}?{meetingParameters}
		Domino	http://server/servlet/meeting/{meetingID}?{meetingParameters}
	POST	WAS	http://server/iwc/sametime/meeting/update/{meetingID}?{meetingParameters}
		Domino	http://server/servlet/meeting/update/{meetingID}?{meetingParameters}
更新循环会议	PUT	WAS	http://server/iwc/sametime/meeting/repeat/{range}/{meetingID}?{meetingParameters}[2]
		Domino	http://server/servlet/meeting/repeat/{range}/{meetingID}?{meetingParameters}[2]

续表

操作	HTTP	平台	URL
更新循环会议	POST	WAS	http://server/iwc/sametime/meeting/update/repeat/{range}/{meetingID}?{meetingParameters}
		Domino	http://server/servlet/meeting/update/repeat/{range}/{meetingID}?{meetingParameters}
删除会议	DELETE	WAS	http://server/iwc/sametime/meeting/{meetingID}
		Domino	http://server/servlet/meeting/{meetingID}
	POST	WAS	http://server/iwc/sametime/meeting/delete/{meetingID}
		Domino	http://server/servlet/meeting/delete/{meetingID}
删除循环会议	DELETE	WAS	http://server/iwc/sametime/meeting/repeat/{range}/{meetingID}[2]
		Domino	http://server/servlet/meeting/repeat/{range}/{meetingID}[2]
	POST	WAS	http://server/iwc/sametime/meeting/delete/repeat/{range}/{meetingID}
		Domino	http://server/servlet/meeting/delete/repeat/{range}/{meetingID}
获取会议属性	GET	WAS	http://server/iwc/sametime/meeting/{meetingID}?{format}[3]
		Domino	http://server/servlet/meeting/{meetingID}?{format}[3]
查询会议	GET	WAS	http://server/iwc/sametime/meeting/{meetingState}?{filters}&{format}[4]
		Domino	http://server/servlet/meeting/{meetingState}?{filters}&{format}[4]
获取全部会议	GET	WAS	http://server/iwc/sametime/meeting?{format}[3]
		Domino	http://server/servlet/meeting?{format}[3]

注：

① 对于循环会议（Recurring Meeting），即每隔一段时间自动开始的会议，必须设置参数 is_repeated_meeting=true。

② range 的取值为 all、single、subsequent、previous 之一。

③ format 的取值为 xml 或 atom，默认为 xml。

④ meetingState、filters、format 都是可选项。其中，meetingState 取值为 active、scheduled、finished、all 之一，format 的取值为 xml 或 atom，默认为 xml。

如果 servlet 执行成功，则返回的 XML 报文为<response>[XML Data]</response>；如果执行失败，则返回的 XML 报文为<response status="fail"><error message="Error Message" /><response>。

Online Meeting Toolkit 既支持授权用户也支持匿名用户，其会议管理的 servlet 可以部署在 WAS 上，也可以部署在 Domino Server 上。

对于 WAS 服务器，角色授权的过程稍微复杂一些。首先必须在 WAS 机器上安装 Sametime Enterprise Meeting Server（EMS），安装目录中会出现应用 STCenter.ear，默认情况下该应用会自动安装部署到 WAS 中。也可以通过管理控制台手工将其部署到 WAS 中，部署的过程中选择 everyone 选项，将 stlist 和 stcreator 角色赋予所有的授权用户和匿名用户。

对于 Domino 服务器，角色授权的过程则比较简单。因为 Sametime Server 和 Domino Server 是安装在一起的，所以无须额外安装其他组件。可以用 Notes Client 工具在 Workspace 中右击 Sametime 7.5.1 Online Meeting Center（STConf.nsf）数据库图标，选择 Database→Access Control 选项，为-Default-和 Anonymous 用户设置访问权限。其中，Author 角色赋予用户 create、delete、 update、list 权限，Reader 角色赋予用户 list 权限。

10.2　HTTP 参数

在前面介绍了 HTTP 操作，其 URL 中都含有 meetingParameters，表示相关的操作参数，在这里将详细介绍。

10.2.1　创建会议 Create(HTTP POST)

1. 访问参数

使用 HTTP POST 可以创建会议，其访问参数如表 10-2 所示。

表 10-2　Create(HTTP POST)中的 meetingParameters 参数

参数名	类型	是否可选	说明
name	String	Required	会议名称
start_date_time	String	Required	会议开始的日期和时间，格式为 MM/dd/yyyy HH:mm:ss GMT
duration	String	Required	会议的时间长度，格式为##d ##h ##m，单位为分钟
description	String	Optional	会议说明
moderator	String	Optional	会议主持人，格式为 Distinguished Name
moderator_display_name	String	Optional	会议主持人显示名
is_moderated	String	Optional	会议是否有主持人。取值 true 或 false，默认为 false
is_listed	String	Optional	会议是否在会议中心中列出。取值 true 或 false，默认为 true
is_recorded	String	Optional	会议是否需要录像。取值 true 或 false，默认为 true
is_repeated_meeting	String	Optional	会议是否循环开始。取值 true 或 false，默认为 false
meeting_password	String	Optional	会议密码
reserved_seats	String	Optional	Meeting 客户端的数量，默认为 4
presenters	String	Optional	演讲人员名单，用分号“;”隔开，格式为 Distinguished Name
restricted_participants	String	Optional	受权的参与者名单，用分号“;”隔开，格式为 Distinguished Name
repeat_meeting_dates	String	Optional	会议的重复日期，用分号“;”隔开，格式为 MM/dd/yyyy
response_data	String	Optional	随应答返回的数据

2. 返回报文样例

```
<?xml version="1.0" encoding="UTF-8"?>
<response>
  <meetingid></meetingid>
  <name></name>
```

```
  <description></description>
  <start_date_time></start_date_time>
  <duration></duration>
  <moderator></moderator>
  <attendURL></attendURL>
  <detailsURL></detailsURL>
</response>
```

3. 返回错误码

返回的 HTTP 头中的错误码如表 10-3 所示。

表 10-3 Create(HTTP POST)返回的错误码

错误码	解释	可能的原因
403	Not Authorized	没有操作权限
409	Conflict	缺少 name 参数
		缺少 start_date_time 参数
		缺少 duration 参数
		start_date_time 参数格式必须为 MM/dd/yyyy HH:mm:ss GMT
		Duration 参数格式必须为##d ##h ##m

10.2.2 获取会议属性 Get(HTTP GET)

1. 访问参数

使用 HTTP GET 可以获取会议属性，其访问参数如表 10-4 所示。

表 10-4 Get(HTTP GET)中的 meetingParameters 参数

参数名	类型	是否可选	说明
format	String	Optional	指明返回的报文格式，可取值为 XML、ATOM、RSS，默认值为 XML

2. 返回报文样例

```
<?xml version="1.0" encoding="UTF-8"?>
<response>
  <id><id/>
  <name></name>
  <description></description>
  <start_date_time></start_date_time>
  <duration></duration>
  <moderator></moderator>
  <moderator_display_name></moderator_display_name>
  <creator></creator>
  <presenters></presenters>
  <participants></participants>
  <file_attachments></file_attachments>
```

```
    <meeting_password></meeting_password>
    <is_listed></is_listed>
    <is_recorded></is_recorded>
    <detailsURL></detailsURL>
    <attendURL></attendURL>
    <tools></tools>
</response>
```

3. 返回错误码

返回的 HTTP 头中的错误码如表 10-5 所示。

表 10-5　Get(HTTP GET)返回的错误码

错误码	解释	可能的原因
403	Not Authorized	没有操作权限
404	Not Found	缺少 meeting_id 参数或者值不正确

10.2.3　删除会议 Delete(HTTP DELETE)

使用 HTTP DELETE 可以删除会议，访问时不需要 meetingParameters 参数。

1. 返回报文样例

```
<?xml version="1.0" encoding="UTF-8"?>
<response></response>
```

2. 返回错误码

返回的 HTTP 头中的错误码如表 10-6 所示。

表 10-6　Delete(HTTP DELETE)返回的错误码

错误码	解释	可能的原因
403	Not Authorized	没有操作权限
404	Not Found	缺少 meeting_id 参数或者值不正确

10.2.4　更新会议 Update(HTTP PUT)

1. 访问参数

使用 HTTP PUT 可以更新会议，其访问参数如表 10-7 所示。

表 10-7　Update(HTTP PUT)中的 meetingParameters 参数

参数名	类型	是否可选	说明
name	String	Optional	会议名称
start_date_time	String	Optional	会议开始的日期和时间，格式为 MM/dd/yyyy HH:mm:ss GMT
duration	String	Optional	会议的时间长度，格式为##d ##h ##m，单位为分钟
description	String	Optional	会议说明
moderator	String	Optional	会议主持人，格式为 Distinguished Name
is_listed	String	Optional	会议是否在会议中心中列出。取值 true 或 false，默认为 true

续表

参数名	类型	是否可选	说明
is_recorded	String	Optional	会议是否需要录像。取值 true 或 false，默认为 true
is_moderated	String	Optional	会议是否有主持人。取值 true 或 false，默认为 false
connection_type	String	Optional	客户端的连接方式，可取值 LANWAN 或 MODEM
meeting_password	String	Optional	会议密码
reserved_seats	String	Optional	Meeting 客户端的数量，默认为 4
presenters	String	Optional	演讲人员名单，用分号";"隔开，格式为 Distinguished Name
restricted_participants	String	Optional	受权的参与者名单，用分号";"隔开，格式为 Distinguished Name
attachment_directive	String	Optional	附件处理方式，可取值 add 或 delete
deleted_attachments	String	Optional	删除的附件名，用分号";"隔开，attachment_directive 必须为 delete

2. 返回报文样例

```
<?xml version="1.0" encoding="UTF-8"?>
<response></response>
```

3. 返回错误码

返回的 HTTP 头中的错误码如表 10-8 所示。

表 10-8 Update(HTTP PUT)返回的错误码

错误码	解释	可能的原因
403	Not Authorized	没有操作权限
404	Not Found	缺少 meeting_id 参数或者值不正确

10.2.5 查询会议 Search(HTTP GET)

1. 访问参数

使用 HTTP GET 可以查询会议，其访问参数如表 10-9 和表 10-10 所示。其中，filters 参数可以作为 URL 中的参数来过滤匹配的查询结果。

表 10-9 Search(HTTP GET)中的 meetingParameters 参数

参数名	类型	是否可选	说明
format	String	Optional	指明返回的报文格式，可取值为 XML、ATOM、RSS，默认值为 XML
filter	String	Optional	会议查询过滤参数

表 10-10 Filter 参数

filter	说明
moderator_name	会议主持人名，可以与其他 filter 合用
creator_name	会议创建人名，格式为 Distinguished Name，可以与其他 filter 合用
creator_login_name	会议创建人的登录名，不能与 creator_name 合用

续表

filter	说明
moderator_login_name	会议主持人的登录名，不能与 moderator_name 合用
meeting_name	会议名称，可以与其他 filter 合用
begin_date	会议开始日期，格式为 MM/dd/yyyy，返回该日期（含）之后的会议，可以与其他 filter 合用
end_date	会议结束日期，格式为 MM/dd/yyyy，返回该日期（含）之前的会议，可以与其他 filter 合用
recorded	会议是否录像，可取值 true 或 false，可以与其他 filter 合用
Unlisted	未在会议中心中列出的会议，可以与其他 filter 合用

2. 返回报文样例


```xml
<?xml version="1.0" encoding="UTF-8"?>
<response>
  <meetings><meeting>
  <id></id>
  <name></name>
  <description></description>
  <moderator_display_name></moderator_display_name>
  <start_date_time></start_date_time>
  <duration></duration>
  <state></state>
  <attendURL></attendURL>
  <detailsURL></detailsURL>
  <is_listed></is_listed>
  </meeting><meeting>
  ...
  </meeting><meeting>
  ...
  </meeting></meetings>
</response>
```


3. 返回错误码

返回的 HTTP 头中的错误码如表 10-11 所示。

表 10-11　Search(HTTP GET)返回的错误码

错误码	解释	可能的原因
404	Not Found	未找到符合匹配条件的会议

第 11 章 Monitoring and Statistics Toolkit

Sametime Server 提供了一个系统监测和统计的 servlet，开发人员可以在程序中通过调用这个 servlet 来获得系统运行状态的信息，这就称为 Monitoring and Statistics Toolkit。

11.1 访问监测与统计服务

访问该 servlet 服务的 URL 为 http://<server name>/servlet/statistics，第一次访问时会初始化并返回空的 XML 报文，以后每次调用返回含当前状态和统计信息的 XML 报文。如果通过编程来访问这个 servlet 服务，注意要在 HTTP GET 中加上授权消息头。

如果以 Apache Commons HttpClient 编程为例，代码如下：

```
Credentials credentials = new UsernamePasswordCredentials(username, password);
client.getState().setCredentials(AuthScope.ANY, credentials);
```

如果以 Sun JDK 编程为例，代码如下：

```
String auth = new String (username + ":" + password);
String encoding = new sun.misc.BASE64Encoder().encode(auth.getBytes());
connection.setRequestProperty("Authorization", "Basic " + encoding);
```

访问该 servlet 服务时系统会提示用户名和密码，该用户应该对 Sametime Configuration 数据库(stconfig.nsf)有 SametimeMonitor 权限。可以用 Notes Client 工具在 Workspace 中右击 Sametime Configuration 数据库图标，选择 Database→Access Control 选项，在 Basics 选项卡中可以添加合适的用户并设置用户的权限，注意一定要选中 SametimeMonitor 权限，如图 11-1 所示。

图 11-1 访问 Monitoring and Statistics Toolkit 的用户及权限

11.2 XML 报文数据格式

第一次访问服务后返回的空 XML 报文如下：

```
<?xml version="1.0" encoding="UTF-8" ?>
<SametimeStatistics>
```

以后访问服务返回的 XML 统计报文是由多个统计元素组成的，每个统计元素的 XML 表达如<Statistic name="element"><Value>value</Value></Statistic>，样例如下：

```
<SametimeStatistics>
    <Statistic name="InstantMeetingsAudio">
        <Value>0</Value>
    </Statistic>
    <Statistic name="ThinClientConnectionsDirect">
        <Value>30</Value>
    </Statistic>
    <Statistic name="ScheduledWhiteboardClients">
        <Value>30</Value>
    </Statistic>
    ...
    <Statistic name="ConcurrentLoggedInUsers">
        <Value>36</Value>
    </Statistic>
    <Statistic name="PlacesChatMsgs">
        <Value>1121</Value>
    </Statistic>
    <Statistic name="MinConcurrentLogins">
        <Value>36</Value>
    </Statistic>
    ...
    <MeetingsAndClients>
        <Meeting>
            <MeetingId>BB410FFC30FE8E1A852571B00072AA83</MeetingId>
            <Name> Weekly Project Review</Name>
            <ConnectionCount>11</ConnectionCount>
            <Chair>uid=L12345678/c=us/ou=bluepages/o=ibm.com</Chair>
            <ChairDisplayName>David B. Brownie</ChairDisplayName>
        </Meeting>
        <Meeting>
            <MeetingId>215E3C71ADFB6CB6852571B1003CCBC2</MeetingId>
            <Name>Team Triage</Name>
            <ConnectionCount>7</ConnectionCount>
            <Chair>uid=L87654321/c=us/ou=bluepages/o=ibm.com</Chair>
            <ChairDisplayName>Brian Apple</ChairDisplayName>
        </Meeting>
    ...
```

```
        </MeetingsAndClients>
    </SametimeStatistics>
```

默认情况下，静态统计的内容通常每 30 秒发送一次。如果要更改默认设置，需要在 Domino\Data 目录下修改 servlets.properties 文件，设置 servlet.statistics.initArgs 中的 UpdateInterval 参数，如下：

```
servlet.statistics.initArgs=Roles=SametimeMonitor,UpdateInterval=60
```

11.3 Sametime 统计元素

Sametime 的统计元素如表 11-1 所示，按主题将其分成 Community Server、Buddy List、Places、File Transfer、Meetings 五类。注意，表中的 Login 指的是用户登录的实例，同一个用户可以借助多个应用实例登录到 Sametime 多次。

表 11-1 Sametime 统计元素

Community Server	
ConcurrentLogins	当前登录的实例个数
ConcurrentLoggedInUsers	当前登录的用户人数
MaxConcurrentLogins	自上次统计以来，ConcurrentLogins 的最大值
MaxConcurrentLoggedInUsers	自上次统计以来，ConcurrentLoggedInUsers 的最大值
MinConcurrentLogins	自上次统计以来，ConcurrentLogins 的最小值
MinConcurrentLoggedInUsers	自上次统计以来，ConcurrentLoggedInUsers 的最小值
AvgConcurrentLogins	自上次统计以来，ConcurrentLogins 的平均值
AvgConcurrentLoggedInUsers	自上次统计以来，ConcurrentLoggedInUsers 的平均值
NewImCnls	自上次统计以来，新建的 IM 会话数
MaxImCnls	自上次统计以来，NewImCnls 的最大值
ImMsgs	自上次统计以来，发送的 IM 消息数（包括控制类的元消息）
ConcurrentImCnls	当前打开的 IM 会话数
IncompleteLoginOperations	自上次统计以来，未完成的登录操作数（仍在重试中）
SuccessfullLoginOperations	自上次统计以来，成功的登录操作数
FailedLoginOperations	自上次统计以来，失败的登录操作数
SuccessfulUserUpOperations	自上次统计以来，登录的人数
SuccessfulUserDownOperations	自上次统计以来，退出的人数
Buddy List	
NumberOfLogins	自上次统计以来，收到的用户登录事件的次数
NumberOfLogouts	自上次统计以来，收到的用户退出事件的次数
NumberOfStatusChanges	自上次统计以来，由于用户状态变化而发送的更新事件次数
NumberOfAttributesChanges	自上次统计以来，由于用户属性变化而发送的更新事件次数
NumberOfBuddyListChannelCreations	自上次统计以来，Buddy List 通道创建个数

续表

Places	
ConcurrentNWChats	自上次统计以来，新增 n-way 交谈的次数
PlacesNum	自上次统计以来，新增 Place 空间的次数
MeetingsNum	自上次统计以来，新增 Meeting 的次数
StartedNWChats	自上次统计以来，开始 n-way 交谈的次数
StartedPlaces	自上次统计以来，开始 Place 空间的次数
StartedMeetings	自上次统计以来，开始 Meeting 的次数
MaxNWChats	自上次统计以来，ConcurrentNWChats 的最大值
MaxPlacesNum	自上次统计以来，PlacesNum 的最大值
MaxMeetingsNum	自上次统计以来，MeetingsNum 的最大值
PlacesConcurrentMembers	当前在 Place 空间中的总人数
PlacesMaxConcurrentMembers	自 StPlaces 服务端应用启动以来，在 Place 空间中总人数的最大值
PlacesChatMsgs	自 StPlaces 服务端应用启动以来，Place 空间发送的消息数总和
File Transfer	
NumberOfFileTransfers	自上次统计以来，文件传送请求的次数
NumberOfFileTransferSuccesses	自上次统计以来，文件传送成功的次数
NumberOfFileTransferFailures	自上次统计以来，文件传送失败的次数（包括由于策略或病毒检查导致的失败，不包括用户中途取消的传送）
NumberOfFileTransferFailuresDueToPolicy	自上次统计以来，由于策略检查导致文件传送失败的次数（可能因为文件大小超限、禁止的后缀名、无权限传送）
NumberOfFileTransferFailuresDueToVirus	自上次统计以来，由于病毒检查导致文件传送失败的次数
MaxFileTransferSize	自服务启动以来，传送文件的最大尺寸
MaxFileTransferSizeInInterval	自上次统计以来，传送文件的最大尺寸
AverageFileTransferSize	自服务启动以来，传送文件的平均尺寸
AverageFileTransferSizeInInterval	自上次统计以来，传送文件的平均尺寸
MaxFileTransferTime	自上次统计以来，传送文件的最长时间
AverageFileTransferTime	自上次统计以来，传送文件的平均时间
Meeting	
InstantMeetingsAudio	当前启动 Audio 功能的在线会议的个数
InstantMeetingsVideo	当前启动 Video 功能的在线会议的个数
InstantMeetingsChat	当前启动 Chat 功能的在线会议的个数
InstantMeetingsAppshare	当前启动应用共享功能的在线会议的个数
InstantMeetingsWhiteboard	当前启动白板功能的在线会议的个数
InstantMeetingsSendWebPage	当前启动发送 Web 页面功能的在线会议的个数
InstantMeetingsPolling	当前启动投票表决功能的在线会议的个数

续表

Meeting	
InstantAudioClients	当前在线会议中使用 Audio 功能的客户端数量
InstantVideoClients	当前在线会议中使用 Video 功能的客户端数量
InstantChatClients	当前在线会议中使用 Chat 功能的客户端数量
InstantAppshareClients	当前在线会议中使用应用共享功能的客户端数量
InstantWhiteboardClients	当前在线会议中使用白板功能的客户端数量
InstantSendWebPageClients	当前在线会议中使用发送 Web 页面功能的客户端数量
InstantPollingClients	当前在线会议中使用投票表决功能的客户端数量
InstantMeetingClients	当前在线会议中使用的客户端总量
InstantMeetings	当前在线会议的数量
ScheduledMeetingsNetmeeting	当前使用 NetMeeting 功能的计划会议数量。由于 Sametime 不再支持该功能，可忽略该元素
ScheduleMeetingsAudio	当前启动 Audio 功能的计划会议的个数
ScheduledMeetingsVideo	当前启动 Video 功能的计划会议的个数
ScheduledMeetingsChat	当前启动 Chat 功能的计划会议的个数
ScheduledMeetingsAppshare	当前启动应用共享功能的计划会议的个数
ScheduledMeetingsWhiteboard	当前启动白板功能的计划会议的个数
ScheduledMeetingsSendWebPage	当前启动发送 Web 页面功能的计划会议的个数
ScheduledMeetingsPolling	当前启动投票表决功能的计划会议的个数
ScheduledAudioClients	当前计划会议中使用 Audio 功能的客户端数量
ScheduledVideoClients	当前计划会议中使用 Video 功能的客户端数量
ScheduledChatClients	当前计划会议中使用 Chat 功能的客户端数量
ScheduledAppshareClients	当前计划会议中使用应用共享功能的客户端数量
SheduledWhiteboardClients	当前计划会议中使用白板功能的客户端数量
ScheduledSendWebPageClients	当前计划会议中使用发送 Web 页面功能的客户端数量
ScheduledPollingClients	当前计划会议中使用投票表决功能的客户端数量
ScheduledMeetingClients	当前计划会议中使用的客户端总量
ScheduledMeetings	当前计划会议的数量
ScheduledMeetingsNonBroadcast	当前非广播方式的计划会议的数量
ScheduledMeetingsBroadcast	当前广播方式的计划会议的数量
ScheduledH323Clients	当前计划会议中使用的 H.323 客户端的数量
H323ClientConnections	当前计划会议中使用的 H.323 客户端的连接数
BroadcastUnicastStreams	当前广播方式的会议中 Unicast Stream 的数量
BroadcastMulticastStreams	当前广播方式的会议中 Multicast Stream 的数量
BroadcastConnectionsHTTP	当前广播方式的会议中 HTTP 连接的数量
BroadcastConnectionsDirect	当前广播方式的会议中直接连接的数量

续表

Meeting	
ThinClientConnectionsDirect	通过直接方式的瘦客户端连接数量
ThinClientConnectionsHTTP	通过 HTTP 方式的瘦客户端连接数量
ThinClientConnectionsHTTPS	通过 HTTPS 方式的瘦客户端连接数量
T120ClientConnections	T.120 连接数量
AverageMeetingStartupDuration	启动一个会议所需的平均时间（毫秒）

第 12 章　Gateway Toolkit

Sametime 群体可以构成一个完整的即时通信环境，同一个群体客户端即便接在不同的 Sametime 服务器上也可以相互通信。然而，如果考虑两个 Sametime 群体之间或者是 Sametime 群体和其他群体之间的即时通信时，就需要使用 Sametime Gateway 了。

12.1　Sametime Gateway

12.1.1　Sametime Gateway 简介

简单地说，Sametime Gateway 可以用来与外界的其他群体通信，这些群体可以是 Sametime 群体，也可以是 AOL Instant Messenger（AIM）、Yahoo（Yahoo Messenger）、Google（Google Talk）群体。也就是说，Sametime 可以通过 Gateway 与外界的其他即时通讯类产品互通。

Sametime Gateway 通常部署在安全区（DMZ）中，它与对方网关和内部的群体之间各有一道防火墙，如图 12-1 所示。Sametime Gateway 本质上是运行在 WebSphere Application Server（WAS）上的一个 J2EE 应用，它的工作环境依赖于 DB2 数据库和 LDAP 服务。这里的 LDAP 服务必须与 Sametime Community 使用的一致，可以启用 Domino Server 本身的 LDAP 服务也可以安装第三方 LDAP Server。

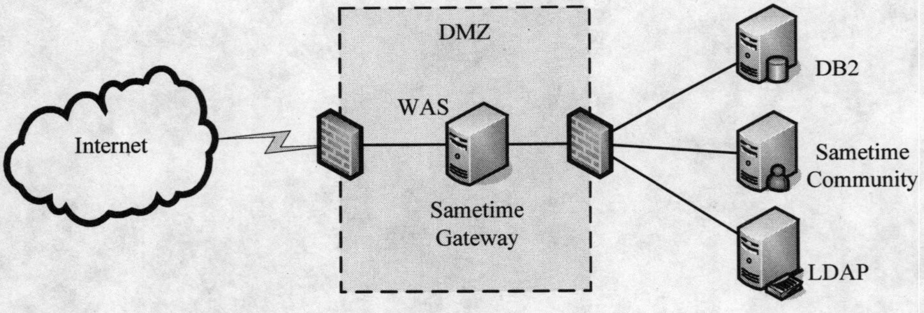

图 12-1　Sametime Gateway 部署架构

Sametime Gateway 负责与外界的群体网关交换消息、检查消息的合法性、实现协议类型转换。当接收或发送每条消息时，它会查看是否有目的地的路径，通过访问控制表（ACL）检查消息的接收方或发送方是否有权限与其他系统交互。如果有必要，它会在转发之前自动将消息转换成本地或外部群体可以理解的协议。

可以在 Samtime Gateway 上定义 3 类群体：本地群体（Local Community）、外部群体（External Community）、交换所群体（Clearinghouse Community）。顾名思义，本地群体指的是 Gateway 所依附的 Sametime 群体，它只能有一个。外部群体指与本地群体交互的外界环境，它可以有多个，通常有明确的域名可以用来路由。交换所群体通常可以连接企业中的消息总线，如果在 Sametime Gateway 路由表中找不到消息的目的地时，则会自动转发到交换所群体中，它也只有一个。

在 Samtime Gateway 中每个群体对应一个连接器（Connector），它与外界的连接协议可以是 VP（本地群体）、SIP（Sametime、AOL、Yahoo）、XMPP（Google、Jabber）三者之一，如图 12-2 所示。其中，VP（Virtual Places Protocol）是 IBM Sametime 系列产品自身使用的协议，能提供在线感知、实时通信、多方交谈、网上会议、文件传输等功能。SIP（Session Initiation Protocol）是 IETF 国际标准组织倡导的在各行业中被广泛接受的通信协议，在电信行业甚至可以延伸到终端设备（如 IP 电话机、交换机）。由于 SIP 本身是一个标准，各厂商在实现的时候会有一定的修订和扩展，于是出现了基于 SIP 的 MSN、AOL、Yahoo 等版本。XMPP（Extensible Messaging and Presence Protocol）是 IETF 制定的另一个基于 XML 流的通信协议，由于有大量开源组织不断地为其增添功能，该协议发展迅速，在金融行业被广泛接受。

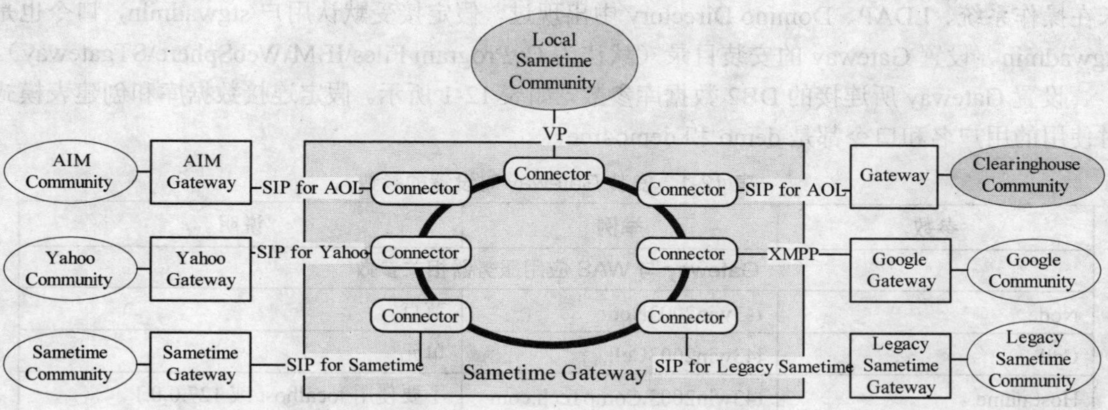

图 12-2　Sametime Gateway 结构图

12.1.2　安装 Sametime Gateway

Sametime Gateway 的工作环境基于 WAS 和 DB2，其中 WAS 可以随 Gateway 的安装过程一并安装，DB2 则需要事先单独安装。假定将 Sametime Gateway 及产品包中的 DB2 和 WAS 安装介质存放在 C:\soft\Gateway、C:\soft\DB2、C:\soft\WAS 目录下，然后可以按以下步骤完成安装：

（1）安装 DB2 数据库。DB2 的安装过程十分简单，双击安装介质中的 setup.exe，设置安装目录（默认为 C:\Program Files\IBM\SQLLIB），接受所有的默认设置直至结束。打开 db2cmd 命令窗口，到 C:\soft\Gateway\database\db2 目录下执行以下命令创建 STGW 数据库：

```
db2 -tvf createDb.sql
```

（2）安装 Sametime Gateway 和 WAS。可以在 C:\soft\Gateway 目录下运行 install.bat，也可以在 C:\soft\Gateway\dist 目录下运行 winrtcgwinstall.exe，效果相同。在安装向导中接受许可证协议，选择 WAS 应用服务器的类型，为了简单起见，不再引入 WAS 的群集配置，选择 Standalone server 或 Primary node，如图 12-3 所示。

为了同步安装 WAS，必须在安装向导中设置 WAS 的安装介质位置为 C:\soft\WAS\ifpackage。同时，设置 WAS 的安装目录（默认为 C:\Program Files\IBM\WebSphere\AppServer）。对于 WAS 网络部署版，必须设置其工作节点（Node）和单元（Cell），不妨接受默认值。

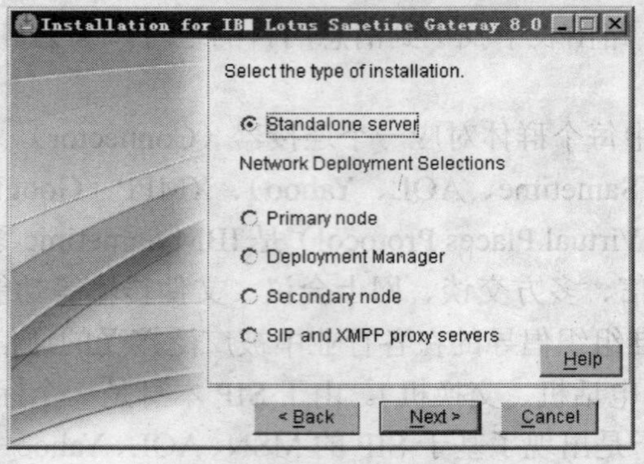

图 12-3 Gateway 中 WAS 的类型

设置 Gateway 所在的 WAS 运行环境的管理员用户及密码。注意，该用户最好是独立用户，未在操作系统、LDAP、Domino Directory 中出现过，假定接受默认用户 stgwadmin，口令也是 stgwadmin。设置 Gateway 的安装目录（默认为 C:\Program Files\IBM\WebSphere\STgateway）。

设置 Gateway 所连接的 DB2 数据库参数，如表 12-1 所示。假定连接数据库和创建表模式时使用的用户名和口令都是 demo 和 demo4me。

表 12-1 安装 Gateway 时设置的参数

参数	举例	说明
Gateway 与 WAS 应用服务器相关参数		
Node	t43win2003Node	节点
Cell	t43win2003Cell	单元
Host name	t43win2003.CompTech.com	不要使用 localhost 或 127.0.0.1
Gateway Admin user ID	stgwadmin	Gateway 管理用户
Gateway Admin password	stgwadmin	Gateway 管理口令
Gateway 与 DB2 数据库相关参数		
Host name	t43win2003.CompTech.com	数据库服务器的机器名或 IP 地址
Port	50000	数据库的监听端口
Database name	stGW	数据库名
Application user ID	demo	连接数据时使用的用户
Application password	demo4me	连接数据时使用的口令
Schema user ID	demo	创建表模式时使用的用户
Schema password	demo4me	创建表模式时使用的口令

设置 LDAP 服务器的主机名和服务端口（默认为 389）。Sametime Gateway 使用 LDAP 来确认访问者的用户身份，如果我们的 Sametime 使用外部的 LDAP 服务器来管理用户则可以设置相应的参数，如果 Sametime 使用 Domino Directory，则需要配置加载 LDAP 服务，这时 LDAP 主机就是 Domino 服务器主机。在前面 2.1.4 节中介绍选择 LDAP services 就是这个目的。如果 Gateway 与 LDAP 之间是普通连接（非 SSL），则这时可以选择配置 LDAP；否则，可以暂时跳过，留待以后再配置。

12.1.3　启动和停止 Sametime Gateway

默认情况下，Sametime Gateway 会安装在一个定制的 WAS 中，服务器名称为 RTCGWServer。所以，启动和停止 Sametime Gateway 的过程实际上就是启停 WAS 服务器的过程。启动 Sametime Gateway 的命令如下：

```
cd "C:\Program Files\IBM\WebSphere\AppServer\profiles\RTCGW_Profile\bin"
startServer RTCGWServer
```

由于默认启动了管理安全性，所以在停止 Sametime Gateway 时必须提供管理员的用户名和口令：

```
cd "C:\Program Files\IBM\WebSphere\AppServer\profiles\RTCGW_Profile\bin"
stopServer RTCGWServer -username stgwadmin -password stgwadmin
```

12.1.4　配置两个 Sametime 群体互连

假定两个 Sametime 群体分别在 t43win2003.CompTech.com 和 d2400win2003.HiTech.com 两台机器上，它们所在的域分别为 CompTech.com 和 HiTech.com。为了简单起见，将 Sametime 服务器和 Gateway 安装在一台机器上，如图 12-4 所示中的虚线部分。使用 Domino Directory 来管理用户，同时配置加载 Domino 的 LDAP Service，这样 Domino Directory 可以对外提供 LDAP 服务。假定 t43win2003 群体中有 tom DISNEY、jerry DISNEY、snoopy DISNEY 等用户，d2400win2003 群体中有 mike FAMILY、carol FAMILY、ben FAMILY 等用户，试图让两个群体中的用户相互感知并通信。

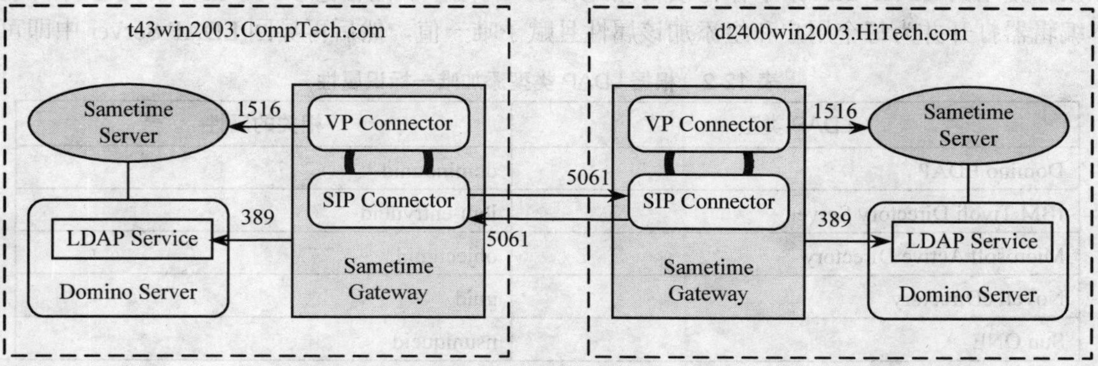

图 12-4　两个 Sametime 群体互连

可以按以下步骤完成相关的配置：

（1）添加 dominoUNID 参数域。Sametime Gateway 在通过访问控制列表（ACL）识别用户的时候需要一个唯一的标识，如果采用 Domino Server 中的 LDAP Service 提供 Sametime Gateway 的用户访问（如图 12-4 所示），则该唯一标识为 dominoUNID 参数。用 Domino Designer 打开服务器上的 pubnames.ntf 模板文件，分别编辑 Forms 中的 Person 和 Group 文档，选择任何可见的位置添加 dominoUNID 域，它的类型为 Text(Computed)，公式为@Text(@DocumentUniqueID)，如图 12-5 所示。这样，通过计算文档 ID 来唯一标识用户和组。

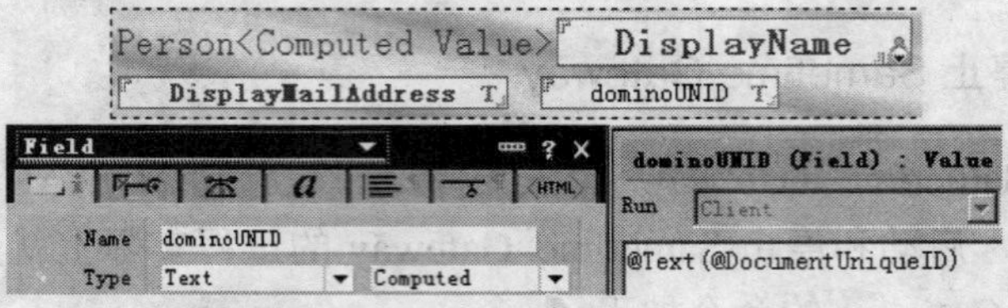

图 12-5 添加 dominoUNID 域

为了使模板生效，可以重新启动 Domino Server 等待数据库自动刷新，也可以在 Notes Client 的 Workspace 中右击 Domain’s Directory（names.nsf）图标，选择 Application→Refresh Design 选项。这样 pubnames.ntf 模板就会立即刷新 names.nsf 数据库。在 names.nsf 中随意打开一个用户（如 tom DISNEY）或组（如 DISNEY）的文档，可以观察到相应位置上的文档 ID。

打开 WebSphere 应用服务器安装目录（C:\Program Files\IBM\WebSphere\AppServer）下的 profiles\RTCGW_Profile\config\cells\t43win2003Cell\wim\config\wimconfig.xml 文件，如果使用 Domino LDAP，则需要在<config:attributeConfiguration>下添加属性<config:externalIdAttributes name="dominoUNID"/>。

```
<config:attributeConfiguration>
  <config:externalIdAttributes name="dominoUNID"/>
  …
</config:attributeConfiguration>
```

注意，在 pubnames.ntf 模板与 wimconfig.xml 文件中添加的属性与使用的 LDAP Server 类型有关，如表 12-2 所示。在配置时需要检查 LDAP Server，确保存在该属性且标识是唯一的。如果你使用的 LDAP Server 不存在该属性，则可以将用户和组信息以.ldif 文件格式导出，用文本编辑器打开并为每个用户和组添加该属性且赋予唯一值，然后再导回 LDAP Server 中即可。

表 12-2 根据 LDAP 类型添加唯一标识属性

LDAP 类型	相关的属性
Domino LDAP	dominounid
IBM Tivoli Directory Server	ibm-entryuuid
Microsoft Active Directory	objectguid
Novell eDirectory	guid
Sun ONE	nsuniqueid

（2）设置 Sametime Server 允许用户连接外部群体。可以通过浏览器登录到 Sametime 管理界面（http://t43win2003.comptech.com/stcenter.nsf），配置“Sametime 默认策略”，选择“允许用户使用 Sametime 网关添加外部用户”，如图 12-6 所示。

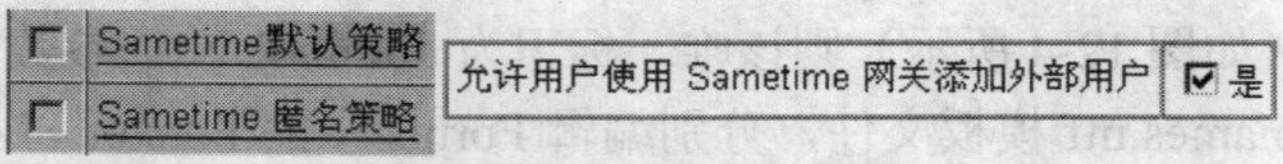

图 12-6 配置允许连接外部群体

重新启动 Sametime Server 使之生效。

（3）设置 LDAP 并将其加入联合存储库。启动 Gateway 后通过浏览器登录到 Gateway 管理界面（http://t43win2003.comptech.com:9060/ibm/console），使用管理员身份登录（stgwadmin）。在导航栏中选择“安全性”→“安全管理、应用程序和基础结构”，在右侧窗格的“可用的域定义”下拉列表框中选择“联合存储库（Federated Repository）”并单击“配置”按钮。这时联合存储库中只有一个默认的基于文件的存储库（Repository），我们需要创建一个对 Sametime LDAP 的存储库引用并添加到联合存储库中。

在联合存储库管理页面上单击“管理存储库”链接和“添加”按钮，如图 12-7 所示。设置唯一的存储库标识（可以是任何字符串，如 Sametime LDAP），选择对应的 LDAP 服务器类型（对于 Domino 6.5 或以上版本，选择 IBM Lotus Domino V6.5），在我们的环境中 LDAP 主机名即 Domino 服务器所在的主机名。如果 LDAP 不允许匿名访问，则需要设置绑定的用户名和密码，该用户必须是 LDAP 中已存在的用户，最好是管理员。用户名 DN 的写法可参考相关的 LDAP 服务器规范，在 Domino 中以逗号分隔，如 CN=admin SYSTEM，O=CompTech，密码为 admin。

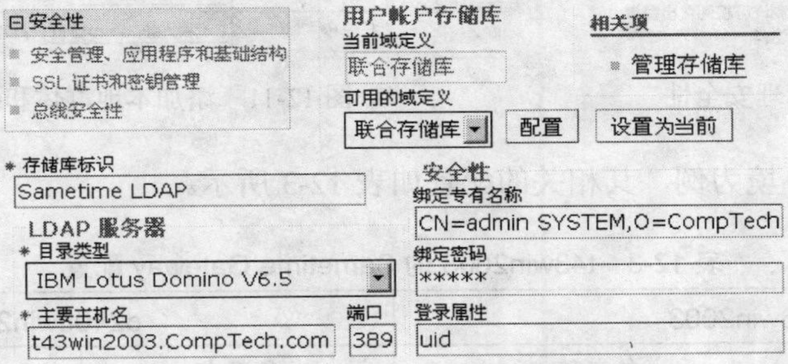

图 12-7　创建 LDAP 存储库

在添加存储库页面上单击“确认”按钮后管理控制台会试图用这些参数与后台的 LDAP 连接，如果成功则会出现一个新的存储库（Sametime LDAP），保存更新结果。回到联合存储库管理页面，单击“将基本条目添加至域”按钮，在“存储库”下拉列表框中选择刚才创建的 Sametime LDAP，设置其专用名称 DN 为 o=CompTech，如图 12-8 所示。

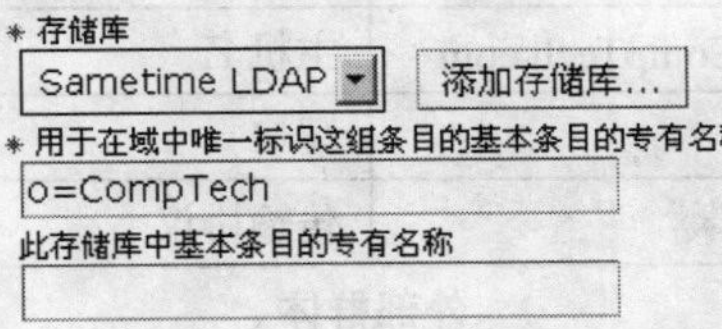

图 12-8　将定义的存储库添加到联合存储库中

在联合存储库管理页面上单击“确定”按钮后会出现一个新的条目，保存更新。指定联合存储库的管理员为 Sametime Gateway 的管理员（stgwadmin）。将我们配置的联合存储库设置为当前用户账户存储库，如图 12-9 所示。

（4）启用管理安全性。在 Gateway 管理界面的导航栏中选择“安全性”→“安全管理、应用程序和基础结构”，设置“启用管理安全性”，如图 12-10 所示。

（5）配置 Sametime Gateway。在 Gateway 管理界面的导航栏中选择 Sametime Gateway→“群体”。在群体管理中添加本地群体和外部群体，如图 12-11 所示。

图 12-9　使用联合存储库作为用户账户存储库

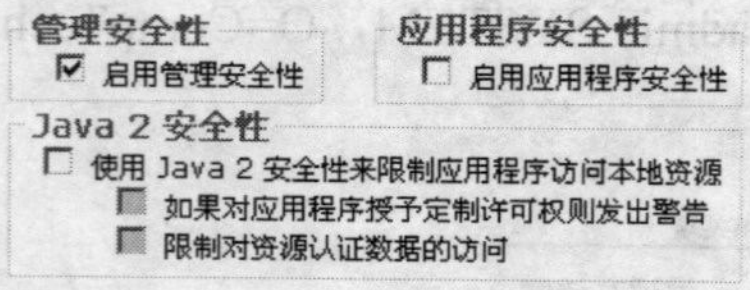

图 12-10　启用管理安全性

图 12-11　添加本地群体和外部群体

以图 12-4 中的环境为例，其相关的配置如表 12-3 所示。

表 12-3　t43win2003 的 Sametime Gateway 配置

t43win2003		d2400win2003	
参数名	参考值	参数名	参考值
本地群体			
名称	LocalCommunity	名称	LocalCommunity
域	CompTech.com	域	HiTech.com
群体类型	本地	群体类型	本地
转换协议	VP	转换协议	VP
主机名	t43win2003.CompTech.com	主机名	d2400win2003.HiTech.com
端口	1516	端口	1516
传输协议	TCP	传输协议	TCP
外部群体			
名称	ExternalCommunity	名称	ExternalCommunity
域	HiTech.com	域	CompTech.com
群体类型	外部	群体类型	外部
转换协议	SIP for Sametime Gateway	转换协议	SIP for Sametime Gateway
主机名	d2400win2003.HiTech.com	主机名	t43win2003.CompTech.com
端口	5061	端口	5061
传输协议	TLS	传输协议	TLS
为该群体启用路由	是	为该群体启用路由	是

接着，需要将外部群体的访问权限授予相关的用户。选中外部群体（ExternalCommunity），单击“指定用户”按钮，为了方便，可以选择“所有用户”单选项，即所有的本地用户都可以与外部群体通信，如图 12-12 所示。如果选择了“个别用户和群组”单选项，则需要逐个查找挑选并加入授权列表中。

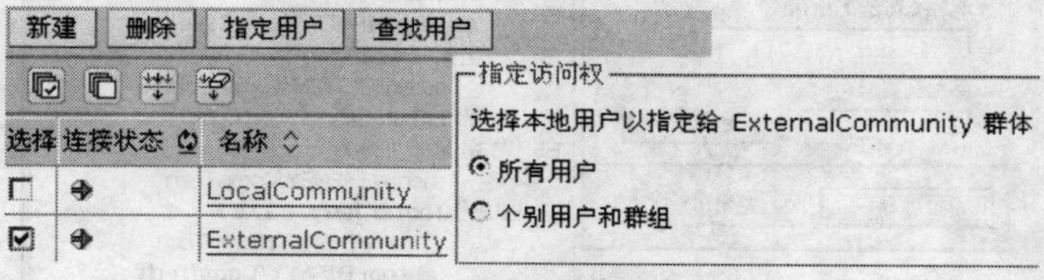

图 12-12　指定可以访问外部群体的用户

由于 Sametime Gateway 与外部群体之间使用的是 TLS（Transport Layer Security）协议，本质上是 SSL 的改良版。为了适应两个 Gateway 之间的 TLS 连接，需要在各自的默认信任证书库中为对方 Gateway 添加一个签署者证书。在导航栏中选择“安全性”→“SSL 证书和密钥管理”，在配置页面中单击“密钥库和证书”→NodeDefaultTrustStore→“签署者证书”，单击“从端口检索”按钮，在常规属性中填写对方 Gateway 的信息。这时，Gateway 会得到并导入对方的自签证书。如果单击“检索签署者信息”按钮，则可以查看该证书的序列号、有效期、签署者等信息，如图 12-13 所示。

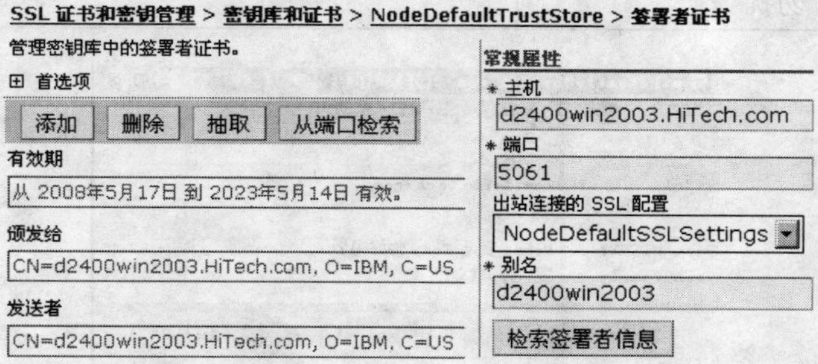

图 12-13　添加对方 Gateway 的自签证书

双方完成添加证书的工作后，可以分别重新启动 Sametime Gateway 使之生效。

12.1.5　Sametime 群体互通的效果

如果在两侧的 Sametime Gateway 管理界面都看见本地群体和外部群体的连接标记显示呈绿色，则说明两个 Sametime 群体通过 Gateway 互通了。这时，在 Sametime Connect 中可以通过电子邮件地址添加外部用户，一旦对方登录则可以远程在线感知，如图 12-14 所示。

注意，相对于内部用户常见的 4 种在线状态（在线、离席、开会、勿扰），外部用户也有这 4 种状态，其状态图标中多了一个地球标识，如表 12-4 所示。

如果对方在线，可以双击外部用户弹出对话框实现交流，如图 12-15 所示。然而，目前 Sametime Connect 只能与外部用户交互即时消息，联系人名片及照片、文件传输、截屏工具、离线消息等功能受限制。

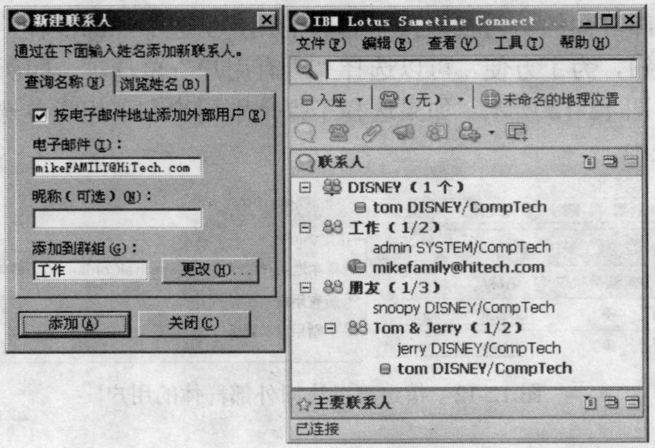

图 12-14　在 Sametime Connect 中添加外部用户

表 12-4　内部用户与外部用户状态图标

用户状态	本地用户图标	外部用户图标
在线		
离席		
开会		
勿扰		

图 12-15　通过 Sametime Connect 与外部用户通信

12.2　Gateway 扩展模型

12.2.1　Gateway 消息处理插件

Sametime Gateway 的主要部件是运行在 WAS 上的一组应用，它由网关核心（Gateway Core）、插件管理器（Plug-in Manager）以及一组协议相关的连接器（Connector）组成，如图 12-16 所示。其中，Gateway Core 负责消息的调度和路由，它直接调用 Connector 将消息进行协议和格式的转换。Plug-in Manager 负责管理所有的插件，它会根据消息类型调用相关的插件。

消息处理插件（Plug-in）本质上是依照 WebSphere 扩展框架（即 Eclipse 扩展模型）开发的 J2EE 应用，安装在 Gateway 所在的 WAS 上就能与 Sametime Gateway 原本的工作环境整合在一起。由于协议转换的内容由 Gateway Core 负责处理，这种设计保证了 Plug-in Manager 与所有的 Plug-in 之间的接口是标准一致的。

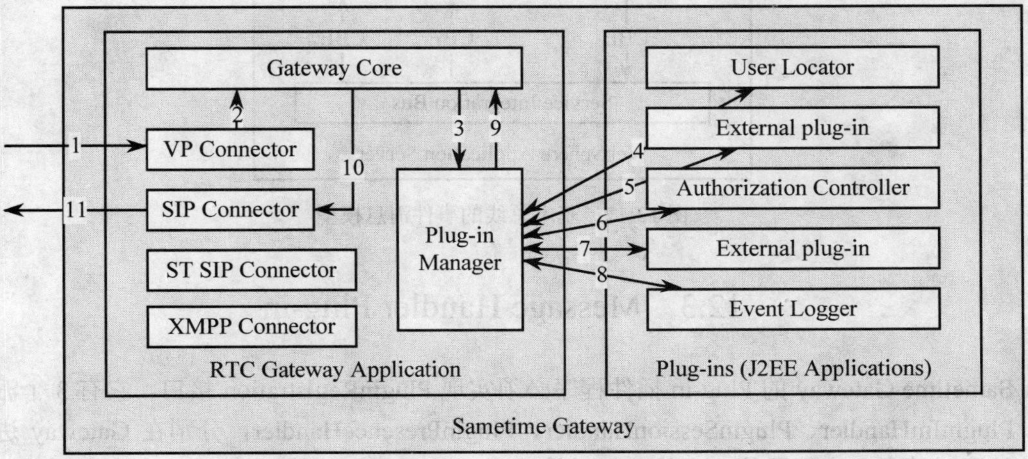

图 12-16　Sametime Gateway 逻辑架构及消息流

通过 Gateway 管理界面可以看到 Sametime Gateway 预装了 3 个 Plug-in，它们依次为 User Locator、Authorization Controller、Event Logger，也可以根据插件规范开发更多的 Plug-in。在 Gateway 处理消息时，Plug-in Manager 会依次调用相关的 Plug-in，可以在管理界面中调整它们之间的调用次序。其中，User Locator 必须放在第一个，而 Event Logger 通常安排在最后一个，其他 Plug-in 则可以摆放在任意位置。

值得注意的是，并不是所有的消息都会送达所有的 Plug-in，并且调用规则与 Plug-in 实现的接口相关。比如，User Locator 和 Authorization Controller 并没有实现 PluginImHandler 接口，所以每次与外界群体交换 IM 消息都不会调用到它们。

通常情况下，当某一个 Plug-in 调用返回错误时，Plug-in Manager 会终止后续的调用直接返回。但如果在 Gateway 管理界面中将 Plug-in 配置成"运行消息处理程序而不考虑先前消息处理程序的状态"，则无论先前 Plug-in 的执行结果如何，该插件都会被调用。

12.2.2　Gateway 事件消息

Sametime Gateway 预装的 Event Logger 插件会使用 Common Event Infrastructure（CEI）结构将所有的信息以 Common Base Events（CBE）的形式发布到 WAS 内置的服务集成总线（Service Integration Bus）上，应用程序可以从总线上订阅相关的消息并进行后续处理。在这样的消息发布订阅模型中，Event Logger 插件称为事件提供者（Event Provider），而应用程序称为事件消费者（Event Consumer）。这里的应用程序可以是 WAS 的 J2EE 运行环境中的任何应用，如 Message Driven Bean 或 Servlet，如图 12-17 所示。

从插件和事件的原理中可以得知，插件是串接在 Gateway 消息转发的过程中被调用的，可以用来对消息内容进行修改或干预。事件不参与 Gateway 本身的工作过程，通常用于事后记录或统计，它不会影响 Gateway 的工作效率。

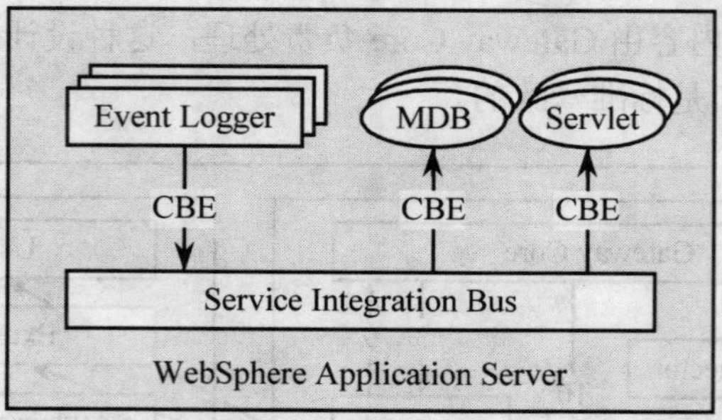

图 12-17　基本总线的事件消息模型

12.3　Message Handler Plug-in

Sametime Gateway 的 Plug-in 插件程序必须实现 PluginRegistration 接口，它有 3 个派生接口：PluginImHandler、PluginSessionHandler、PluginPresenceHandler，分别在 Gateway 进行跨群体的即时消息、会话通信、在线感知时被 Plug-in Manager 调用。下面给出 3 个插件例程，覆盖了这些接口类，如图 12-18 所示。

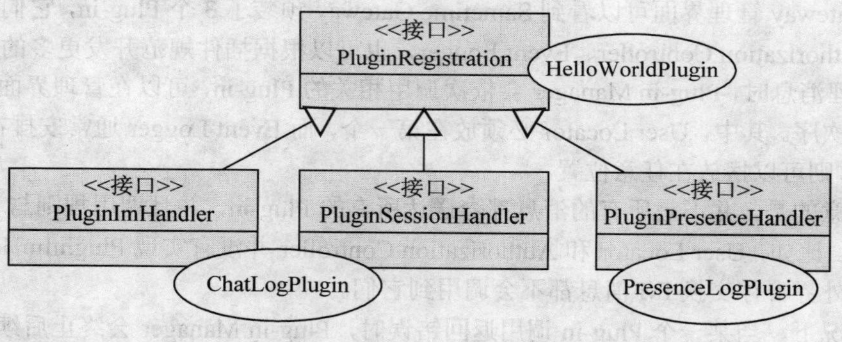

图 12-18　消息处理 Plug-in 接口类

每一个接口类都有若干个方法，它们会在特定的时候被调用，如表 12-5 所示。其中不少方法以 Method()和 onMethod()两种形式成对出现，实际上，Method()就是图 12-16 中 Plug-in Manager 调用 Plug-in 时的操作，而 onMethod()就是返回时的操作。所以，两者恰好是某个处理操作的前点和后点。比如，内部用户向外部用户发送一条消息，这时会调用 PluginImHandler 的 instantMessage()，当消息送达对方后会返回回执，这时会调用 onInstantMessage()。

表 12-5　消息处理 Plug-in 接口类中的方法

接口	方法	说明
PluginRegistration	init()	插件启用时被调用
	terminate()	插件禁用时被调用
	customPropertiesChanged()	属性改变时被调用
PluginSessionHandler	startSession()	发起建立远程会话时被调用
	onStartSession()	返回建立远程会话时被调用

续表

接口	方法	说明
PluginSessionHandler	endSession()	发起断开远程会话时被调用
	onEndSession()	返回断开远程会话时被调用
PluginImHandler	instantMessage()	发起即时消息时被调用
	onInstantMessage()	返回即时消息时被调用
PluginPresenceHandler	fetch()	发起获取用户信息时被调用
	onFetch()	返回获取用户信息时被调用
	notify()	发起用户在线状态通知时被调用
	onNotify()	返回用户在线状态通知时被调用
	subscribe()	发起订阅用户在线状态时被调用
	onSubscribe()	返回订阅用户在线状态时被调用
	unsubscribe()	发起退订用户在线状态时被调用
	onUnsubscribe()	返回退订用户在线状态时被调用

12.3.1 HelloWorldPlugin

下面来体验一下最简单的 HelloWorldPlugin 的开发和配置过程。可以按以下步骤创建 HelloWorld 插件：

（1）使用 RAD 或 Eclipse Java EE 创建一个 Dynamic Web Project，不妨命名为 Gateway。将 Sametime Gateway 安装目录下 rtc_gw_lib 中的 rtc.gatewayAPI.jar 文件加入到项目类路径（Java Build Path）中。

（2）创建一个插件类，假定为 com.ibm.stgw.sample 包中的 HelloWorldPlugin 类。该插件类必须实现 PluginRegistration 接口的 init()、terminate()、customPropertiesChanged()三个方法。其中，init()和 terminate()分别在启用和禁用插件时被调用，customPropertiesChanged()会在插件属性变化时被调用。在 init()中可以设置插件的工作环境，如打开文件、加载属性等。在结束的时候必须调用 PluginStartupCallBack 参数的 pluginStarted()来告知 Gateway 该插件已经启动，否则 Gateway 会以为插件启动失败而将其隔离。在 terminate()中可以进行清除工作，如关闭文件等。

```
public class HelloWorldPlugin implements PluginRegistration
{
    public void init (Properties properties, PluginStartupCallBack callback)
    {
        System.out.println ("init");
        dumpProperties (properties);
        // 这个值必须与 plugin.xml 中的 mhplugin extension point 一致
        callback.pluginStarted ("com.ibm.stgw.sample.plugin.HelloWorld");
    }
    public void terminate ()
    {
```

```
        System.out.println ("terminate");
    }
    public void customPropertiesChanged (Properties properties)
    {
        System.out.println ("customPropertiesChanged");
        dumpProperties (properties);
    }
    public static void dumpProperties (Properties properties)
    {
        Iterator i = properties.keySet ().iterator ();
        while (i.hasNext ())
        {
            String key = (String) i.next ();
            System.out.println ("name=["+key+"], value=["+properties.getProperty(key)+"]");
        }
    }
}
```

（3）在 WEB-INF 目录下创建一个 plugin.xml 文件描述该插件的扩展点。注意，插件的扩展点必须为 com.ibm.collaboration.reltime.gateway.mhpulgin，而该文件中 plugin 的 id（com.ibm.stgw.sample.plugin）加上 extension point 的 id（HelloWorld）必须与前面插件类文件的 pluginStarted()中的参数一致。此外，action class 指的就是插件类。

```
<?xml version="1.0" encoding="UTF-8"?>
<plugin
    id="com.ibm.stgw.sample.plugin"
    name="RTC Gateway Sample Plug-ins"
    version="1.0.0"
    provider-name="IBM">

    <extension point="com.ibm.collaboration.realtime.gateway.mhplugin"
        id="HelloWorld"
        name="Hello world">
        <action class="com.ibm.stgw.sample.HelloWorldPlugin">
        </action>
    </extension>
</plugin>
```

（4）从开发工具中导出 WAR 文件（如 Gateway.war）并在 Gateway 管理界面中安装该 J2EE 应用。启动该应用后，在导航栏中选择 Sametime Gateway→“消息处理程序”，会在插件列表中出现 HelloWorld，其初始状态为未定义，这时的消息处理插件程序（Plug-in）在启用之前必须经过配置。选择 HelloWorld，选择插件类型（如“其他”），选中“运行消息处理程序而不考虑先前消息处理程序的状态”复选框，这样该插件的调用不会受其他插件调用结果的影响，如图 12-19 所示。可以在配置界面中“启用消息处理程序”，也可以在插件列表中选中相关的插件，单击“启用”按钮来同时启动多个插件。

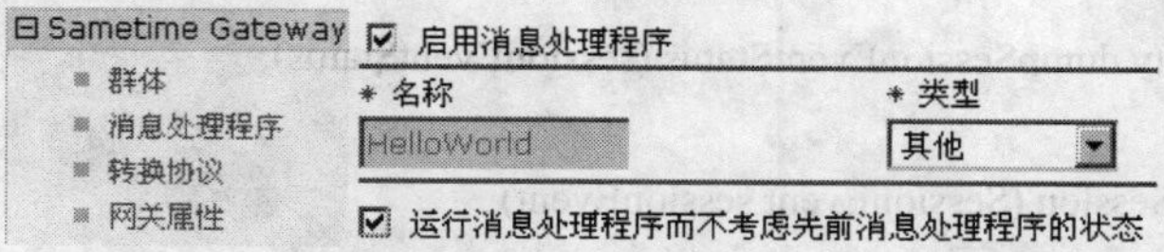

图 12-19　配置消息处理插件

（5）测试一下插件程序的执行效果。启用 HelloWorld 插件后可以在 Gateway 所在的 WAS 的 SystemOut.log 文件中观察到“init”输出字符串。如果在 HelloWorld 的配置界面中随意添加一个定制属性 Property1，其值为 Value1，完成后会在 SystemOut.log 文件中观察到 customPropertiesChanged name = [Property1], value = [Value1]。如果禁用 HelloWorld 插件则会出现“terminate”字符串。

12.3.2　ChatLogPlugin

ChatLogPlugin 实现了 PluginSessionHandler 和 PluginImHandler 接口，前者在建立会话时被调用，后者在传递消息时被调用。ChatLogPlugin 的例程如下，假定使用了一个辅助类 PluginUtility，用来输出相关的参数内容（由于辅助类只是简单地输出参数的成员变量，这里不再详细列出其代码）：

```
public class ChatLogPlugin implements PluginRegistration, PluginSessionHandler, PluginImHandler
{
    // PluginRegistration
    public void init (Properties properties, PluginStartupCallBack callback)
    {
        PluginUtility.dumpProperties (properties);
        callback.pluginStarted ("com.ibm.stgw.sample.plugin.ChatLog");
    }
    public void terminate ()
    {
        System.out.println ("terminate");
    }
    public void customPropertiesChanged (Properties properties)
    {
        System.out.println ("customPropertiesChanged");
        PluginUtility.dumpProperties (properties);
    }
    // PluginSessionHandler
    public void startSession (SessionEvent sessionEvent)
    {
        System.out.println ("startSession");
        PluginUtility.dumpSessionEvent (sessionEvent);
    }
    public void onStartSession (SessionEventStatus sessionEventStatus)
    {
        System.out.println ("onStartSession");
```

```
            PluginUtility.dumpSessionEventStatus (sessionEventStatus);
        }
        public void endSession (SessionEvent sessionEvent)
        {
            System.out.println ("endSession");
            PluginUtility.dumpSessionEvent (sessionEvent);
        }
        public void onEndSession (SessionEventStatus sessionEventStatus)
        {
            System.out.println ("onEndSession");
            PluginUtility.dumpSessionEventStatus (sessionEventStatus);
        }
        // PluginImHandler
        public void instantMessage (ImEvent imEvent)
        {
            System.out.println ("instantMessage");
            PluginUtility.dumpImEvent (imEvent);
        }
        public void onInstantMessage (SessionEventStatus sessionEventStatus)
        {
            System.out.println ("onInstantMessage");
            PluginUtility.dumpSessionEventStatus (sessionEventStatus);
        }
    }
```

可以为 ChatLogPlugin 另起一个动态 Web 项目，然后单独安装 J2EE 应用，也可以与前面的 HelloWorldPlugin 合在一个项目中。对于后一种情况，可以在 plugin.xml 中添加一个扩展点。由于安装和配置 Plug-in 的过程与前面类似，这里不再赘述。

```
<extension point="com.ibm.collaboration.realtime.gateway.mhplugin"
  id="ChatLog"
  name="Chat log">
  <action class="com.ibm.stgw.sample.ChatLogPlugin">
  </action>
</extension>
```

通过 ChatLogPlugin 可以记录下两个 Sametime 群体用户之间的会话过程。当然，由于我们掌握会话的整个过程和全部细节，可以在程序中禁止某些用户对外交流，或者检测和过滤其传输内容，也可以自动扫描某些关键字，以防止敏感信息外泄。假定 CompTech 中的 tom DISNEY（tomdisney@comptech.com）与 HiTech 中的 mike FAMILY（mikefamily@hitech.com）之间有一次对话，我们记录到的内容如表 12-6 所示。

表 12-6 ChatLogPlugin 记录下的会话过程

操作	方法调用
1. 启用 ChatLogPlugin	init
2. tom 双击联系人列表中的 mike，弹出对话框，建立会话	startSession SessionID = 18192.168.1.106_1212073334249_ RequestID = 1 Status = 0 Reason = EventType = 6 OriginatorUser = tomdisney@comptech.com DestinationUser = mikefamily@hitech.com OriginatorCommunityName = LocalCommunity DestinationCommunityName = ExternalCommunity Description = onStartSession SessionID = 18192.168.1.106_1212073334249_ RequestID = 1 Status = 0 Reason = EventType = 6 OriginatorUser = tomdisney@comptech.com DestinationUser = mikefamily@hitech.com OriginatorCommunityName = LocalCommunity DestinationCommunityName = ExternalCommunity SessionType = 6
3. tom 输入 "Hi Mike, how are you?"	instantMessage SessionID = 18192.168.1.106_1212073334249_ RequestID = 2 Status = 0 Reason = EventType = 4 OriginatorUser = tomdisney@comptech.com DestinationUser = mikefamily@hitech.com OriginatorCommunityName = LocalCommunity DestinationCommunityName = ExternalCommunity Description = Message = Hi Mike, how are you? onInstantMessage SessionID = 18192.168.1.106_1212073334249_ RequestID = 2 Status = 0 Reason = SUCCESS EventType = 4

续表

操作	方法调用
3. tom 输入 "Hi Mike, how are you?"	OriginatorUser = tomdisney@comptech.com DestinationUser = mikefamily@hitech.com OriginatorCommunityName = LocalCommunity DestinationCommunityName = ExternalCommunity SessionType = 4
4. mike 输入 "I'm fine, Tom."	instantMessage SessionID = 18192.168.1.106_1212073334249_ RequestID = 3 Status = 0 Reason = EventType = 4 OriginatorUser = mikefamily@hitech.com DestinationUser = tomdisney@comptech.com OriginatorCommunityName = ExternalCommunity DestinationCommunityName = LocalCommunity Description = Message = I'm fine, Tom. onInstantMessage SessionID = 18192.168.1.106_1212073334249_ RequestID = 3 Status = 0 Reason = EventType = 4 OriginatorUser = mikefamily@hitech.com DestinationUser = tomdisney@comptech.com OriginatorCommunityName = ExternalCommunity DestinationCommunityName = LocalCommunity SessionType = 4
5. mike 关闭对话窗口，结束会话	endSession SessionID = 18192.168.1.106_1212073334249_ RequestID = 4 Status = 0 Reason = end of session EventType = 7 OriginatorUser = mikefamily@hitech.com DestinationUser = tomdisney@comptech.com OriginatorCommunityName = ExternalCommunity DestinationCommunityName = LocalCommunity Description = onEndSession SessionID = 18192.168.1.106_1212073334249_

续表

操作	方法调用
5. mike 关闭对话窗口，结束会话	RequestID = 4 Status = 0 Reason = end of session EventType = 7 OriginatorUser = mikefamily@hitech.com DestinationUser = tomdisney@comptech.com OriginatorCommunityName = ExternalCommunity DestinationCommunityName = LocalCommunity SessionType = 7
6. 禁用 ChatLogPlugin	terminate

ChatLogPlugin 中涉及的事件和事件状态接口类比较多，它们之间的继承关系如图 12-20 所示。基本上，Event 和 EventStatus 是两个基础接口类，其他事件和状态接口类都由此继承。Event 和 EventStatus 含有 SessionID 和 RequestID 两个属性。其中，SessionID 表示 Sametime 中的会话标识，在整个会话过程中将保持不变。RequestID 表示交互的标识，它在会话过程中会自动递增，但对同一个操作中的 Method()请求和 onMethod()结果，RequestID 是不变的。

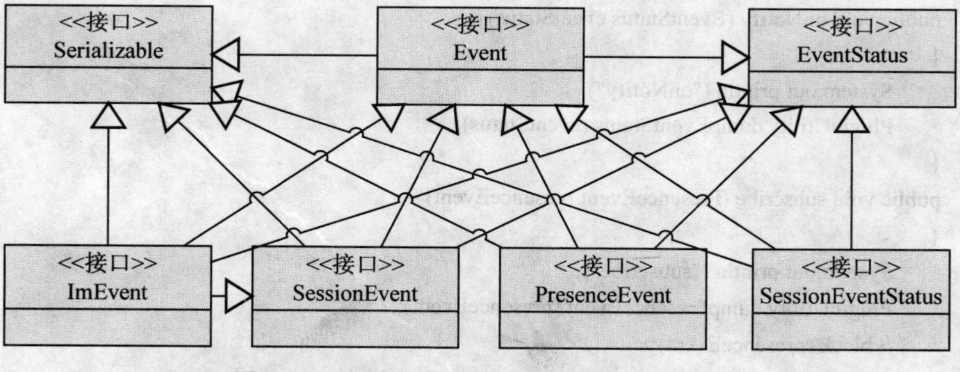

图 12-20 各种事件和状态接口之间的继承关系

12.3.3 PresenceLogPlugin

PresenceLogPlugin 实现了 PluginPresenceHandler 接口，它会在用户在线感知的过程中被调用。下面列出了 PresenceLogPlugin 的部分代码，其中省略了与 ChatLogPlugin 重复的部分。仍然假定使用了一个辅助类 PluginUtility，用来输出相关的参数内容。

```
public class PresenceLogPlugin implements PluginRegistration, PluginPresenceHandler
{
    // PluginRegistration
    public void init (Properties properties, PluginStartupCallBack callback) { … }
    public void terminate () { … }
    public void customPropertiesChanged (Properties properties) { … }
```

```
// PluginPresenceHandler
public void fetch (PresenceEvent presenceEvent, boolean isNewSession)
{
    System.out.println ("fetch");
    PluginUtility.dumpPresenceEvent (presenceEvent);
    System.out.println ("    isNewSession              = " + isNewSession);
}
public void onFetch (EventStatus eventStatus, boolean isNewSession)
{
    System.out.println ("onFetch");
    PluginUtility.dumpEventStatus (eventStatus);
    System.out.println ("    isNewSession              = " + isNewSession);
}
public void notify (PresenceEvent presenceEvent)
{
    System.out.println ("notify");
    PluginUtility.dumpPresenceEvent (presenceEvent);
    // block (presenceEvent);
}
public void onNotify (EventStatus eventStatus)
{
    System.out.println ("onNotify");
    PluginUtility.dumpEventStatus (eventStatus);
}
public void subscribe (PresenceEvent presenceEvent)
{
    System.out.println ("subscribe");
    PluginUtility.dumpPresenceEvent (presenceEvent);
    // block (presenceEvent);
}
public void onSubscribe (EventStatus eventStatus)
{
    System.out.println ("onSubscribe");
    PluginUtility.dumpEventStatus (eventStatus);
}
public void unsubscribe (PresenceEvent presenceEvent)
{
    System.out.println ("unsubscribe");
    PluginUtility.dumpPresenceEvent (presenceEvent);
}
public void onUnsubscribe (EventStatus eventStatus)
{
    System.out.println ("onUnsubscribe");
```

```
            PluginUtility.dumpEventStatus (eventStatus);
        }
        public void block (PresenceEvent presenceEvent)
        {
            if (presenceEvent.getOriginatorUser ().equals ("tomdisney@comptech.com") &&
            presenceEvent.getDestinationUser ().equals ("mikefamily@hitech.com"))
            {
                presenceEvent.setStatus (GatewayReturnCodes.UNAUTHORIZED_ACTION);
                System.out.println ("Presence between tom and mike is not allowed");
            }
        }
    }
```

同样地，可以在前面的 plugin.xml 文件中再添加一个扩展点。这样，3 个插件就合在一个项目中了。

```
<extension point="com.ibm.collaboration.realtime.gateway.mhplugin"
    id="PresenceLog"
    name="Presence log">
    <action class="com.ibm.stgw.sample.PresenceLogPlugin">
    </action>
</extension>
```

通过 PresenceLogPlugin 可以记录下两个 Sametime 群体用户之间的互相感知的过程，当然，可以通过程序实现某些规则，比如不允许用户 A 感知外界群体，或者不允许外界感知用户 B 的存在。假定 CompTech 中的 tom DISNEY（tomdisney@comptech.com）与 HiTech 中的 mike FAMILY（mikefamily@hitech.com）之间能够互相看见，我们记录到它们之间的感知过程如表 12-7 所示。

表 12-7　PresenceLogPlugin 记录下的在线感知过程

操作	方法调用
mike 注销	notify SessionID = 26 0c0a8016a_mikefamily@hitech.com RequestID = 10 EventType = 3 OriginatorUser = mikefamily@hitech.com DestinationUser = tomDISNEY@CompTech.com OriginatorCommunityName = ExternalCommunity DestinationCommunityName = LocalCommunity UserStatus = <?xml version="1.0" encoding="UTF-8"?><presence xmlns="urn:ietf:params:xml:ns:pidf" xmlns:dm="urn:ietf:params:xml:ns:pidf:data-model" xmlns:rpid="urn:ietf:params:xml:ns:pidf:rpid" xmlns:lt="urn:ietf:params:xml:ns:location-type" xmlns:ci ="urn:ietf:params:xml:ns:pidf:cipid" entity=""><tuple id=""><status><basic>closed</basic></status></tuple><dm:person id="p1"><rpid:activities><rpid:note><rpid:note></rpid:note></rpid:note></rpid:activities></dm:person></presence> onNotify SessionID = 26 0c0a8016a_mikefamily@hitech.com RequestID = 10

续表

操作	方法调用
mike 注销	unsubscribe SessionID = local.1212077153578_15_24_1 RequestID = 1 EventType = 2 OriginatorUser = mikefamily@hitech.com DestinationUser = tomdisney@comptech.com OriginatorCommunityName = ExternalCommunity DestinationCommunityName = LocalCommunity UserStatus = null onUnsubscribe SessionID = local.1212077153578_15_24_1 RequestID = 1
mike 登录为入座	notify SessionID = 26 0c0a8016a_mikefamily@hitech.com RequestID = 11 EventType = 3 OriginatorUser = mikefamily@hitech.com DestinationUser = tomDISNEY@CompTech.com OriginatorCommunityName = ExternalCommunity DestinationCommunityName = LocalCommunity UserStatus = <?xml version="1.0" encoding="UTF-8"?><presence xmlns="urn:ietf:params:xml:ns:pidf" xmlns:dm="urn:ietf:params:xml:ns:pidf:data-model" xmlns:rpid="urn:ietf:params:xml:ns:pidf:rpid" xmlns:lt="urn:ietf:params:xml:ns:location-type" xmlns:ci="urn:ietf:params:xml:ns:pidf:cipid" entity=""><tuple id=""><status><basic>closed</basic></status></tuple><dm:person id="p1"><rpid:activities><rpid:note><rpid:note></rpid:note></rpid:note></rpid:activities></dm:person></presence> onNotify SessionID = 26 0c0a8016a_mikefamily@hitech.com RequestID = 11 notify SessionID = 26 0c0a8016a_mikefamily@hitech.com RequestID = 12 EventType = 3 OriginatorUser = mikefamily@hitech.com DestinationUser = tomDISNEY@CompTech.com OriginatorCommunityName = ExternalCommunity DestinationCommunityName = LocalCommunity UserStatus = <?xml version="1.0" encoding="UTF-8"?><presence xmlns="urn:ietf:params:xml:ns:pidf" xmlns:dm="urn:ietf:params:xml:ns:pidf:data-model" xmlns:rpid="urn:ietf:params:xml:ns:pidf:rpid" xmlns:lt="urn:ietf:params:xml:ns:location-type" xmlns:ci="urn:ietf:params:xml:ns:pidf:cipid" entity=""><tuple id=""><status><basic>open</basic></status></tuple><dm:person id="p1"><rpid:activities><rpid:note><rpid:note>我已入座</rpid:note></rpid:note></rpid:activities></dm:person></presence>

续表

操作	方法调用
mike 登录为入座	onNotify SessionID = 26 0c0a8016a_mikefamily@hitech.com RequestID = 12 subscribe SessionID = local.1212077153578_20_33_1 RequestID = firstRequest EventType = 1 OriginatorUser = mikefamily@hitech.com DestinationUser = tomdisney@comptech.com OriginatorCommunityName = ExternalCommunity DestinationCommunityName = LocalCommunity UserStatus = null onSubscribe SessionID = local.1212077153578_20_33_1 RequestID = firstRequest notify SessionID = local.1212077153578_20_33_1 RequestID = 7192.168.1.106_1212077178781_ EventType = 3 OriginatorUser = tomdisney@comptech.com DestinationUser = mikefamily@hitech.com OriginatorCommunityName = LocalCommunity DestinationCommunityName = ExternalCommunity UserStatus = <?xml version="1.0" encoding="UTF-8"?><presence xmlns="urn:ietf:params:xml:ns:pidf" xmlns:dm="urn:ietf:params:xml:ns:pidf:data-model" xmlns:rpid="urn:ietf:params:xml:ns:pidf:rpid" xmlns:lt="urn:ietf:params:xml:ns:location-type" xmlns:ci="urn:ietf:params:xml:ns:pidf:cipid" entity=""><tuple id=""><status><basic>open</basic></status></tuple><dm:person id="p1"><rpid:activities><rpid:note><rpid:note>我已入座</rpid:note></rpid:note></rpid:activities></dm:person></presence> onNotify SessionID = local.1212077153578_20_33_1 RequestID = 7192.168.1.106_1212077178781_
mike 改变状态为勿扰	notify SessionID = 26 0c0a8016a_mikefamily@hitech.com RequestID = 13 EventType = 3 OriginatorUser = mikefamily@hitech.com DestinationUser = tomDISNEY@CompTech.com OriginatorCommunityName = ExternalCommunity DestinationCommunityName = LocalCommunity

续表

操作	方法调用
mike 改变状态为勿扰	UserStatus = <?xml version="1.0" encoding="UTF-8"?><presence xmlns="urn:ietf:params:xml:ns:pidf" xmlns:dm="urn:ietf:params:xml:ns:pidf:data-model" xmlns:rpid="urn:ietf:params:xml:ns:pidf:rpid" xmlns:lt="urn:ietf:params:xml:ns:location-type" xmlns:ci="urn:ietf:params:xml:ns:pidf:cipid" entity=""><tuple id=""><status><basic>open</basic></status></tuple><dm:person id="p1"><rpid:activities><rpid:busy/><rpid:note><rpid:note>请勿打扰 </rpid:note></rpid:note></rpid:activities></dm:person></presence> onNotify SessionID = 26 0c0a8016a_mikefamily@hitech.com RequestID = 13

如果在 subscribe()和 notify()中使用了 block()函数，一旦检测到从 tom 到 mike 之间的状态消息就返回 UNAUTHORIZED_ACTION。这时 Plug-in Manager 会收到该返回值并报错如下：

Presence between tom and mike is not allowed
com.ibm.rtc.gateway.core.CoreImpl failNotify CLFRC0117E: 消息管理失败，错误代码：UNAUTHORIZED_ACTION

事实上，这种方法可以创造出单向的在线感知效果，比如 mike 能看见 tom，而 tom 却看不见 mike。

12.4 Event Consumer

Event Consumer 的实现方式可以有多种，但其原理大致相同。在 WAS 中运行的应用通过向服务总线订阅或查询的方式得到事件消息（Common Basic Event），然后解析事件消息并进行处理。事件消息在 WAS 内部通常以 XML 方式组织，所以订阅或查询时的条件为 XPath 匹配字符串。由于 Event Consumer 得到的都是"事后"消息，所以通常用来记录或统计通信状态和消息内容。

假定本地群体（LocalCommunity）中的 tom DISNEY 和外部群体（ExternalCommunity）中的 mike FAMILY 之间进行一次会话，其过程如图 12-21 所示。

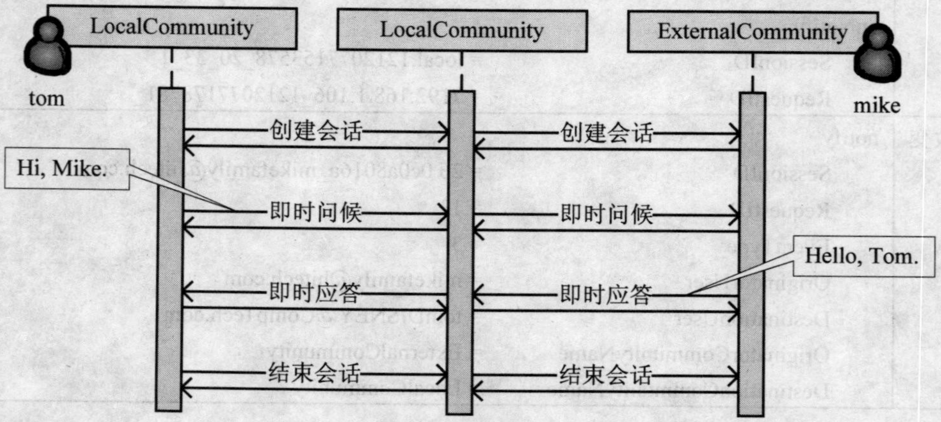

图 12-21 即时通信的过程

tom 首先双击 Sametime Connect 中的联系人列表弹出会话窗口创建会话，然后输入“Hi, Mike.”进行问候，mike 在会话窗口中回答“Hello, Tom.”，最后 tom 关闭会话窗口结束会话。在整个通信过程中，每个步骤 Sametime Gateway 都会有转发消息请求和应答的过程。也就是说，请求和应答消息会分别经过 Sametime Gateway 一次，它们被 Event Logger 插件以 CBE 事件的形式写入总线。如果将其记录下来，过程如表 12-8 所示。CBE 中的数据元素都以 RtcGateway 开头，其中 RtcGatewayEventDirection 表示请求或应答，RtcGatewayEventType 表示事件类型，1～8 的数字分别表示 SUBSCRIBE、UNSUBSCRIBE、NOTIFY、IM、FETCH、START_SESSION、END_SESSION、CANCEL_SUBSCRIBE，RtcGatewayEventStatus 表示会话过程中的交互标识，它会在会话过程中自动递增，RtcGatewaySessionID 表示本次会话的标识，它在整个会话过程不变。

表 12-8　即时通信过程中的消息内容

消息数据元素	创建会话	即时问候	即时回应	断开会话
RtcGatewayEventDirection（请求）	0	0	0	0
RtcGatewayEventType	6	4	4	7
RtcGatewaySenderURI	tom	tom	mike	tom
RtcGatewayReceiverURI	mike	mike	tom	mike
RtcGatewaySenderCommunity	L	L	E	L
RtcGatewayReceiverCommunity	E	E	L	E
RtcGatewaySessionID	SessionID	SessionID	SessionID	SessionID
RtcGatewayRequestID	1	2	3	4
RtcGatewayEventStatus	0	0	0	0
RtcGatewayEventReason	空	空	空	空
RtcGatewayMessageContent	无	Hi, Mike.	Hello, Tom.	无
RtcGatewayEventDirection（应答）	1	1	1	1
RtcGatewayEventType	6	4	4	7
RtcGatewaySessionID	SessionID	SessionID	SessionID	SessionID
RtcGatewayRequestID	1	2	3	4
RtcGatewayEventStatus	0	0	0	0
RtcGatewayEventReason	空	SUCCESS	空	空

注意：由于篇幅原因，我们对表中的内容使用了缩写记号，其描述如下：

SessionID：会话标识，如 10192.168.1.106_1212661634218_。

tom：tomdisney@comptech.com。

mike：mikefamily@hitech.com。

L：LocalCommunity。

E：ExternalCommunity。

下面就以 MDB 和 Servlet 这两种典型的方式为例，说明 Event Consumer 的开发过程。

12.4.1 Message Driven Bean

使用 Message Driven Bean（MDB）来监听事件消息是一种常见的做法，通过向服务总线订阅相关的主题，一旦有符合条件的事件消息发生，则会由服务总线自动送达，而 MDB 也是自动调用 onMessage()方法进行处理。

可以用以下方法开发配置一个自己的 MDB 来监听 Event Logger 插件送来的 CBE 消息。

（1）创建 J2EE 项目。先在 RAD 中创建 EJB Project（GatewayCBE_EJB），可以不必生成 EJB Client 项目，再创建 Dynamic Web Project（GatewayCBE），最后创建 Enterprise Application Project（GatewayCBE_EAR），同时将前两个项目加入其中。

（2）添加 MDB。在 GatewayCBE_EJB 项目中添加一个 Message Driven Bean（MsgLog），RAD 会自动在 ejbModule 目录下生成 MsgLogBean 类，使用 JMS 消息服务。根据需要编写 MsgLogBean 的代码，比如：

```
public class MsgLogBean implements MessageDrivenBean, MessageListener
{
    private MessageDrivenContext mdCtx;
    private NotificationHelper     nh;

    public MessageDrivenContext getMessageDrivenContext () { return mdCtx; }
    public void setMessageDrivenContext (MessageDrivenContext ctx) { mdCtx = ctx; }
    public void ejbCreate ()
    {
        try
        {
            InitialContext initCtx = new InitialContext ();
            NotificationHelperFactory nhFactory = (NotificationHelperFactory) initCtx
                    .lookup ("com/ibm/events/NotificationHelperFactory");
            nh = nhFactory.getNotificationHelper ();
            nh.setEventSelector ("CommonBaseEvent[@extensionName='RtcGatewayLoggerEvent']");
        }
        catch (Exception e)
        {
            e.printStackTrace ();
        }
    }
    public void onMessage (javax.jms.Message msg)
    {
        try
        {
          EventNotification [] ens = nh.getEventNotifications (msg);
          if (ens != null)
              for (int i = 0; i < ens.length; i ++)
          if (ens[i].getNotificationType () == NotificationHelper.CREATE_EVENT_NOTIFICATION_TYPE)
```

```
                {
                    CommonBaseEvent cbe = ens[i].getEvent ();
                    if (cbe != null)
                        DumpUtility.dumpCBE (cbe);
                }
            }
            catch (EventsException e)
            {
                e.printStackTrace ();
            }
        }
        public void ejbRemove () { }
    }
```

（3）在 ejbCreate()中设置 CommonBaseEvent[@extensionName='RtcGatewayLoggerEvent']作为事件选择器，用来收集来自 RtcGatewayLoggerEvent 的事件消息，这是一个符合 XPath 语法的字符串。一旦有符合条件的消息送达，会自动调用 onMessage()，从中得到 CommonBase-Event（CBE）对象后将其内容打印出来。假定我们使用了辅助的 DumpUtility 类用来打印 CBE 对象。

```
public class DumpUtility
{
    public static void dumpCBE (CommonBaseEvent cbe)
    {
        ComponentIdentification compId = cbe.getSourceComponentId ();
        System.out.println ("Component = " + compId.getComponent () + ", CreationTime = " +
        cbe.getCreationTime ());
        EList eListData = cbe.getExtendedDataElements ();
        ListIterator listIter = eListData.listIterator ();
        while (listIter.hasNext ())
        {
            ExtendedDataElement exData = (ExtendedDataElement) listIter.next ();
            EList eListDataValues = exData.getValues ();
            ListIterator listIterVals = eListDataValues.listIterator ();
            while (listIterVals.hasNext ())
                System.out.println (exData.getName () + " = " + (String) listIterVals.next ());
        }
    }
}
```

（4）在 Gateway 所在的 WAS 中为 MDB 创建并配置激活规范。首先，使用管理员（stgwadmin）登录到 WAS 管理界面上，在导航栏中选择“服务集成”→“总线”，选择默认的 CommonEventInfrastructure_Bus 总线，单击“目标”按钮，选择当前 WAS 服务器的主题空间（如 t43win2003Node.RTCGWServer.CommonEventInfrastructureTopicDestination），再单击“发布点”按钮并记下发布点名称，如下：

t43win2003Node.RTCGWServer.CommonEventInfrastructureTopicDestination@t43win2003Node.RTCGWServer-CommonEventInfrastructure_Bus

然后，在导航栏中选择“资源”→JMS→“激活规范”，在“作用域”下拉列表框中选择服务器（如 RTCGWServer），单击 New 按钮创建一个激活规范，其参数如表 12-9 所示。

表 12-9 创建激活规范的参数值

参数	值
名称	CEI_Topic_ActivationSpec
JNDI 名称	jms/cei/TopicActivationSpec
目标名称	jms/cei/notification/AllEventsTopic
预订持续性	非持续（为了提高性能）
预订名称	发布点名称
客户机标识	发布点名称中@之前的字符串
持续预订 home	发布点名称中@之后的字符串

（5）将 RAD 中的 GatewayCBE_EAR 项目导出，再安装到 Gateway 所在的 WAS 中。在安装过程设置绑定 MDB 侦听器如图 12-22 所示。最后，启动应用程序。

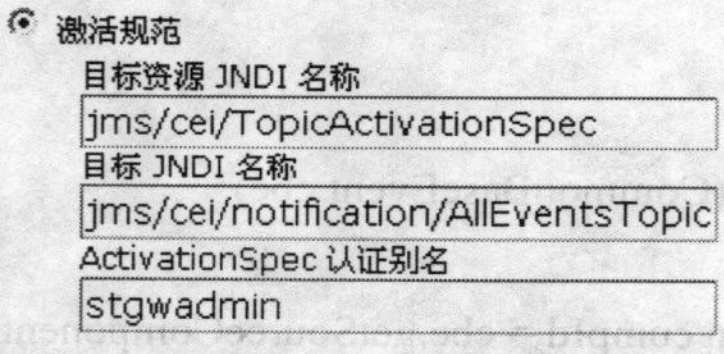

图 12-22 设置应用的 MDB Listener

（6）测试 MDB 效果。注意，测试之前要确保 Event Logger 插件已经被启用。可以如前面所述的那样，在两个群体中的用户（如 tom 和 mike）之间实现一次完整的会话。由于 MDB 将收到的 CBE 事件消息都打印到标准输出中，所以可以在 WAS 的 SystemOut.log 文件中找到打印的内容。

12.4.2 Servlet

如果说 MDB 是由消息触发的被动工作模式，那么 Servlet 则通常是由界面触发的主动工作模式。在 Servlet 中需要准备 XPath 查询条件，再通过 EventAccess 的 queryEventsByEventGroup()来查询所有符合条件的事件消息。

可以仍然借用前面的 GatewayCBE 项目，在其中创建一个 Servlet（QueryServlet），代码如下（通过 RAD 重新导出并更新 WAS 应用程序后，可以访问该 Servlet 的 URL（如 http://t43win2003.comptech.com:9080/GatewayCBE/QueryServlet）来测试。由于代码仍然使用了 DumpUtility 类来打印 CBE 对象，所以还是可以在 SystemOut.log 中找到打印内容）：

```
public class QueryServlet extends HttpServlet implements Servlet
{
    public QueryServlet () { super (); }
    protected void doGet (HttpServletRequest request, HttpServletResponse response) throws
```

```
    ServletException, IOException
    {
        try
        {
            InitialContext initCtx = new InitialContext ();
            Object obj = initCtx.lookup ("ejb/com/ibm/events/access/EventAccess");
            EventAccessHome eventAccessHome = (EventAccessHome) PortableRemoteObject
                    .narrow (obj, EventAccessHome.class);
            EventAccess eventAccess = (EventAccess) eventAccessHome.create ();
            String origComm = "LocalCommunity";
            String destComm = "ExternalCommunity";
        String origCommQuerySend = "extendedDataElements[@name='RtcGatewaySenderCommunity' and
        @type='string' and @values='" + origComm + "']";
        String destCommQueryRecv = "extendedDataElements[@name='RtcGatewayReceiverCommunity'
        and @type='string' and @values='" + destComm + "']";
        String destCommQuerySend = "extendedDataElements[@name='RtcGatewaySenderCommunity' and
        @type='string' and @values='" + destComm + "']";
        String origCommQueryRecv = "extendedDataElements[@name='RtcGatewayReceiverCommunity'
        and @type='string' and @values='" + origComm + "']";
            String startSessionQuery = "extendedDataElements[@name='RtcGatewayEventType' and
            @type='int' and @values='6']";
        String origANDdest = "(" + origCommQuerySend + " and " + destCommQueryRecv + ")";
        String destANDorig = "(" + destCommQuerySend + " and " + origCommQueryRecv + ")";
        String query = "CommonBaseEvent[(" + origANDdest + " or " + destANDorig + ") and " +
        startSessionQuery + "]";
            CommonBaseEvent [] cbes = eventAccess.queryEventsByEventGroup ("All events", query, true,
            10);  // true 表示按升序排列， 10 表示最多同时返回 10 个事件
            for (int i = 0; i < cbes.length; i ++)
                DumpUtility.dumpCBE (cbes[i]);
            PrintWriter pw = response.getWriter ();
            pw.println ("<HTML><HEAD><TITLE>Result</TITLE></HEAD><BODY><H1>Success
            </H1></BODY></HTML>");
        }
        catch (Exception e)
        {
            e.printStackTrace ();
        }
    }
    protected void doPost (HttpServletRequest request, HttpServletResponse response) throws
    ServletException, IOException
    {
        doGet (request, response);
    }
}
```